JN110874

ユーキャンの

ボイラー技士 2級

合格テキスト & 問題集 第2版

ユーキャンが **よくわかる！** その理由

● 重要ポイントを効率よくマスター！

2級ボイラー技士試験で必要とされる項目をすべて暗記することは大変です。

そこで本書では、試験で問われやすい重要ポイントを厳選。効率よく学習していただけるよう、工夫を凝らして編集しています。

■重要度を3段階で表示！

A **B** **C**

■欄外でも重要ポイントを明確にします

🧪 重要　　⚙ 用語

🔧 プラスワン

😱 ひっかけ注意！

● すぐわかる、すぐ暗記できる

■レッスンを始める前に

要点がわかる炎子先生とジローくんの「1コマ劇場」とその上の受験用ポイント解説で、これから学習する内容を大まかに理解します。

■ラクして楽しく暗記

イラストや図を使い、重要ポイントをイメージとして捉えやすくしました。

● 問題を解いて、実力アップ

■○×問題と予想模擬試験

各レッスン末の○×問題で、理解度をすぐにチェック。知識をしっかり定着させることができます。さらに巻末の予想模擬試験（2回分）で、試験前の総仕上げ＆実力確認ができます。

確　認　テ　ス　ト		
Key Point	**できたら チェック** ☑	
丸ボイラーの種類	□　1　丸ボイラーは、胴を鉛直に立てて据え付けるタイプ（立てボイラー）と、水平に据え付けるタイプ（炉筒ボイラー、煙管ボイラー、炉筒煙管ボイラー）に分けられる。	
	□　2　炉筒煙管ボイラーは、外だき式のボイラーであり、一般に径の大き	

目　次

■本書の使い方 …………………………6

■2級ボイラー技士の資格について………8

第1章 ボイラーの構造 に関する知識

1日目
Lesson 1　ボイラーの概要 ……………………12
Lesson 2　丸ボイラー ……………………………16

2日目
Lesson 3　水管ボイラー
　　　　　(1)水管ボイラーの概要 …………22
Lesson 4　水管ボイラー
　　　　　(2)貫流ボイラー …………………… 28

3日目
Lesson 5　鋳鉄製ボイラー …………………… 32
Lesson 6　熱 …………………………………… 38

4日目
Lesson 7　圧力と蒸気 ………………………… 43
Lesson 8　ボイラーの効率・容量・水循環 ‥ 48

5日目
Lesson 9　ボイラー各部の構造……………… 52
Lesson10　附属品・附属装置
　　　　　(1)計測器 ……………………… 58

6日目
Lesson11　附属品・附属装置
　　　　　(2)安全弁 ………………… 64
Lesson12　附属品・附属装置
　　　　　(3)送気系統装置 …………… 68

7日目
Lesson13　附属品・附属装置
　　　　　(4)給水系統装置……………………… 74
Lesson14　附属品・附属装置
　　　　　(5)吹出し装置、温水ボイラーの
　　　　　附属品等 ……………………… 80

8日目
Lesson15　附属品・附属装置
　　　　　(6)附属設備 …………………… 84
Lesson16　ボイラーの自動制御装置
　　　　　(1)自動制御の概要 …………… 88

9日目
Lesson17　ボイラーの自動制御装置
　　　　　(2)蒸気圧力制御、温水温度制御
　　　　　…………………………… 94
Lesson18　ボイラーの自動制御装置
　　　　　(3)水位制御、燃焼安全装置… 99

過去問にチャレンジ ………………………… 105

第2章 ボイラーの取扱い に関する知識

10日目
Lesson 1　ボイラーの点火 ………………110
Lesson 2　燃焼の維持・調節………………115

11日目
Lesson 3　運転中の障害とその対策
　　　　　(1)水位の異常低下、逆火……119
Lesson 4　運転中の障害とその対策
　　　　　(2)キャリオーバ、炭化物の生成
　　　　　…………………………… 123

12日目
Lesson 5　ボイラーの運転停止 ………… 127
Lesson 6　附属品・附属装置の取扱い
　　　　　(1)水面測定装置……………… 130

13日目
Lesson 7　附属品・附属装置の取扱い
　　　　　(2)安全弁、逃がし弁 ………… 134
Lesson 8　附属品・附属装置の取扱い
　　　　　(3)間欠吹出し装置、
　　　　　ディフューザポンプ ……… 138

14日目
Lesson 9　附属品・附属装置の取扱い
　　　　　(4)自動制御装置 ……………… 142
Lesson10　ボイラーの保全
　　　　　(1)ボイラーの清掃 …………… 146

15日目
Lesson11　ボイラーの保全
　　　　　(2)ボイラー休止中の保存法…… 152
Lesson12　ボイラーの水管理
　　　　　(1)ボイラー用水 …………… 155

4

16日目

Lesson13 ボイラーの水管理
(2)補給水処理 ·················161

Lesson14 ボイラーの水管理
(3)ボイラー系統内処理 ·······164

過去問にチャレンジ ·····························169

第3章 燃料および燃焼 に関する知識

17日目

Lesson 1 ボイラーの燃料 ·····················174

Lesson 2 液体燃料の特徴
(1)重油の性質 ··················179

18日目

Lesson 3 液体燃料の特徴
(2)重油の成分による障害 ····183

Lesson 4 気体燃料の特徴 ·····················187

19日目

Lesson 5 固体燃料（石炭）の特徴 ········191

Lesson 6 液体燃料の燃焼方式
(1)重油燃焼の特徴 ··············194

20日目

Lesson 7 液体燃料の燃焼方式
(2)液体燃料の燃焼設備 ·······198

Lesson 8 液体燃料の燃焼方式
(3)重油バーナ ··················202

21日目

Lesson 9 気体燃料の燃焼方式 ············208

Lesson10 固体燃料の燃焼方式 ············214

22日目

Lesson11 大気汚染の防止 ·····················218

Lesson12 燃焼室
(1)燃焼の基礎知識 ···············222

23日目

Lesson13 燃焼室
(2)燃焼室が備えるべき要件 ···226

Lesson14 通風
(1)自然通風と人工通風 ········230

24日目

Lesson15 通風
(2)ファン ····················· 234

過去問にチャレンジ ·····························237

第4章 関係法令

25日目

Lesson 1 各種届出と検査 ····················242

Lesson 2 伝熱面積の算定 ····················248

26日目

Lesson 3 ボイラーの取扱者と
取扱作業主任者 ···············252

Lesson 4 ボイラー室 ·····················256

27日目

Lesson 5 附属品および安全に関する管理
····················· 260

Lesson 6 安全弁、附属品・附属装置 ···266

28日目

Lesson 7 給水装置等、鋳鉄製ボイラー、
自動制御装置 ·······················271

過去問にチャレンジ ·····························275

予想模擬試験

〈第1回〉解答・解説 ·····························280

〈第2回〉解答・解説 ·····························287

■さくいん ···294

別冊

予想模擬試験〈第1回〉·····························2

予想模擬試験〈第2回〉···························18

解答カード···35

本書の使い方

1 レッスンの内容を把握!

「1コマ劇場」とその上の受験用ポイント解説で、これから学習する内容や学習のポイントを大まかに確認しましょう。

2 本文を学習しましょう

A、B、Cの表示で、項目ごとの重要度がひと目でわかります。

高←重要度→低

A B C

欄外の記述やアドバイス、イラストや図表も活用して、本文の学習を進めましょう。

「1コマ劇場」でイメージを膨らまそう

レッスンの重要な内容を、1コマ漫画で表現しました。

しっかり教えますから、合格目指して頑張りましょう!

炎子先生

これから皆さんと一緒に学習します。よろしくね!

ジローくん

欄外で理解を深めよう

 用語 難しい用語を詳しく解説します。

 重要 試験で問われやすい重要ポイントです。

 プラスワン
本文にプラスして覚えておきたい事項です。

 ひっかけ注意!
間違えやすい問題(ひっかけ問題)への対策です。

学習進行の標準的な目安を表示しています。毎日の学習の参考にしてください。28日で修了を目標にしています。

1日目

Lesson. 1 ボイラーの概要

 ボイラーとは何か、ということから学習を始めましょう。試験では、ボイラーを構成する燃焼室、バーナなどの燃焼装置、伝熱面(放射伝熱面と接触伝熱面の違い)などについて出題されています。

ボイラーから蒸気が出てますね!

これは蒸気ボイラーの模型よ。

1コマ劇場

1 ボイラーとは **A**

ボイラーとは、一般に燃料を燃焼して得られる**燃焼ガス(高温ガス)**によって容器内の水を加熱し、蒸気や温水をつくる装置をいいます。蒸気をつくるものを蒸気ボイラーといい、温水をつくるものを温水ボイラーといいます。

■ボイラーの概略(蒸気ボイラー〔炉筒煙管ボイラー〕)

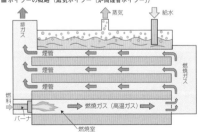

「燃焼ガス」とは燃料を燃やしたときに発生する高温のガス(気体)のことです。燃料自体である都市ガスなどと混同しないよう注意しましょう。

12

---

3 ○×問題&章末問題で復習

本文の学習がすんだら各レッスン末の「確認テスト」に取り組みましょう。知識の定着に役立ちます。また、各章末の五肢択一の過去問題は実践力アップに最適です。

4 予想模擬試験にチャレンジ！

学習の成果を確認するために、本試験スタイルの予想模擬試験（2回分）に挑戦しましょう。点数を記録することで得意な科目、苦手な科目がわかります。苦手な科目は本文での学習にもどって理解を深め、もう一度、予想模擬試験に取り組んでみましょう。

予想模擬試験〈第1回〉

■ボイラーの構造に関する知識

問1 ボイラーの燃焼室、伝熱面および燃焼装置について、誤っているものは次のうちどれか。
(1) 燃焼室は、燃料を燃焼して熱を発生する部分で、火炉ともいわれる。
(2) 燃焼装置は、燃料の種類によって異なり、液体燃料、気体燃料および微粉炭にはバーナが、一般固体燃料には火格子などが用いられる。
(3) 燃焼室は、供給された燃料を速やかに着火、燃焼させ、発生する可燃性ガスと空気との混合接触を良好にして完全燃焼を行わせる部分である。
(4) 加圧燃焼方式の燃焼室は、気密構造になっている。
(5) 高温ガス通路に配置され、主として高温ガスの接触によって受けた熱を水や蒸気に伝える伝熱面は、放射伝熱面といわれる。

問2 ボイラー各部の構造および強さについて、誤っているものは次のうちどれか。
(1) 胴と鏡板の厚さが同じ場合、圧力によって生じる応力に対して、胴継手は長手継手より2倍強い。
(2) 平鏡板の大径のものや高い圧力を受けるものは、内部の圧力によって生じる応力に対して、強度を確保するためのステーによって補強する。
(3) 管ステーは、内筒の薄肉によって水管ボイラーのドラムの鏡板を補強するために用いられる。
(4) 皿形鏡板に生じる応力は、すみの丸みの部分が最も大きくなる。この応力は、すみの丸みの半径が大きいほど小さくなる。
(5) 管板には、煙管のころ広げに接する厚さを確保するため、一般に平管板が用いられる。

使いやすい！別冊タイプ

Lesson 1 • ボイラーの概要

ボイラーは、一般に**燃焼室**、**ボイラー本体**、**附属品**および**附属装置**などから構成されています。

①燃焼室（火炉）

燃焼室とは、燃料を燃焼して熱を発生する部分をいい、火炉とも呼ばれます。

燃焼室には、燃焼装置が取り付けられています。燃焼装置は燃料の種類によって異なり、**液体燃料、気体燃料**および**微粉炭**（石炭を細かく砕いたもの）には**バーナ**が用いられ、固体燃料（一般の石炭など）には**火格子**などが用いられます。

> **Point. 燃焼装置**
> ● 液体燃料、気体燃料、微粉炭 ⇒ バーナ
> ● 固体燃料（一般の石炭など） ⇒ 火格子

燃焼室では、供給された燃料を速やかに着火させ、燃焼させて、発生する可燃ガスと空気との混合接触を良好にして**完全燃焼**を行わせます。一般に燃焼室内を**大気圧**よりも高い圧力にして燃焼させる加圧燃焼方式がとられるため、燃焼室は気　　　　　　　になっています。

②ボイラー本体

ボイラー　　　では、燃焼室で発生した熱を受けて内部の水を加熱し、圧力をもった蒸気または温水をつくります。ボイラー本体は、圧力に十分耐えられるように設計された胴やドラム、多数の管などから構成され、それらが燃焼室と一体となったものが多く使用されています。

③伝熱面

燃焼室で発生した熱を水や蒸気に伝える部分を　　　　　といいます。このうち燃焼室に直面している伝熱面は、火炎などから強い放射熱を受けることから、　　　　　といいます。また、**燃焼室を出た燃焼ガス（高温ガス）の通路に配置される伝熱面**は、高温ガスとの接触によって熱を受けることから、　　　　　（または対流伝熱面）といいます。

13

第1章 ボイラーの構造および強さに関する知識 ● 1日目

重要
燃焼室（火炉）
ボイラーの種類によって「火室」「炉筒」などと呼ぶ場合もある。

バーナについて
○P.202、211
火格子について
○P.214

🌸用語
液体燃料
重油など
（○P.179）
気体燃料
都市ガスなど
（○P.187）

ひっかけ注意！
加圧燃焼方式の場合は気密構造であり、開放構造ではない。

燃焼ガス（高温ガス）の通路のことを、「煙管」といいます。

ポイントを確認しよう

本文の中でも特に覚えておきたいポイントをまとめています。要点を押さえながら効率よく学習しましょう。

暗記に役立つ！赤シート付き

7

2級ボイラー技士の資格について

1 2級ボイラー技士とは

　2級ボイラー技士は、一般に設置されている製造設備あるいは暖冷房や給湯設備のエネルギー源としてのボイラーを取り扱います。

　ボイラー（小規模・小型ボイラーを除く）は、ボイラー技士の免許を受けた者でなければ、取り扱うことができません。

2 2級ボイラー技士免許試験について

▶▶▶**試験実施機関**

　公益財団法人 **安全衛生技術試験協会** が実施します。

▶▶▶**試験科目・問題数・試験時間**

試 験 科 目	出題数（配点）	試験時間
ボイラーの構造に関する知識	10問（100点）	3時間
ボイラーの取扱いに関する知識	10問（100点）	
燃料および燃焼に関する知識	10問（100点）	
関係法令	10問（100点）	

▶▶▶**受験資格**

　不要。年齢、性別、学歴等の制約はありません。**どなたでも受験可能**です。

▶▶▶**出題形式**

　5つの選択肢の中から正答を1つ選ぶ、**五肢択一**の**マークシート方式**です。

▶▶▶**合格基準**

　各科目ごとの正解率が40%以上で、**4科目合計**の正解率が**60%以上**の場合に合格になります。

3 受験の手続き

▶▶▶受験申請書

公益財団法人 **安全衛生技術試験協会本部**、全国7カ所の**安全衛生技術セン
ター**、または、安全衛生技術試験協会の**各支部**で**無料で配布**しています。
受験申請書を**郵送してもらう**こともできます（詳細は試験案内に掲載）。

▶▶▶申込方法

受験申請書、本人確認証明書等の必要書類、証明写真、試験手数料を、受験
を希望する**安全衛生技術センター**に提出します。
簡易書留郵便を利用する方法と**直接提出**とがあります。
申込みの受付期間は、**受験日の2か月前**から、簡易書留郵便を利用する場合
は**14日前の消印**まで、直接提出の場合は**2日前**（センターの休業日を除く）
までです（各試験日の試験定員に達した場合は、受付期間内であっても受付
が締め切られます）。
試験手数料は、簡易書留郵便を利用する場合は、受験申請書にとじ込まれて
いる払込用紙を使って郵便局や銀行で払い込み、払込受付証明書を申請書の
所定欄に貼り付けます。直接提出の場合は、センターで直接払い込みます。

▶▶▶試験の実施回数

毎月1、2回、全国7カ所の**安全衛生技術センター**で行われます。また、**セ
ンターから遠距離の地域**では、**年1回程度**、**出張特別試験**も実施されてい
ます。

4 免許の申請

２級ボイラー技士の試験に合格し、「**免許試験合格通知書**」を受け取ったら、「**免許申請書**」（**安全衛生技術試験協会のホームページ**からダウンロード可能）に必要事項等を記入し、「免許試験合格通知書」および必要書類を添付のうえ、東京労働局長に**免許申請**をします。

この手続きをしないと免許証は交付されません。さらに、免許の申請をするには、**一定の実地修習**等の経験が必要になります（詳細は公益財団法人 **安全衛生技術試験協会のホームページ**に掲載）。実地修習等の経験がない場合は、登録教習機関が行う「**ボイラー実技講習（20時間）**」を修了することで、実地修習等に替えることができます。

試験の詳細、お問い合わせ等

公益財団法人 **安全衛生技術試験協会 本部**
ホームページ　https://www.exam.or.jp/
※全国の試験日程や試験案内の内容等を確認することができます。
電話　０３－５２７５－１０８８

◆全国７カ所の**安全衛生技術センター**

名　称	所在地	電話番号
北海道安全衛生技術センター	〒061-1407 北海道恵庭市黄金北3-13	0123-34-1171
東北安全衛生技術センター	〒989-2427 宮城県岩沼市里の杜1-1-15	0223-23-3181
関東安全衛生技術センター	〒290-0011 千葉県市原市能満2089	0436-75-1141
中部安全衛生技術センター	〒477-0032 愛知県東海市加木屋町丑寅海戸51-5	0562-33-1161
近畿安全衛生技術センター	〒675-0007 兵庫県加古川市神野町西之山字迎野	079-438-8481
中国安全衛生技術センター	〒721-0955 広島県福山市新涯町2-29-36	084-954-4661
九州安全衛生技術センター	〒839-0809 福岡県久留米市東合川5-9-3	0942-43-3381

ボイラーの構造

に関する知識

この章では、まずボイラーとは何かということから学習します。ボイラーにはどのような種類があり、どのような特徴があるのかみていきましょう。次にボイラーの性能を理解する前提となる基本的な理論（熱、圧力）を学んでから、ボイラー各部の構造、附属品・附属装置の構造、ボイラーの自動制御装置の順に学習していきます。あとに続く章を理解するための基礎となる内容ですので、がんばりましょう。

Lesson. 1 ボイラーの概要

 ボイラーとは何か、ということから学習を始めましょう。試験では、ボイラーを構成する燃焼室、バーナなどの燃焼装置、伝熱面（放射伝熱面と接触伝熱面の違い）などについて出題されています。

1 ボイラーとは　　A

　ボイラーとは、一般に**燃料**を燃焼して得られる**燃焼ガス**（**高温ガス**）によって容器内の水を加熱し、**蒸気**や**温水**をつくる装置をいいます。蒸気をつくるものを蒸気ボイラーといい、温水をつくるものを温水ボイラーといいます。

■ボイラーの概略（蒸気ボイラー〔炉筒煙管ボイラー〕）

「燃焼ガス」とは燃料を燃やしたときに発生する高温のガス（気体）のことです。燃料自体である都市ガスなどと混同しないよう注意しましょう。

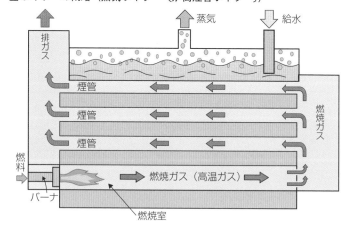

ボイラーは、一般に**燃焼室**、**ボイラー本体**、**附属品**および**附属装置**などから構成されています。

①燃焼室（火炉）

燃焼室とは、燃料を燃焼して熱を発生する部分をいい、火炉（かろ）とも呼ばれます。

燃焼室には、**燃焼装置**が取り付けられています。燃焼装置は燃料の種類によって異なり、**液体燃料**、**気体燃料**および**微粉炭**（石炭を細かく砕いたもの）には**バーナ**が用いられ、**固体燃料**（一般の石炭など）には**火格子**（ひごうし）などが用いられます。

> **Point** 燃焼装置
> - 液体燃料、気体燃料、微粉炭 ⇒ バーナ
> - 固体燃料（一般の石炭など） ⇒ 火格子

燃焼室では、供給された燃料を速やかに着火させ、燃焼させて、発生する可燃ガスと空気との混合接触を良好にして**完全燃焼**を行わせます。一般に燃焼室内を**大気圧よりも高い圧力**にして燃焼させる**加圧燃焼方式**がとられるため、燃焼室は気密構造になっています。

②ボイラー本体

ボイラー本体では、燃焼室で発生した熱を受けて内部の水を加熱し、圧力をもった蒸気または温水をつくります。ボイラー本体は、圧力に十分耐えられるように設計された胴（どう）やドラム、多数の管などから構成され、それらが燃焼室と一体となったものが多く使用されています。

③伝熱面

燃焼室で発生した熱を水や蒸気に伝える部分を**伝熱面**といいます。このうち**燃焼室に直面している伝熱面**は、火炎などから強い放射熱を受けることから、**放射伝熱面**といいます。また、**燃焼室を出た燃焼ガス**（高温ガス）**の通路に配置される伝熱面**は、高温ガスとの接触によって熱を受けることから、**接触伝熱面**（または**対流伝熱面**）といいます。

重要
燃焼室（火炉）
ボイラーの種類によって「火室」「炉筒」などと呼ぶ場合もある。

バーナについて
▶P.202、211
火格子について
▶P.214

用語
液体燃料
重油など
（▶P.179）
気体燃料
都市ガスなど
（▶P.187）

ひっかけ注意！
加圧燃焼方式の場合は気密構造であり、開放構造ではない。

燃焼ガス（高温ガス）の通路のことを、「煙管」といいます。

- 燃焼室に直面している伝熱面 ⇒ 放射伝熱面
- 高温ガスの通路に配置される伝熱面 ⇒ 接触伝熱面

2 ボイラーの分類　　　　　　　C

　ボイラーは、使用目的によって蒸気ボイラー、温水ボイラーに分類されるほか、その材質によって鋼製ボイラーと鋳鉄製ボイラーに分かれます。

①鋼製ボイラー

　鋼製ボイラーは、鋼鉄の板を曲げたり、溶接したりしてつくられたボイラーです。構造の違いによって丸ボイラーと水管ボイラーに大きく分けられ、それぞれ下の表のような種類に分類されます。

②鋳鉄製ボイラー

　鋳鉄製ボイラーは、鋳鉄（炭素などを数％含む鉄の合金）を溶かして型に流し込み、一定の同じ形につくられた部品（セクションという）を組み合わせたものです。

■材質と構造によるボイラーの分類

		立てボイラー
鋼製ボイラー	丸ボイラー	炉筒ボイラー
		煙管ボイラー
		炉筒煙管ボイラー
	水管ボイラー	自然循環式水管ボイラー
		強制循環式水管ボイラー
		貫流ボイラー
鋳鉄製ボイラー	鋳鉄製組合せボイラー	

　また、ボイラーはその規模（大きさ）によって、小さいものから**簡易ボイラー**、**小型ボイラー**、**ボイラー**に区分され、大きいものほど厳しく規制されています。

🔧 **プラスワン**

鋼製ボイラーには、このほかにも以下のような特殊ボイラーが含まれる。
- 廃熱ボイラー
- 特殊熱媒ボイラー
- 特殊燃料ボイラー
- 電気ボイラー

ボイラーの規模による規制の違いについては、第4章で学習します。

確認テスト

Key Point			できたら チェック ☑
ボイラーとは	☐	1	ボイラーとは、一般に燃料を燃焼して得られる高温の燃焼ガスによって容器内の水を加熱し、蒸気や温水をつくる装置をいう。
	☐	2	燃焼室とは、燃料を燃焼して熱を発生する部分をいい、火炉とも呼ばれる。
	☐	3	燃焼装置は、燃料の種類によって異なり、液体燃料および気体燃料にはバーナが用いられ、一般の固体燃料および微粉炭には火格子などが用いられる。
	☐	4	燃焼室では、供給された燃料を速やかに着火、燃焼させて、発生する可燃ガスと空気との混合接触を良好にし、完全燃焼を行わせる。
	☐	5	加圧燃焼方式の場合、燃焼室は開放構造になっている。
	☐	6	ボイラー本体は、圧力に十分耐えられるよう設計された胴やドラム、多数の管などから構成されており、それらが燃焼室と一体となったものが多く使用されている。
	☐	7	高温ガス通路に配置され、高温ガスとの接触によって受けた熱を水や蒸気に伝える伝熱面は、放射伝熱面と呼ばれる。
ボイラーの分類	☐	8	ボイラーは、使用目的によって、蒸気ボイラーと温水ボイラーに分類される。
	☐	9	ボイラーは、材質の違いによって鋼製ボイラーと鋳鉄製ボイラーとに分けられ、さらに鋳鉄製ボイラーは、構造の違いによって丸ボイラーや水管ボイラーなどに分けられる。

解答・解説

1.○ 2.○ 3.× 液体燃料、気体燃料および微粉炭にはバーナが用いられ、固体燃料（一般の石炭など）には火格子などが用いられている。 4.○ 要するに燃焼室とは、燃料（可燃性ガス）と空気とをよく混合させ、安定的かつ完全に燃焼反応を行わせる場所をいう。 5.× 加圧燃焼方式の場合は気密構造である。開放構造では加圧しにくい。 6.○ 7.× 高温ガスの通路に配置される伝熱面は、高温ガスとの接触によって熱を受けることから、接触伝熱面（または対流伝熱面）と呼ばれる。 8.○ 9.× 丸ボイラーや水管ボイラーなどに分けられるのは鋼製ボイラーであり、鋳鉄製ボイラーではない。前半の記述は正しい。

ワンポイント アドバイス

伝熱面の区別に注意しよう。燃焼室に直面している伝熱面が放射伝熱面、高温ガスの通路に配置される伝熱面が接触伝熱面である。

1日目
Lesson. 2　丸ボイラー

丸ボイラーの種類や特徴について学習しましょう。現在では、炉筒煙管ボイラーが丸ボイラーの主流となっています。このため試験では、丸ボイラーに共通する特徴を含めたかたちで炉筒煙管ボイラーの特徴がよく出題されています。

1コマ劇場

伝熱面積当たりの保有水量が大きいからよ！

大きなやかんだと、なかなか沸きませんね。

1　丸ボイラーの種類　　B

（1）丸ボイラーとは

丸ボイラーは、ボイラー本体が胴と呼ばれる太い円筒形の胴体からなり、この中に多量の水が入っています。胴を**鉛直**に立てて据え付けるタイプ（**立てボイラー**）と、胴を**水平**に据え付けるタイプ（**炉筒ボイラー、煙管ボイラー、炉筒煙管ボイラー**）に分類されます。

（2）立てボイラー

立てボイラーは、胴の底部に燃焼室（火室）が設けられています。右の図は、高温の燃焼ガスを通す多数の**煙管**を燃焼室の上に配置した**多管式**のもの（**立て煙管ボイラー**という）です。

立てボイラーは、床面積が

■立て煙管ボイラー

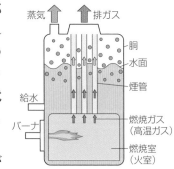

蒸気　排ガス
胴
水面
煙管
給水
燃焼ガス（高温ガス）
バーナ
燃焼室（火室）

プラスワン

立てボイラーには、このほかにも、水の通る太い管を燃焼室内に傾斜させて配置した横管式と呼ばれるものがある。

小さくてすみますが、**伝熱面積をあまり広くとれないため**小容量用のものに限られます。

（3）炉筒ボイラー

　炉筒ボイラーとは、水平に据え付けた胴の内部に、**炉筒**と呼ばれる円筒形の燃焼室を設けたボイラーをいいます。伝熱面は、燃焼室（炉筒）の放射伝熱面（◐P.13）のみとなります。

■ 炉筒ボイラー

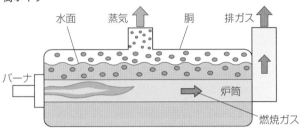

　このような、胴の内部に燃焼室が設けられたボイラーを**内だき式**といいます。

（4）煙管ボイラー

　煙管ボイラーとは、炉筒の代わりに、高温の燃焼ガスを通す多数の**煙管**を胴の内部に設けたボイラーをいいます。伝熱面は、煙管の接触伝熱面（◐P.13）のみとなります。

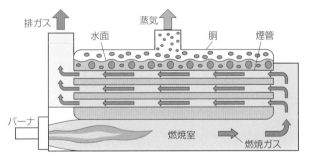

　このような、胴の外部に燃焼室が設けられたボイラーを**外だき式**といいます。

（5）炉筒煙管ボイラー

　炉筒煙管ボイラーとは、**炉筒**に加えて多数の**煙管**を配置した、**内だき式**のボイラーをいいます。一般に径の大きい

炉筒ボイラーは、胴内の清掃が容易ですが、大きさの割に蒸発量が少ないので、現在ではほとんど使われていません。

17

波形炉筒と煙管群を組み合わせてできています。

用語

波形炉筒
波形の板で形成された炉筒。波形であることによって伝熱面を広くとることができ、熱による膨張も吸収しやすい。

ボイラー効率
ボイラーに与えられた熱量のうち、どれだけが蒸気の発生のために使われたかを表す割合。
▶P.48

Point..炉筒煙管ボイラーの構造

炉筒煙管ボイラーは、内だき式ボイラーであり、一般に径の大きい波形炉筒と煙管群の組合せでできている

炉筒煙管ボイラーは、炉筒と煙管の両方が**伝熱面**となることから十分な伝熱が行われ、**ボイラー効率**が**85〜90%**と高くなります。

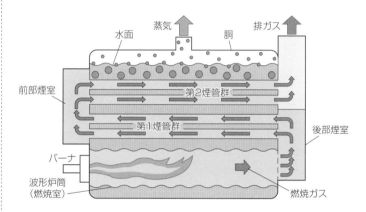

バーナから噴霧された燃料が炉筒の内部で燃焼し、その燃焼ガス（高温ガス）は、煙管内を通りながら胴の中の水を加熱した後、排ガスとしてボイラー外へ排出されます。

上の図の炉筒煙管ボイラーは、燃焼ガス（高温ガス）の通路が、波形炉筒の内部、第1煙管群および第2煙管群の3つであることから、3パスと呼ばれます。

P.12の図の炉筒煙管ボイラーは、燃焼ガス（高温ガス）の通路が炉筒の内部と煙管群の2つだけなので、2パスです。

2 丸ボイラーに共通する特徴　　B

丸ボイラーは、次のレッスンで学習する**水管ボイラー**と比べて、次のような特徴があります。
①**構造が簡単**で、設備費が安く、**取扱いが容易**である
②大きい胴の中に炉筒や煙管を設けているので、ボイラーの圧力が高くなると、胴の板を厚くしなければならなく

なり、材料費・製作費が増える。このため、**高圧のもの
や大容量のものには適さない**

③大きい胴に多量の水を入れているので、**伝熱面積当たり
の保有水量が大きく、たき始めてから（起動から）必要
な圧力の蒸気を発生するまでに時間がかかる**

④**伝熱面積当たりの保有水量が大きい**ということは、熱の
出し入れができる大きな蓄熱体をもっているということ
である。したがって、蒸気が足りないときはこの蓄熱体
から熱を放出し、逆に蒸気が余ったときは余分の蒸気を
蓄熱体に吸収させることができるので、**蒸気の使用量が
変動（負荷変動という）**しても、圧力および水位の変動
が小さくてすむ

⑤保有水量が大きいので、破裂などの事故が起こった場合
には**被害が大きくなる**

> **Point** 丸ボイラーの特徴
>
> **伝熱面積当たりの保有水量が大きい**
> ⇒ **起動から所要の蒸気発生までにかかる時間が長い**
> ⇒ **負荷変動による圧力や水位の変動が小さい**

3 炉筒煙管ボイラーの特徴　　B

炉筒煙管ボイラーは、胴の中に炉筒と煙管群が収められ
た**コンパクトな構造**をしており、胴・炉筒・煙管群の全部
を製造工場で組み立てて一体化した**パッケージ形式**のもの
を現地に運搬し、据え付けるものが多くなっています。

> **Point** 炉筒煙管ボイラーの特徴①
>
> **胴・炉筒・煙管群の組立てを製造工場で行い、完成状態で運搬
> できるパッケージ形式のものが多い**

また炉筒煙管ボイラーには、炉筒内の圧力を大気圧以上
に保持して運転する**加圧燃焼方式**（●P.13）を採用して、
燃焼室熱負荷（燃焼室の単位容積当たりの発生熱量）を高

プラスワン

丸ボイラーは伝熱面
の多くがボイラー水
中に存在しており、
水の対流が容易であ
る。このため、特別
な水循環系統を構成
する必要がない。

保有水量が大きい
と負荷変動に対し
て強くなるんだ。

それは結局、蒸気
を安定的に供給で
きるということに
つながります。

プラスワン

炉筒煙管ボイラーは
内だき式なので、胴
の外にれんが積みの
燃焼室を設ける必要
もなく、パッケージ
で運ばれてきたもの
を据え付けるだけな
ので設置工事が簡単
である。

くすることにより、**燃焼効率**（完全燃焼の場合に発生する熱量に対する、実際の燃焼で発生した熱量の割合）を上げているものがあります。

さらに、燃焼効率を高めるために、**戻り燃焼方式**を採用しているものもあります。戻り燃焼方式とは、炉筒の一端を閉じ、そこで**火炎を反転**させることによって燃焼時間を長くとり、燃焼効率を高めるという方式です。

■戻り燃焼方式を採用した炉筒煙管ボイラー

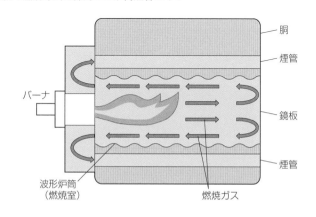

Point..炉筒煙管ボイラーの特徴②
● **加圧燃焼方式**を採用
● **戻り燃焼方式**を採用 → 燃焼効率を高める

右の断面図からもわかるように、炉筒煙管ボイラーは、胴の中に炉筒と多数の煙管が収められているので内部の**清掃が困難**です。

このため、炉筒や煙管の外側に水中の不純物が付着しないよう、**質のよい水**の供給（給水）を行う必要があります。

■炉筒煙管ボイラーの断面図

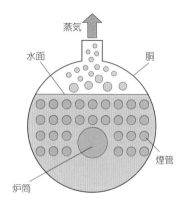

確認テスト

Key Point			できたら チェック ☑
丸ボイラーの種類	☐	1	丸ボイラーは、胴を鉛直に立てて据え付けるタイプ（立てボイラー）と、水平に据え付けるタイプ（炉筒ボイラー、煙管ボイラー、炉筒煙管ボイラー）に分けられる。
	☐	2	炉筒煙管ボイラーは、外だき式のボイラーであり、一般に径の大きい波形炉筒と煙管群を組み合わせてできている。
丸ボイラーに共通する特徴	☐	3	丸ボイラーは、大きい胴の中に炉筒や煙管を設けているので、高圧で大容量のものに適している。
	☐	4	丸ボイラーは、水管ボイラーと比べて、伝熱面積当たりの保有水量が小さいので、起動から所要蒸気発生までの時間が短い。
	☐	5	丸ボイラーは、水管ボイラーと比べて、負荷変動による圧力の変動が小さい。
炉筒煙管ボイラーの特徴	☐	6	炉筒煙管ボイラーは、すべての組立てを製造工場で行い、完成した状態で運搬できるパッケージ形式にしたものが多い。
	☐	7	炉筒煙管ボイラーには、加圧燃焼方式を採用し、燃焼室熱負荷を低くすることによって、燃焼効率を上げているものがある。
	☐	8	炉筒煙管ボイラーには、戻り燃焼方式を採用して、燃焼効率を上げているものがある。
	☐	9	炉筒煙管ボイラーは、内部の清掃が困難なので、質のよい給水を行う必要がある。

解答・解説

1.○ 2.× 炉筒煙管ボイラーは、外だき式ではなく、内だき式ボイラーである。それ以外の記述は正しい。 3.× 丸ボイラーは、圧力が高くなると胴の板を厚くしなければならなくなり、材料費・製作費が増えるため、高圧のものや大容量のものには適さない。 4.× 丸ボイラーは、水管ボイラーと比べて、伝熱面積当たりの保有水量が大きいので、起動から所要蒸気発生までの時間が長くかかる。 5.○ 丸ボイラーは、水管ボイラーと比べて伝熱面積当たりの保有水量が大きいので、負荷変動（蒸気使用量の変動）による圧力や水位の変動が小さい。 6.○ 7.× 燃焼室熱負荷を高くすることによって、燃焼効率を上げている。 8.○ 9.○ ほかの丸ボイラーと比べて、炉筒煙管ボイラーは一般に内部の清掃が困難なので、良質の給水が必要とされる。

ワンポイント アドバイス

丸ボイラーに共通する特徴（伝熱面積当たりの保有水量が大きい、起動から所要の蒸気発生までにかかる時間が長いなど）は、試験では炉筒煙管ボイラーの特徴として出題されることが多い。

2日目
Lesson. 3

水管ボイラー
（1）水管ボイラーの概要

このレッスンでは、自然循環式および強制循環式の水管ボイラーの仕組みのほか、水管ボイラーに共通する特徴について学習します。試験では、丸ボイラーと比較した水管ボイラーの特徴がよく出題されています。

水管ボイラーは大容量のものもあるのよ。

大きいなぁ！

1コマ劇場

1 水管ボイラーとは　　　　B

　丸ボイラーの**煙管**は、その中を通る高温の燃焼ガスが管の外側の水を加熱するという仕組みですが、**水管ボイラー**の水管はその逆で、細い**管の中に水を通し**、その管の周囲を通過する燃焼ガスの熱によって管内の水を加熱するという仕組みになっています。水管ボイラーでは、胴のことを**ドラム**と呼び、一般に**蒸気ドラム**、**水ドラム**および**多数の水管**から構成されています。

管の中を水が通るから「水管」というんだね。

🧪**重要**

蒸気ドラムの役割
蒸気ドラムは、共存している水と蒸気を分離させ、蒸気だけを取り出す役割をしている。このため、気水ドラムとも呼ばれる。

■水管ボイラーの概略図

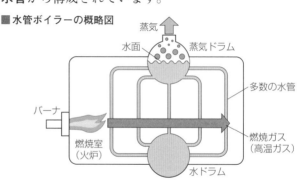

　水管ボイラーでは、高温の燃焼ガスによって水管が強く加熱され、管の内部で多量の蒸気を発生します。そのため水管の内側面が常に水と接している状態になるよう、管内に**水が確実に流動する**ようにしなければなりません。

　水管ボイラーは、水が水管内を流れる方式（**流動方式**）によって、**自然循環式、強制循環式**および**貫流式**の3種類に分類されます。

貫流式の水管ボイラーのことを単に「貫流ボイラー」といいます（次のレッスンで詳しく学習します）。

2　自然循環式水管ボイラー　　B

（1）自然循環式水管ボイラーの概要

　自然循環式水管ボイラーは、下図のような仕組みによって、**ボイラー水の循環が自然に行われる**ように構成されたボイラーです。

■ ボイラー水の自然循環の仕組み

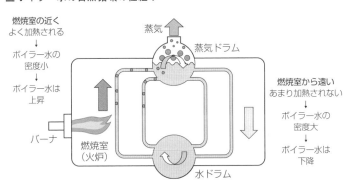

用語
ボイラー水
ボイラー内に蓄えられた水。

用語
密度
物質の単位体積当たりの質量（重さ）。

　燃焼室近くに配置された水管は、よく加熱されるので、蒸気の発生が多く、このため水と蒸気が混合した流体として**密度が小さく（軽く）**なります。このため、ボイラー水は上昇します（**上昇管**という）。これに対して、燃焼室から遠くに配置された水管は、あまり加熱されないので、蒸気の発生が少なく、ボイラー水の**密度は大きい（重い）**ままなので、ボイラー水は下降します（**下降管**という）。このようにして、ボイラー水は自然に循環することになります。

ボイラー水の循環は上昇管と下降管での密度差によって起こるんだね。

物体は圧縮されて体積が小さくなると、密度が大きくなるんだ。

ただし、**圧力が高く**なると、蒸気自体が圧縮されて密度が大きくなり、水の密度に近づくので、上昇管と下降管との密度差によって生じていた自然循環力は**弱く**なります。

> **Point** 自然循環式水管ボイラーの水の循環力
>
> 自然循環式水管ボイラーは、**高圧**になるほど蒸気と水との密度差が小さくなり、水の循環力が**弱くなる**

（2）二胴形水管ボイラー

自然循環式水管ボイラーは、ドラム（胴）の数によって**単胴形、二胴形、三胴形**に分けられます。P.23の図のような、蒸気ドラムと水ドラムの2つを連絡したボイラーは、二胴形水管ボイラーです。二胴形水管ボイラーは一般に、上部に設けられた**蒸気ドラム**と下部に設けられた**水ドラム**を多数の**水管**によって連絡し、燃焼室の内周面に**水冷壁**を配置した形式になっています。

プラスワン
三胴形は蒸気ドラム1つ、水ドラム2つからなっている。

■二胴形水管ボイラーとその水冷壁

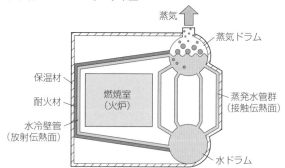

水冷壁とは、**燃焼室の内周面に水管を配置した壁面**をいいます。燃焼室の周囲には通常、上の図のように耐火材を用いますが、その表面に水管（**水冷壁管**とも呼ぶ）を配置することによって、伝熱面積を増やすとともに、耐火材を火炎の**放射熱**から保護します。

（3）放射形ボイラー

高圧のボイラーでは、二胴形水管ボイラーの蒸発水管群のような**接触伝熱面**が不要となり、水冷壁管の**放射伝熱面**

だけで十分に熱を吸収できるようになります。このため、高圧大容量ボイラーでは、**炉壁全面を水冷壁**とした単胴形（蒸気ドラムのみ）のボイラーが多く用いられています。これを放射形ボイラーといいます。

用語

炉壁
燃焼室（火炉）内の壁面。

> ▶ *Point..* 高圧大容量の水管ボイラー
> 高圧大容量の水管ボイラーには、**炉壁全面が水冷壁**で、蒸発部の**接触伝熱面がわずかしかない放射形ボイラー**が多く用いられる

3 強制循環式水管ボイラー　　　B

　圧力が高くなると、蒸気と水との密度差が小さくなり、自然循環力ではボイラー水の循環が困難になることを学習しました（▶P.24）。そこで高圧ボイラーでは、ボイラー水の循環経路中にポンプを設け、**強制的にボイラー水を循環**させます。これを強制循環式水管ボイラーといいます。

プラスワン

強制循環式水管ボイラーは、ポンプの力で水を循環させるので、複雑な循環経路のボイラーにも対応できる。

4 水管ボイラーに共通する特徴　　　A

　水管ボイラーには、丸ボイラーと比べて次のような特徴があります。
①水管ボイラーは必要に応じて**水管の数を増やせる**ので、**小容量用から大容量用まで適応できる**。また丸ボイラーのような大径の胴ではなく、比較的小径のドラムを用いているので、**高圧ボイラーにも適している**

丸ボイラーが高圧のものや大容量のものには適さないことについて
▶P.18〜19

> ▶ *Point..* 水管ボイラーの特徴①
> 水管ボイラーは、構造上、**低圧小容量から高圧大容量**のものまで適応できる

②水管の数を増やすことによって、必要な伝熱面積を**確保**できるので、**熱効率（ボイラー効率）を高く保てる**
③水管を必要な形に曲げたり、それらを組み合わせたりすることによって、**燃焼室（火炉）を自由な大きさ**につく

第1章
ボイラーの構造に関する知識 ● 2日目

25

ることができるので、**いろいろな燃料や燃焼方式に適応**することができる

┌──🖐 *Point*..水管ボイラーの特徴②────
水管の数や配置を自由にとれる
⇒ 伝熱面積を大きくとって、熱効率を高くできる
⇒ 燃焼室を自由な大きさにつくれるので、種々の燃料や燃焼方
　式に適応できる
└──────────────────────

用語

熱効率
与えられた熱エネル
ギーのうち、どれだ
けが有効に取り出さ
れたかを表す割合。
ボイラー効率もこれ
に当たる（▶P.18）。

丸ボイラーでは、
伝熱面積当たりの
保有水量が大きい
ことが特徴でした
ね。▶P.19

④水管ボイラーは同じ容量の丸ボイラーと比べ、**伝熱面積当たりの保有水量が小さい**のが一般的である。このため、**たき始めてから（起動から）必要な圧力の蒸気を発生するまでの時間が短い**

⑤**伝熱面積当たりの保有水量が小さい**ということは、熱の出し入れをする蓄熱体の容量が小さいことを意味する。このため、**蒸気の使用量が変動（負荷変動）**した場合の圧力および水位の変動が大きい

┌──🖐 *Point*..水管ボイラーの特徴③────
伝熱面積当たりの保有水量が小さい
⇒ 起動から所要の蒸気発生までにかかる時間が短い
⇒ 負荷変動による圧力や水位の変動が大きい
└──────────────────────

⑥水管ボイラーでは、細い水管の内部で蒸気が発生するため、水中の不純物が水管の内面に付着しやすい。そこでこれを防ぐため、**給水やボイラー水の処理に注意が必要**となる。特に、**高圧ボイラーでは、厳密な水管理を行わ**なければならない。

ボイラーの水管理
については第2章
Lesson12〜14で
詳しく学習します。

┌──🖐 *Point*..水管ボイラーの特徴④────
水管ボイラーは、給水およびボイラー水の処理に注意を要し、
高圧ボイラーでは厳密な水管理が必要となる
└──────────────────────

確　認　テ　ス　ト

できたら チェック ☑

Key Point			
水管ボイラーとは	☐	1	水管ボイラーは、ボイラー水の流動方式によって自然循環式、強制循環式、貫流式に分類される。
自然循環式水管ボイラー	☐	2	自然循環式水管ボイラーは、圧力が高くなると、蒸気と水との密度差が大きくなり、水の循環力が強くなる。
	☐	3	二胴形水管ボイラーは、炉壁内面に水管を配した水冷壁と、上下ドラムを連絡する水管群を組み合わせた形式のものが一般的である。
	☐	4	高圧大容量の水管ボイラーには、全吸収熱量のうち、蒸発部の接触伝熱面で吸収される熱量の割合が大きい放射形ボイラーが用いられる。
強制循環式水管ボイラー	☐	5	強制循環式水管ボイラーは、ボイラー水の循環経路中に設けたポンプによって、強制的にボイラー水を循環させる。
水管ボイラーに共通する特徴	☐	6	水管ボイラーは、構造上、低圧小容量のものから高圧大容量のものまで適応できる。
	☐	7	水管ボイラーは、丸ボイラーと比べて、伝熱面積を大きくとれないので、一般に熱効率を高く保てない。
	☐	8	水管ボイラーは、丸ボイラーと比べて、燃焼室を自由な大きさにつくれるので、種々の燃料や燃焼方式に適応できる。
	☐	9	水管ボイラーは、丸ボイラーと比べて、伝熱面積当たりの保有水量が小さいので、起動から所要蒸気発生までの時間が短い。
	☐	10	水管ボイラーは、丸ボイラーと比べて、使用蒸気量の変動による圧力変動および水位変動が小さい。
	☐	11	水管ボイラーでは、給水およびボイラー水の処理に注意を要し、特に高圧ボイラーでは厳密な水管理を行う必要がある。

解答・解説

1.○　2.× 高圧になるほど蒸気と水との密度差が小さくなり、水の循環力が弱くなる。　3.○ 蒸気ドラムと水ドラムを多数の水管で連絡し、炉壁内面（燃焼室の内周面）に水冷壁を配置した形式が一般的である。4.× 水冷壁の放射伝熱面を主体とし、蒸発部の接触伝熱面がわずかしかない放射形ボイラーが用いられている。　5.○　6.○　7.× 水管の数を増やすことによって伝熱面積を大きくとれるので、一般に熱効率を高く保つことができる。　8.○　9.○　10.× 水管ボイラーは、丸ボイラーと比べて伝熱面積当たりの保有水量が少ないので、負荷変動（蒸気使用量の変動）による圧力や水位の変動が大きくなる。　11.○

ワンポイント アドバイス

水管ボイラーの特徴として、保有水量が小さいこと、起動から所要の蒸気発生までにかかる時間が短いこと、負荷変動による圧力や水位の変動が大きいことを押さえよう。

2日目 Lesson.4 水管ボイラー (2)貫流ボイラー

このレッスンでは、水管ボイラーの一種である貫流ボイラーについて学習します。貫流ボイラーがほかの水管ボイラーとどこが異なるのかに注意しながら、その特徴を理解していきましょう。

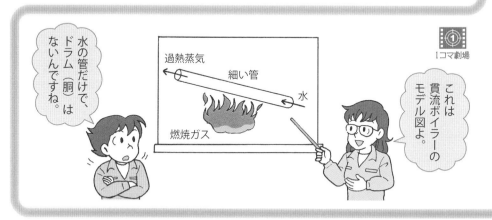

1 貫流ボイラーとは B

貫流式の水管ボイラーを貫流ボイラーといいます。貫流ボイラーは、給水ポンプで水を水管の一端から押し込み、管の中を水が一方向に流れる（貫流する）過程において、順に予熱→蒸発→過熱を行い、最後に管の他端から所要の過熱蒸気を取り出すというボイラーです。

一方向に流れる、つまり管内を貫くように流れることから、「貫流式」といいます。

■ 貫流ボイラーの仕組み

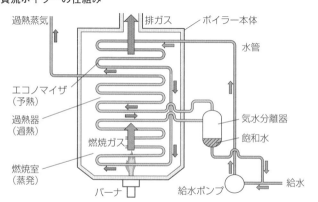

28

エコノマイザは、**排ガス**を利用して給水を加熱する設備です（燃焼室に入る前なので「予熱」という）。予熱された水は燃焼室（火炉）で加熱され蒸発しますが、この蒸気には、**気水分離器**（蒸気と水を分離する装置）にかけてもわずかながら水分が含まれるため、過熱器でさらに加熱して水分をなくし、温度の高い過熱蒸気をつくります。

Point 貫流ボイラーの仕組み

貫流ボイラーでは、給水ポンプによって管系の一端から押し込まれた水が、エコノマイザ、蒸発部（燃焼室）、過熱部（過熱器）を順次貫流し、他端から所要の蒸気が取り出される

---

2 貫流ボイラーの特徴　　　　B

貫流ボイラーは**管系だけで構成**されており、ほかの水管ボイラーのような蒸気ドラムや水ドラムは配置されていません。比較的径の大きいドラムがなく、細い管だけであることから、**貫流ボイラーは高圧ボイラーに適します**。

Point 貫流ボイラーの特徴①

貫流ボイラーは細い管系だけで構成され、蒸気ドラムや水ドラムを要しないので、高圧ボイラーに適している

貫流ボイラーでは細い管内で給水のほとんどが蒸発するため、給水中に含まれる不純物が管内にたい積しやすくなります。またドラムがないので、ドラムからボイラー水の吹出しを行って不純物を排出させることもできません。このため**十分な処理を行った給水**の使用が必要です。

Point 貫流ボイラーの特徴②

貫流ボイラーは、細い管内で給水のほとんどが蒸発するので、十分な処理を行った給水を使用する必要がある

プラスワン

エコノマイザおよび過熱器はボイラーの附属設備として重要である。
▶Lesson15

「管系」というのは、水管だけでなく、これにつながるエコノマイザや過熱器を通る管も含めた総称です。

ボイラー水の吹出しについて
▶Lesson14

第1章 ボイラーの構造に関する知識 ● 2日目

貫流ボイラーは管系だけで構成されているので、ほかの水管ボイラーと比べても**伝熱面積当たりの保有水量が極端に少なくなります**。このため、たき始めてから（起動から）必要な圧力の蒸気を発生するまでの時間が短いことに加えて、**蒸気の使用量が変動（負荷変動）した場合の圧力変動**が非常に大きくなります。そこで、負荷変動に適切に対応するため、**応答の速い給水量**および**燃料量**の自動制御装置が必要となります。

プラスワン
コンピュータを利用した自動制御装置の発達によって細かい制御が可能となり、発電用の高圧大容量ボイラーとして用いられる貫流ボイラーもある。

> **Point** 貫流ボイラーの特徴③
> **貫流ボイラーは、負荷変動による圧力変動が生じやすいので、応答の速い給水量および燃料量の自動制御装置を必要とする**

　貫流ボイラーには、水管をコイル状に巻いた**単管式**のものと**多管式**のものがありますが、いずれも**管を自由に配置**することによって全体をコンパクトな構造にできるので、**小容量ボイラー**としても広く利用されています。

3　超臨界圧力ボイラー　　　　　　C

　水は一定の高さの温度と圧力になると、沸騰という状態を経ずに、蒸気（気体）へと変化します。この温度と圧力をそれぞれ**臨界温度**、**臨界圧力**といいます。臨界圧力以下の圧力で水を温めていくと、一部が蒸気（気体）となり、液体と気体が共存する状態がみられますが、臨界圧力以上の圧力（**超臨界圧力**という）では、液体と気体が共存する状態がみられず、臨界温度付近で一瞬にして全体が蒸気になります。

臨界圧力について
▶P.46

　このため、超臨界圧力で運転される**超臨界圧力ボイラー**では、**蒸気ドラムで水（液体）と蒸気（気体）を分離する必要がない**ので、必然的に**貫流式（貫流ボイラー）**が採用されます（気水分離器も不要）。

確　認　テ　ス　ト

Key Point			できたら チェック ☑
貫流ボイラーとは	☐	1	貫流ボイラーでは、給水ポンプによって管系の一端から押し込まれた水が、エコノマイザ、蒸発部、過熱部を順次貫流し、他端から所要の蒸気が取り出される。
貫流ボイラーの特徴	☐	2	貫流ボイラーは、管系だけで構成されており、蒸気ドラムや水ドラムを必要としない。
	☐	3	貫流ボイラーは、細い管系だけで構成されているので、高圧ボイラーには適さない。
	☐	4	貫流ボイラーでは、細い管内で給水のほとんどが蒸発するので、十分な処理を行った給水を使用する必要がない。
	☐	5	貫流ボイラーは、ほかの水管ボイラーと比べて、起動から所要の蒸気を発生するまでにかかる時間が長い。
	☐	6	貫流ボイラーは、負荷変動による圧力変動が生じやすいので、応答の速い給水量および燃料量の自動制御装置を必要とする。
	☐	7	貫流ボイラーは、大容量ボイラーに用いられており、小容量ボイラーとしてはあまり利用されない。
超臨界圧力ボイラー	☐	8	圧力が水の臨界圧力を超える超臨界圧力ボイラーには、貫流ボイラーが採用される。

解答・解説

1.○　2.○　3.× 径の大きいドラムがなく、細い管系だけで構成されているので、高圧ボイラーに適している。　4.× 細い管内で給水のほとんどが蒸発するため、給水中に含まれる不純物が管内にたい積しやすくなり、またドラムから吹出しを行って不純物を排出させることもできないので、十分な処理を行った給水を使用する必要がある。　5.× 貫流ボイラーは管系だけで構成されており、ほかの水管ボイラーと比べても伝熱面積当たりの保有水量が極端に少ないため、起動から所要の蒸気発生までの時間が非常に短い。　6.○　7.× 管を自由に配置することによって全体をコンパクトな構造にできることから、小容量ボイラーとしても広く利用されている。　8.○

ワンポイント アドバイス

貫流ボイラーは、細い管系だけで構成され、ドラムを要しないので、高圧ボイラーに適すること、細い管内で給水のほとんどが蒸発するので、十分な処理を行った給水を使用する必要があることを押さえよう。

3日目

Lesson. 5 鋳鉄製ボイラー

鋳鉄製ボイラーの構造と特徴について学習しましょう。鋳鉄製ボイラーが組合せ式であることや、鋼鉄ではなく鋳鉄でできていることを押さえましょう。試験では、ウェットボトム形、ハートフォード式連結法についてもよく出題されます。

① 1コマ劇場

なぜ、組合せ式なのか、学習していきましょう。

鋳鉄製ボイラーって組合せ式なんですね!

1 鋳鉄製ボイラーの概要 　　　　B

　鋳鉄製ボイラーは、鋳鉄製のセクションと呼ばれる部品（●P.14）をいくつか前後に並べ、**ニップル**という管状の部品で結合し、**締付ボルト**で固定して組み立てられます。このため**鋳鉄製組合せボイラー、セクショナルボイラー**とも呼ばれ、主に**暖房用蒸気ボイラー**や**温水ボイラー**として使用されています。

セクションには、中間部に使用する中セクションのほか、これとは形の異なる前セクションと後セクションがあります。

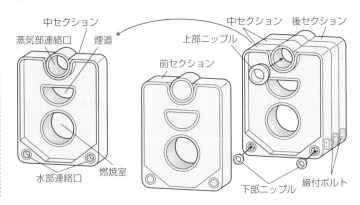

中セクション
蒸気部連絡口　煙道
前セクション
中セクション　後セクション
上部ニップル
水部連絡口　燃焼室
下部ニップル　締付ボルト

セクションは**5〜20**ほど（最大で20程度）連結され、上部の蒸気部連絡口、下部の水部連絡口のそれぞれの穴の部分にこう配のついた**ニップル**をはめ込んで結合し、内部の水や蒸気がボイラー外に漏れ出すことを防ぎます。

> **Point.** 鋳鉄製ボイラーの組立て
>
> 鋳鉄製ボイラーの各セクションは、蒸気部連絡口および水部連絡口の穴の部分に、こう配のついたニップルをはめて結合されている

各セクションは**中空**の容器のようになっていて、その中に**水**が給水されます。セクションの下部は**燃焼室**、上部は**煙道**となるように形成されており、セクションを結合してできた燃焼室で発生した高温の**燃焼ガス**が、下図のようにセクションのすき間を上昇して煙道に入り、ボイラー後部から**排ガス**として排出されます。

■鋳鉄製ボイラーの構造

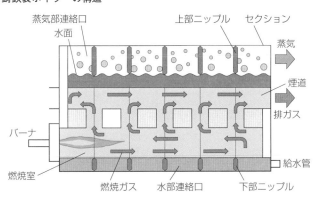

水部連絡口 | 蒸気部連絡口 | 水面 | 上部ニップル | セクション | 蒸気 | 煙道 | 排ガス | 給水管 | バーナ | 燃焼室 | 燃焼ガス | 下部ニップル

水部連絡口を通って各セクション内に給水された**水**は、燃焼室や煙道の中を通る高温の燃焼ガスによって加熱され、**蒸気**となって取り出されます。

2 鋳鉄製ボイラーの特徴　A

（1）組合せ式である

組合せ式なので、**セクションの数を増減**することによっ

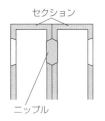

用語

ニップル
機械部品相互を結合する管状の継ぎ手。

セクション

ニップル

各セクション内に水（ボイラー水）と蒸気が入っているんだね。

て燃焼室や煙道の大きさを変えられます。つまり**伝熱面積**を増減することができ、**能力の変更**が可能です。

　また、セクションを単体ごとに**狭い入口から搬入・搬出**できるので、地下室などにも持ち込めます。

（2）鋳鉄製である

　鋳鉄製であることから、鋼製ボイラー（▶P.14）と比べて次のような特徴があります。

①**鋳鉄の表面は酸化鉄で覆われているため、鋼製ボイラーと比べて腐食に強い**（**耐食性にすぐれている**）

②**鋳鉄は鋼鉄と比べて強度が弱いので、高圧のものには適さない**。また、鋳型<small>いがた</small>に流し込んで成型するので、大きさに限度があり、**大容量のものには適さない**

■鋳鉄製ボイラーの使用圧力の制限

> ● 蒸気ボイラーのとき…使用圧力0.1MPa以下
> ● 温水ボイラーのとき…使用圧力0.5MPa以下

③**強度が弱いうえに、セクションを組み合わせて構成されているので、熱の伝わり方に違いが出る可能性がある**。このため**急激な燃焼**を行うと温度の異なる部分を生じ、**熱膨張が不均一となる**不同膨張が発生して、**割れが生じやすくなる**

Point 鋼製ボイラーと比べた鋳鉄製ボイラーの特徴
● 腐食には強いが、強度は弱い
● **熱による**不同膨張によって割れが生じやすい

3　ウェットボトム形　　A

　P.33の図のように**セクションの底部にも水を循環させる**タイプを**ウェットボトム形**といいます。従来は、底部に水を循環させない**ドライボトム形**が用いられていましたが、最近は伝熱面積を大きくとれる**ウェットボトム形**のほうが広く使用されています。

用語
腐食
金属が錆びること。腐食しにくい性質を耐食性という。

プラスワン
温水ボイラーの場合は温水温度についても120℃以下に制限されている。

用語
熱膨張
温度が高くなるにつれて物体の長さや体積が増加する現象。

不同膨張が起こると、無理な応力が発生してしまい、割れ（クラック）や漏れの原因となります。

■ドライボトム形断面図

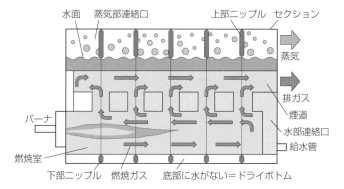

ウェットボトム形ならば、燃焼室の下側も伝熱面になりますね。

Point ウェットボトム形鋳鉄製ボイラーの特徴
ウェットボトム形は、伝熱面積を増加させるために、ボイラー底部にも水を循環させる構造になっている

プラスワン
ウェットボトム形は燃焼室がセクション内部に密閉されるので、加圧燃焼方式の採用も可能である。

4 ハートフォード式連結法　A

（1）復水の循環と返り管

　暖房に使用された蒸気は、**ラジエータ**で冷やされて液体の水に戻ります（これを復水という）。鋳鉄製暖房用蒸気ボイラーでは**復水を循環させて再使用すること**が原則とされており、復水をボイラーに戻す返り管を備えています。

用語
ラジエータ
熱を放出する装置。放熱器ともいう。

■鋳鉄製暖房用蒸気ボイラーの配管の例

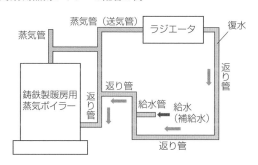

　通常の**給水**は常温ですが、これを鋳鉄製ボイラーに直接入れると、温度の高いボイラー内の水（**ボイラー水**）との

鋳鉄製暖房用蒸気ボイラーにおいて復水の循環使用が原則とされているのは、こういうわけなんだ。

安全低水面の高さまで返り管を立ち上げておけば、その高さより水位が下がりません。

🔧 プラスワン
温水ボイラーは水で満たされる(水位というものがない)ので、ハートフォード式連結法は用いられない。

😲 ひっかけ注意!
重力循環方式の場合に安全低水面の高さにするのは、返り管であって、給水管ではない。

温度差が大きく、鋳鉄製ボイラーに**不同膨張**(◯P.34)を発生する危険性があります。この点、**復水**は蒸気が凝縮した水なので、ある程度の高温になっていますから、これを再使用することで温度差を小さくすることができます。

(2) ハートフォード式連結法とは

返り管に破損があると、ボイラー水がこの破損部位から外に漏れ出して、ボイラーの水位が低下してしまいます。そこで、下の図のように返り管を安全低水面(**これ以下にボイラー水位が下がると危険な状態となる水位**)まで立ち上げてからボイラーに連結することで低水位事故を防止します。この**返り管の取付け方法**をハートフォード式連結法といいます。

■ハートフォード式連結法(重力循環方式)

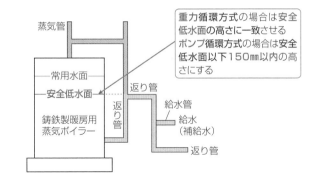

蒸気管

重力循環方式の場合は安全低水面の高さに一致させるポンプ循環方式の場合は安全低水面以下150mm以内の高さにする

常用水面
安全低水面
返り管
給水管
給水(補給水)
鋳鉄製暖房用蒸気ボイラー
返り管
返り管

鋳鉄製暖房用蒸気ボイラーでは、復水の循環使用が原則ですが、循環系統内で水が減少する場合には、給水を補給します。ただし、**給水(補給水)の配管(給水管)は直接**ボイラーに取り付けるのではなく、温度差による不同膨張を避けるため、上図のように**返り管に取り付けます**。

📣 **Point**..ハートフォード式連結法
● **鋳鉄製の暖房用蒸気ボイラーの返り管の取付けには、**低水位事故防止の目的で、ハートフォード式連結法がよく用いられる
● **給水管は、返り管に取り付ける**

確 認 テ ス ト

Key Point			できたら チェック ☑
鋳鉄製ボイラーの概要	☐	1	鋳鉄製ボイラーは、主に暖房用蒸気ボイラーまたは温水ボイラーとして使用されている。
	☐	2	鋳鉄製ボイラーの各セクションは、蒸気部連絡口および水部連絡口の穴の部分に、こう配のついたニップルをはめて結合されている。
鋳鉄製ボイラーの特徴	☐	3	鋳鉄製ボイラーは、鋼製ボイラーと比べて、強度は強いが、腐食には弱い。
	☐	4	鋳鉄製ボイラーを蒸気ボイラーとして使用するとき、その使用圧力は0.5MPa以下に限られる。
	☐	5	鋳鉄製ボイラーは、鋼製ボイラーと比べて、熱による不同膨張によって割れが生じやすい。
ウェットボトム形	☐	6	伝熱面積を増加させるため、ボイラー底部にも水を循環させる構造になっているものを、ドライボトム形という。
ハートフォード式連結法	☐	7	鋳鉄製暖房用蒸気ボイラーでは、復水を循環使用することが原則とされている。
	☐	8	鋳鉄製暖房用蒸気ボイラーの返り管の取付けには、ハートフォード式連結法がよく用いられる。
	☐	9	ハートフォード式連結法の目的は、ボイラーへの不純物の混入を防止することにある。
	☐	10	鋳鉄製暖房用蒸気ボイラーでは、給水管をボイラー本体の安全低水面の高さに直接取り付ける。
	☐	11	ポンプ循環方式の蒸気ボイラーの場合、返り管を立ち上げる高さは、安全低水面以下150mm以内の高さにする。

解答・解説

1.○ 2.○ 3.× 鋳鉄製ボイラーは鋼製ボイラーと比べて、腐食には強いが、強度は弱い。 4.× 蒸気ボイラーの場合は使用圧力0.1MPa以下に限られる。0.5MPa以下は温水ボイラーの場合である。 5.○ 6.× これはドライボトム形ではなく、ウェットボトム形についての記述。 7.○ 8.○ 9.× 不純物の混入防止などではなく、低水位事故を防止することが目的である。 10.× 給水管はボイラー本体に直接取り付けるのではなく、返り管に取り付ける。また、安全低水面の高さにする(重力循環方式)のは返り管であって、給水管ではない。 11.○ 重力循環方式の場合は安全低水面の高さに一致させるのに対し、ポンプ循環方式の場合には安全低水面以下150mm以内の高さにする(蒸気の存在するところに水を供給すると、蒸気が急激に凝縮して真空状態となり、そこへ水が押し寄せて互いに衝突し、管に衝撃〔ウォータハンマという〕を与えてしまうので、これを防ぐためである)。

3日目

Lesson.6 熱

ここまでは各種ボイラーの構造をみてきましたが、その中でたびたび登場してきた熱そのものについて学習します。試験では、熱の移動（伝熱）について、熱伝導と熱伝達の違いや、熱貫流の意味などが空所補充形式で出題されています。

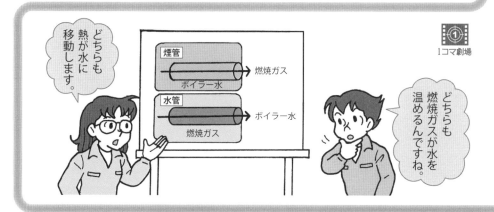

（左の吹き出し）どちらも熱が水に移動します。

（煙管／ボイラー水／燃焼ガス）
（水管／ボイラー水／燃焼ガス）

①
1コマ劇場

（右の吹き出し）どちらも燃焼ガスが水を温めるんですね。

1 温度の表し方　　B

　物質に熱を加えるとその物質の**温度は上がり**、逆に物質から**熱が出て行く**とその物質の**温度は下がります**。

　温度の表し方として、次の2種類が重要です。

（1）セルシウス（摂氏）温度

　標準大気圧のもとで水が凍る温度（**氷点**）を**0℃**、水が沸騰する温度（**沸点**）を**100℃**と定め、この間を100等分したものを**1℃**とする表し方をセルシウス（摂氏）温度といいます。一般に用いられている温度の表し方です。

（2）絶対温度

　学問上、物質の温度は**−273℃**以下にはならないとされており、この温度を**絶対0度**といいます。絶対温度とは、**絶対0度（摂氏−273℃）を0度**とする温度の表し方であり、単位には**ケルビン〔K〕**を用います。

　温度が**1℃上昇する**ごとに絶対温度も**1K**ずつ上昇するので、摂氏0℃のとき絶対温度は**+273K**になります。

用語
標準大気圧
実際の大気の圧力の平均に近い値として国際的に定められたもの。●P.44

セルシウス（摂氏）温度 t〔℃〕と絶対温度 T〔K〕との間には、次の関係式が成り立ちます。

$$T = t + 273$$

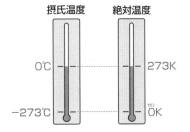

摂氏温度　絶対温度

0℃　　　273K

−273℃　　0K（ゼロ）

2 熱量と比熱　　　B

（1）熱量

　熱はエネルギーの1つとされており、このエネルギーの量を熱量といいます。単位にはジュール〔J〕を用います。

　標準大気圧のもとで**質量1kgの水の温度を1℃（1K）上昇させるのに必要な熱量**は、**4.187kJ（約4.2kJ）**とされています。1kJ（キロジュール）＝1,000Jです。

（2）比熱

　比熱とは、**物質1kgの温度を1℃（1K）上昇させるのに必要な熱量**をいいます。比熱の単位は〔**kJ/（kg・℃）**〕または〔**kJ/（kg・K）**〕です。

　上記の通り、水1kgの温度を1℃上昇させるのに必要な熱量は約4.2kJなので、**水の比熱は約4.2kJ/（kg・℃）**ということです。

> **Point** 水の比熱
>
> **標準大気圧のもとで質量1kgの水の温度を1℃上昇させるのに必要な熱量は、4.187kJ（約4.2kJ）である**
> ⇒ **水の比熱は約4.2kJ/（kg・℃）**

　比熱の大きい物質は、温度を高めるために多くの熱量を必要とするので、**温まりにくい**ことがわかります。また、多くの熱量が出て行かないと温度が下がらないので、**冷めにくい**。つまり比熱の大きい物質は、比熱の小さい物質と比べて、温まりにくく冷めにくいという性質があります。

用語

質量
質量とは物質そのものの量であり、単位に〔g〕や〔kg〕を用いる。物質の重さは、地球がその物質を引く力（重力）の大きさであり、重さは質量に比例する。

約4.2kJ/（kg・K）と表すこともできます。

逆に比熱の小さい物質は、温まりやすく冷めやすいということですね。

3 伝熱

（1）伝熱とは

　熱は、**温度の高いところから低いところへ移動する**性質があります。熱が移動することを**伝熱**といい、熱の移動の仕方として、①**熱伝導**、②**放射伝熱**、③**対流**、④**熱伝達**があります。1つずつみていきましょう。

①熱伝導

　金属棒の一方の端を熱すると、反対側の端まで熱くなってきます。このように、物体の内部で**高温部から低温部へと熱が伝わっていく現象**を、熱伝導といいます。物質には熱が伝わりやすいものと伝わ

金属棒の高温部から低温部へと熱が伝わっていく

りにくいものがあります。その度合いを**熱伝導率**といい、数値が大きいほど熱が伝わりやすいことを意味します。

②放射伝熱

　たとえば灯油ストーブから放射された熱は、離れた場所に立っている人にも伝わります。このように、**高温の熱源から出た熱が**空間を隔てて**移動する現象**を、放射伝熱といいます。**熱放射**による熱の移動です。

③対流

　流体（液体や気体）が加熱されるとその部分は膨張し、密度が小さく（軽く）なって上昇します。そこへ周りの冷たい部分が流れ込み、これがまた温められ…、という循環が起こります。このように、**流体が移動することによって熱が伝わる現象**を、対流といいます。

プラスワン

熱伝導率の大きさは物質の材質によって異なり、金属はそれ以外の物質と比べて熱伝導率が大きい。

燃焼室に直面する伝熱面は、火炎などから強い放射熱を受けることから放射伝熱面といいますね。▶P.13

④**熱伝達**

　流体の流れが固体壁に接触して、流体と固体壁との間で熱が移動する現象を、**熱伝達**（または**対流熱伝達**）といいます。熱の移動の方向は**高温→低温**なので、流体のほうが高温であれば、熱は流体から固体壁へと移動し、固体壁のほうが高温であれば、固体壁から流体へと移動します。

　熱の移動量は、流体と固体壁の**温度差**、**熱を受ける面積**のほか、**熱伝達率**（熱伝達のしやすさの度合い）によって決まります。

(2) 熱貫流

　熱貫流とは下の図のように、**固体壁を通して、高温流体から低温流体へと熱が移動する現象**をいいます（固体壁を通過して熱が移動することから、**熱通過**とも呼ばれる）。

■ 熱貫流の例

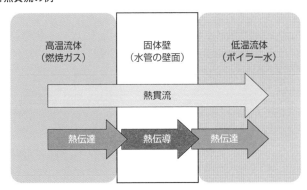

　上の図を見ると、固体壁の左側に接触している高温流体から固体壁への熱の移動は、**熱伝達**であることがわかります（流体のほうが高温なので、熱は流体から固体壁へ移動する）。次に、固体壁内部での熱の移動は、高温流体に接触している高温部から、低温流体に接触している低温部へと熱が伝わっているので、**熱伝導**です。そして、固体壁からその右側に接触している低温流体への熱の移動は、**熱伝達**です（固体壁のほうが高温なので、熱は固体壁から流体へ移動する）。

固体壁というのはボイラーの燃焼室（火炉、炉筒）や煙管、水管の壁面をイメージすればいいんだよ。

🔧 **プラスワン**

熱伝達率の大きさは流体の種類や流れの状態その他によって変化します。

左図では固体壁が水管の壁面なので低温流体は水管の中を通っているということですね。もし固体壁が煙管の壁面であれば、高温流体が煙管の中を通っていることになりますね。

😲 **ひっかけ注意!**
固体壁内部での熱の移動は、熱伝達ではなく、熱伝導であることに注意。

つまり、2つの**熱伝達**と1つの**熱伝導**を合わせた3つの伝熱によって、**熱貫流**が起きていることがわかります。

熱貫流によって熱が伝わる度合を表すのが、熱貫流率です。熱貫流率は、**両側の流体と固体壁との間の熱伝達率**および**固体壁の熱伝導率とその厚さによって決まります**。

Point..熱貫流と熱貫流率

- 固体壁を通して高温流体から低温流体へと熱が移動する現象を、熱貫流という
- 熱貫流率は、両側の流体と固体壁との間の熱伝達率および固体壁の熱伝導率とその厚さによって決まる

確 認 テ ス ト

できたら チェック ☑

Key Point			
温度の表し方	☐	1	セルシウス（摂氏）温度では、標準大気圧のもとで水の氷点を0℃、沸点を100℃と定め、この間を100等分したものを1℃としている。
	☐	2	セルシウス（摂氏）温度 t〔℃〕と絶対温度 T〔K〕との間には、$t = T + 273$ の関係が成り立つ。
熱量と比熱	☐	3	標準大気圧のもとで、質量1kgの水の温度を1℃上昇させるために必要な熱量は、約4.2kJである。
	☐	4	水の比熱は、約4.2kJ/（kg·K）である。
伝熱	☐	5	温度が一定でない物体の内部で、温度の高い部分から低い部分へ順次熱が伝わる現象を、熱伝達という。
	☐	6	熱貫流とは、固体壁を通して高温流体から低温流体へと熱が移動する現象をいう。
	☐	7	熱貫流率の値は、両側の流体と固体壁との間の熱伝導率および固体壁の熱伝達率とその厚さによって決まる。

解答・解説

1.○　2.× $T = t + 273$ の関係が成り立つ。設問は T と t が逆である。　3.○　4.○ 単位は〔kJ/（kg·℃）〕でも〔kJ/（kg·K）〕でも同じこと。　5.× これは熱伝達ではなく、熱伝導（物体内部で高温部から低温部へと熱が伝わる現象）である。　6.○　7.× 両側の流体と固体壁との間の熱伝達率および固体壁の熱伝導率とその厚さによって決まる。設問は、熱伝達率と熱伝導率が逆である。

4日目 Lesson.7 圧力と蒸気

 蒸気ボイラーでは、圧力をもった蒸気がつくられます。そこで、このレッスンでは圧力と蒸気そのものについて学習します。試験では絶対圧力、飽和温度、飽和蒸気のほか、比エンタルピ、比体積などの用語が出てきます。確実に理解しましょう。

1コマ劇場

1 圧力　　　　　　　　　　　　C

(1) 力と圧力

　物理学では、物体の形を変えたり、運動の状態を変えたりする働きのことを力といいます。力の大きさを表す単位には、ニュートン〔N〕を使います。

　圧力とは**単位面積当たりに働く力の大きさ**をいいます。1㎡当たりの面に働く力の大きさで表す場合、力の大きさをその力で押される面の面積で割ることによって求められます。このとき単位はN/㎡（ニュートン毎平方メートル）ですが、パスカル〔Pa〕という単位で表すこともあります。1 Pa＝1 N/㎡です。

(2) 大気圧

　地球上には空気（大気）の重さによる圧力が常に加わっています。この**大気による圧力**を大気圧といい、単位としてヘクトパスカル〔hPa〕を用います（1 hPa＝100Pa）。

　大気圧を調べるときは、真空の管に液体の水銀（Hg）を

> 地球は大気と呼ばれる空気の厚い層に包まれており、地表近くではこの大気に働く重力によって圧力を受けています。

760mmの高さの水銀柱がその底面に及ぼす圧力を、標準大気圧としているんだ。

入れて、その上昇した高さを測定します。高さ760mmになるときが**1気圧**〔atm〕とされ、これを**標準大気圧**といいます（▶P.38）。

1気圧〔atm〕は1,013hPaに相当します。

(3) ゲージ圧と絶対圧力

圧力計で測定される圧力をゲージ圧といいます。この値に**大気圧**の値を加えたものが**絶対圧力**（真空との圧力差）です。つまり、**ゲージ圧**とは絶対圧力から大気圧を除いた圧力のことです。

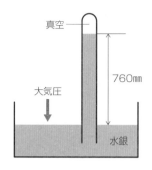

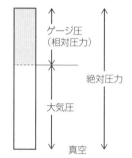

重要

絶対圧力
蒸気表（蒸気の重要な諸性質を示す表）など、物性（物質の性質）を表すときはゲージ圧ではなく、大気圧の影響を受けない絶対圧力の値を用いるのが一般的。

2 蒸気 　　　　　　B

(1) 飽和温度、飽和水、飽和蒸気

一定の圧力のもとで水を温めていくと、やがてこれ以上**少しでも加熱すれば蒸気が発生する**という温度になります。この温度を飽和温度といい、**標準大気圧での水の飽和温度は100℃**です。これを一般に**沸点**と呼んでいます。

用語

状態変化
物質は温度や圧力が変化すると水が氷になったり蒸気になったりする。このように固体・液体・気体の間で物質が変化することを状態変化という。

■**標準大気圧下での水の状態変化**

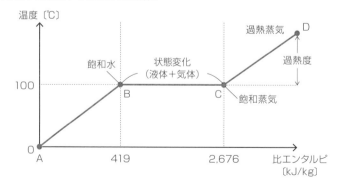

44

飽和温度に達して**蒸発を始める直前の水を飽和水**といいます。また、**飽和水を加熱して発生した蒸気を飽和蒸気**といいます。

飽和温度は、常に一定のものではなく、圧力が高くなると上昇し、**圧力が低くなると下降**します。水の飽和温度も標準大気圧（１気圧）では100℃ですが、圧力を高めると100℃より高くなります。

> 圧力なべを使うと水の沸点が100℃以上になるから、通常より高い温度で食材を調理できるんだね。

Point 飽和温度

標準大気圧のとき、水の飽和温度は100℃であるが、圧力が高くなるにつれて飽和温度は上昇する

(2) 比エンタルピ、顕熱、潜熱

物質がもっている熱エネルギーのことをエンタルピといいます。**物質が単位質量当たりにもっているエンタルピは比エンタルピ**といい、単位として〔kJ/kg〕を用います。

左ページのグラフをみると、Ａ～Ｂ間では、加熱されるにつれて温度が上昇しています。このように、**物質の温度上昇に使用される熱**を、顕熱といいます。Ｃ～Ｄ間で加えられた熱も顕熱です。

ところがＢ～Ｃ間では、熱が加えられているにもかかわらず、温度が上昇していません。これは、加えられた熱が水（液体）から蒸気（気体）への変化のためだけに使われ、温度変化にまでまわらないためです。このように、**物質の状態変化に使用される熱**を、潜熱といいます。

(3) 蒸発熱、飽和蒸気の比エンタルピ

飽和水が沸騰を開始してから**全部の水が飽和蒸気になるまでに加えられる熱**（潜熱）を、蒸発熱といいます。水の蒸発熱を、水の質量１kg当たりの熱量（比エンタルピ）として表すと約2,257kJ/kgです。これに**飽和水の比エンタルピ約419kJ/kg**（水が飽和水になるまで加えられた顕熱）を合計すると、**飽和蒸気の比エンタルピ約2,676kJ/kg**になります。

用語

エンタルピ
ある物体全体が有している全熱量。これを単位質量当たりの値にして表したものを比エンタルピという（１kg当たりのとき単位は〔kJ/kg〕）。

重要

飽和水の比エンタルピ
標準大気圧のもとで質量1kgの水の温度を1℃上昇させるには4.187（約4.19）kJが必要（●P.39）なので、100℃まで上昇するにはこの100倍の419kJ/kgが加えられている。これが飽和水の比エンタルピになる。

蒸発熱のことを、「気化熱」と呼ぶ場合もあります。

圧力が高くなると飽和温度（沸点）は高くなるけど、蒸発熱（潜熱）は小さくなるんだ。

 重要

比体積と密度
密度〔kg/m³〕は単位体積当たりの質量なので、比体積と逆数の関係である。圧力が高くなると飽和蒸気の比体積は小さくなるが、密度は大きくなる。

 プラスワン

乾き度1の飽和蒸気は、「乾き飽和蒸気」と呼ばれる。

Point 飽和蒸気の比エンタルピ

飽和蒸気の比エンタルピは、飽和水の比エンタルピに、蒸発熱を加えた値である

（4）臨界圧力と蒸発熱

　臨界圧力以上の圧力（超臨界圧力）では、液体と気体が共存する状態が見られず、臨界温度付近で一瞬にして全体が蒸気になります（▶P.30）。したがって、臨界圧力に達したとき、状態変化に使用する潜熱（蒸発熱）は必要ありません。蒸発熱は圧力が高くなるにしたがって小さくなり、臨界圧力に達したとき0になるのです。

Point 臨界圧力と蒸発熱

飽和水の蒸発熱（潜熱）は、圧力が高くなるほど小さくなり、臨界圧力に達すると0になる

（5）飽和蒸気の比体積

　比体積とは、**単位質量当たりの体積**をいいます。単位として〔m³/kg〕を用います。**飽和蒸気は気体なので、圧力が高くなると体積が減少し、比体積が小さくなります。**

（6）湿り蒸気と乾き蒸気

　一般に、ボイラーから発生する**蒸気にはわずかな水分が含まれている**ので、湿り蒸気といいます。これに対して、**水分をまったく含まない蒸気を乾き蒸気**といいます。

　1kgの湿り蒸気の中に、乾き蒸気がXkg含まれている（残り〔1−X〕kgは水分）という場合、そのXを乾き度といいます。**水分が0の飽和蒸気の場合、乾き度は1です。**

（7）過熱蒸気

　沸騰を始めてから全部の水が飽和蒸気になるまで温度は上昇しませんが、飽和蒸気をさらに加熱していくと蒸気の温度は上昇します。**飽和温度より高い温度となった蒸気を過熱蒸気**といい、**過熱蒸気の温度と同じ圧力の飽和蒸気の温度との差を、過熱度**といいます（▶P.44のグラフ）。

確認テスト

Key Point			できたら チェック ☑
圧力	☐	1	760mmの高さの水銀柱がその底面に及ぼす圧力を標準大気圧といい、その値は1,013hPaに相当する。
	☐	2	圧力計で表される圧力を絶対圧力といい、その値に大気圧を加えたものをゲージ圧という。
	☐	3	蒸気の重要な諸性質を表示した蒸気表中の圧力は、一般に絶対圧力で示されている。
蒸気	☐	4	水の飽和温度は、標準大気圧のとき100℃であるが、圧力が高くなるほど低くなる。
	☐	5	水の温度は、沸騰を開始してから全部の水が蒸気になるまで一定である。
	☐	6	飽和蒸気の比エンタルピは、飽和水の比エンタルピに蒸発熱を加えた値である。
	☐	7	飽和水の蒸発熱は、圧力が高くなるほど大きくなり、臨界圧力に達すると最大になる。
	☐	8	飽和蒸気の比体積は、圧力が高くなるほど大きくなる。
	☐	9	乾き飽和蒸気は、乾き度が1の飽和蒸気である。
	☐	10	過熱蒸気の温度と同じ圧力の飽和蒸気の温度との差を過熱度という。

解答・解説

1.○　2.× 圧力計に表れるのがゲージ圧で、これに大気圧を加えたものが絶対圧力である。設問はゲージ圧と絶対圧力が逆になっている。　3.○ 蒸気表など物性を表す場合には、大気圧の影響を受けない絶対圧力の値を用いるのが一般的である。　4.× 水の飽和温度は標準大気圧のとき100℃であるが、圧力が高くなるにつれて上昇する。　5.○ 加えられた熱が状態変化（液体→気体）のためだけに使われるからである。　6.○　7.× 飽和水の蒸発熱は、圧力が高くなるほど小さくなり、臨界圧力に達すると0になる。　8.× 飽和蒸気の比体積は、圧力が高くなるほど小さくなる。　9.○ 乾き度が1の飽和蒸気は、水分をまったく含まないので乾き蒸気である。このような飽和蒸気を乾き飽和蒸気という。　10.○

ワンポイント アドバイス

飽和蒸気の比エンタルピ（2,676kJ/kg）は、飽和水の比エンタルピ（419kJ/kg）と蒸発熱（2,257kJ/kg）の合計であることを押さえよう。また、試験では蒸発熱を気化熱と呼ぶ場合があるので気を付けよう。

Lesson. 8 ボイラーの効率・容量・水循環

 このレッスンは、やや難しく感じるかもしれませんが、ボイラー効率、ボイラーの容量（換算蒸発量）の求め方をしっかりと理解しておけば、試験対策としては十分です。ボイラーの水循環は、これまで学習した内容のおさらいです。

換算蒸発量

$$Ge = \frac{G(h_2 - h_1)}{2,257}$$

換算蒸発量、ゲッ!?

この式は覚えましょう。

1コマ劇場

1 ボイラー効率 　　　　　　　　　　A

　ボイラー効率とは、そのボイラーへの全供給熱量（**入熱**）に対する発生蒸気の吸収熱量（**出熱**）の割合をいいます。簡単にいうと、ボイラーに与えられた熱量のうち、どれだけが蒸気の発生のために使われたかを表す割合〔％〕です。次の式①によって求められます。

ボイラー効率〔％〕＝ $\dfrac{発生蒸気の吸収熱量（出熱）}{全供給熱量（入熱）} \times 100 \cdots$ ①

● 発生蒸気の吸収熱量（出熱）＝ $G(h_2 - h_1)$

　G〔kg/h〕：**実際蒸発量**（1時間に実際に発生した蒸気量）

　h_2〔kJ/kg〕：**発生した蒸気の比エンタルピ**

　h_1〔kJ/kg〕：**給水の比エンタルピ**

　$(h_2 - h_1)$ は、発生した蒸気と給水の比エンタルピの差（1kgの蒸気が吸収した熱量）であり、これに実際蒸発量をかけ合わすことによって、1時間当たりの発生蒸気の吸収熱量（出熱）〔kJ/h〕が求められる

式①を使って実際に計算するような問題は出題されていませんが、式を見てボイラー効率の意味を理解することが大切です。

- **全供給熱量（入熱）＝ $F \times H_1$**

  F〔kg/h〕：**毎時燃料消費量**（1時間当たりの燃料消費量）

  H_1〔kJ/kg〕：**燃料の発熱量（低発熱量）**

  毎時燃料消費量と燃料の発熱量をかけ合わすことによって、1時間当たりの全供給熱量（入熱）〔kJ/h〕が求められる。**燃料の発熱量**には、一般に低発熱量（水蒸気の潜熱を差し引いた発熱量）を用いる

> **Point…ボイラー効率**
> ● ボイラー効率とは、全供給熱量に対する発生蒸気の吸収熱量の割合をいう
> ● ボイラー効率の算定では、燃料の発熱量に低発熱量を用いる

2 ボイラーの容量（能力）　A

　ボイラーの規模は、一般にそのボイラーの容量（能力）で表します。蒸気ボイラーであれば、その容量（能力）は**最大連続負荷の状態で1時間に発生する蒸発量**（連続して発生できる毎時の最大蒸発量）〔kg/h〕で示されます。

> **Point…蒸気ボイラーの容量**
> 蒸気ボイラーの容量（能力）は、最大連続負荷の状態で1時間に発生する蒸発量で示される

　ただし、**蒸気の発生に要する熱量は、蒸気圧力、蒸気温度および給水温度によって異なり**、実際に蒸気を発生させるには、所要の圧力・温度における発生蒸気のエンタルピと給水温度におけるエンタルピの差に応じた熱量を吸収させる必要があります。このため蒸気ボイラーの容量（能力）は、**換算蒸発量**によって示される場合があります。その値は、**実際に給水から所要の蒸気を発生させるために要した熱量**（発生蒸気の吸収熱量＝ G（$h_2 - h_1$）〔kJ/h〕）を、2,257kJ/kg（蒸発熱の比エンタルピ）で除したものです。

重要
低発熱量
燃料中の水分や水素から生じる水蒸気はそのまま排出されるので、これらの潜熱を差し引いた熱量である低発熱量を用いる。なお、これらの潜熱を含んだ発熱量は「高発熱量」と呼ぶ。

プラスワン
温水ボイラーの場合は、1時間に発生する熱量で容量（能力）を表す。

用語
換算蒸発量
実際に給水から所要の蒸気を発生させるのに要した熱量を、基準状態（100℃の飽和水を100℃の飽和蒸気とする場合）の熱量に換算して求めた蒸発量。

100℃の水を給水して100℃の蒸気を発生させるのならば、$h_2 = 2676$、$h_1 = 419$となり、$2676 - 419 = 2257$なので、式②は$Ge = G$になります。しかし実際の給水は100℃より低く発生蒸気は100℃よりも高いので、通常は$Ge > G$になります。

$$換算蒸発量 Ge〔kg/h〕= \frac{G(h_2 - h_1)}{2,257} \cdots ②$$

Point 蒸気ボイラーの換算蒸発量

換算蒸発量は、実際に給水から所要の蒸気を発生させるために要した熱量を、2,257kJ/kgで除したものである

3 ボイラーの水循環 B

　レッスン３で、水管ボイラーは水の循環をよくするために、**水と気泡（蒸気の泡）の混合体が上昇する管と、水が下降する管を区別して設けているものが多い**ことを学習しました（ただし、高圧になるほど蒸気と水の密度差が小さくなり、水の循環力が弱まることについて ●P.24）。

　これに対し、丸ボイラーでは炉筒や煙管などの**伝熱面の多くが水中に設けられ**、胴内で水の通り道が広く確保できるため、気泡の少ない所を水が自由に下降できます。つまり**水の対流が容易**なので、**水循環の経路を特別に構成する必要がありません。**

対流について
●P.40

Point 丸ボイラーの水循環

丸ボイラーは伝熱面の多くが水中に設けられ、水の対流が容易なので、特別な水循環の経路を要しない

　ボイラー水の循環がよいと熱が水に十分に伝わるので、**伝熱面の温度が水温に近い温度**に保たれます。これに対し、ボイラー水の循環が不良になると、**気泡が停滞する**などして**伝熱面の焼損や膨張**などの原因につながります。

プラスワン

胴や管から気泡への伝熱性は、水への伝熱性と比べて低いので、気泡が停滞した所では伝熱面が過熱して焼損や膨張が起こりやすい。

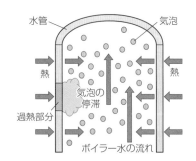

図中：水管　気泡　熱　熱　気泡の停滞　過熱部分　ボイラー水の流れ

確　認　テ　ス　ト

できたら チェック ☑

Key Point			
ボイラー効率	☐	1	ボイラー効率は、実際蒸発量を全供給熱量で除したものである。
	☐	2	ボイラー効率を算定するとき、燃料の発熱量は、一般に低発熱量を用いる。
ボイラーの容量（能力）	☐	3	蒸気ボイラーの容量（能力）は、最大連続負荷の状態で1時間に消費する燃料量で示される。
	☐	4	蒸気の発生に要する熱量は、蒸気圧力、蒸気温度、給水温度によって異なる。
	☐	5	換算蒸発量は、実際に給水から所要の蒸気を発生させるために要した熱量を、0℃の水を蒸発させて100℃の飽和蒸気とする場合の熱量で除したものである。
ボイラーの水循環	☐	6	水管ボイラーは、水循環をよくするために、水と気泡の混合体が上昇する管と、水が下降する管を区別して設けているものが多い。
	☐	7	丸ボイラーは、伝熱面の多くがボイラー水中に設けられ、水の対流が困難なので、特別な水循環の経路を構成する必要がある。
	☐	8	ボイラーの水循環がよいと、熱が水に十分に伝わり、伝熱面の温度が水温に近い温度に保たれる。
	☐	9	ボイラーの水循環が不良になると、気泡が停滞したりして、伝熱面の焼損、膨張などの原因となる。

解答・解説

1．× ボイラー効率とは、全供給熱量に対する発生蒸気の吸収熱量の割合をいう。したがって、実際蒸発量ではなく、発生蒸気の吸収熱量を全供給熱量で除した（割った）ものになる。　2．○ 一般に低発熱量（燃料中の水分や水素から生じる水蒸気の潜熱を差し引いた発熱量）を用いる。　3．× 最大連続負荷の状態で1時間に発生する蒸発量で示される。1時間に消費する燃料量ではない。　4．○　5．× 換算蒸発量とは、実際に給水から所要の蒸気を発生させるのに要した熱量を、基準状態（100℃の飽和水を100℃の飽和蒸気とする場合）の熱量に換算して求めた蒸発量をいう。基準状態の熱量は2,257kJ/kg（蒸発熱の比エンタルピ）である。したがって、0℃の水を蒸発させて100℃の飽和蒸気とする場合の熱量ではなく、100℃の飽和水を蒸発させて100℃の飽和蒸気とする場合の熱量（2,257kJ/kg）で除するというのが正しい。　6．○　7．× 丸ボイラーは、伝熱面の多くが水中に設けられ、水の対流が容易なので、特別な水循環の経路を必要としない。8．○　9．○

ワンポイント アドバイス

ボイラー効率とは、発生蒸気の吸収熱量を全供給熱量で除したものであること、また蒸気ボイラーの容量（能力）は、最大連続負荷の状態で1時間に発生する蒸発量で示されることを押さえよう。

Lesson.9 ボイラー各部の構造

このレッスンでは、ボイラーの胴とドラム、鏡板（かがみいた）、ステー、管類（配管、伝熱管）について学習します。胴やドラムの鋼板のつなぎ目（周継手と長手継手）にかかる力の大きさの違い、鏡板の種類とその強度、ステーの役割などが重要です。

1 胴およびドラム A

　丸ボイラーでは胴、水管ボイラーではドラムと呼ばれる部分は、いずれも**断面が円**になるよう**円筒形**につくられています。円には力が均等にかかるので、同じ種類、同じ厚さの材料の場合、より大きな強度を得られるからです。

　胴やドラムは、鋼板を円筒状にプレス加工して、それらをつなぎ合わせてつくります。このつなぎ目を**継手**（つぎて）といいます。胴やドラムの周方向（円周上）の継手を周継手、円筒の軸に沿った**長手方向**（ながて）の継手を長手継手といいます。

用語

周方向

長手方向
軸方向ともいう。

■周継手と長手継手

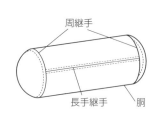

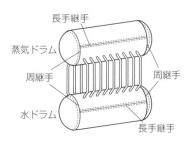

　胴やドラムの内部には大きな**圧力**がかかり、鋼板を外に押し広げようとする力となって働きます。このため、その力に抵抗しようとする力（**応力**）が鋼板内部に生じます。この応力を**引張応力**といい、下の図のように、**周方向にも長手方向（軸方向）**にも生じます。

● 周方向の**引張応力** ⇒ **長手継手**に作用する

■図1

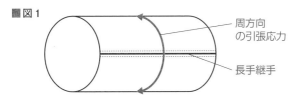

周方向の引張応力

長手継手

● 長手方向の**引張応力** ⇒ **周継手**に作用する

■図2

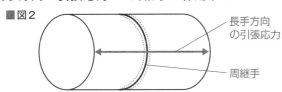

長手方向の引張応力

周継手

　引張応力の強さは、周方向のほうが長手方向の**2倍**であることがわかっています。したがって、周方向の引張応力が作用する**長手継手の強さ**は、長手方向の引張応力が作用する**周継手の強さの2倍以上**にする必要があります。これを逆にいうと、周継手の強さは長手継手に求められる強さの2分の1以上あればよいということです。

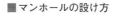

Point 引張応力と継手の強さ

引張応力の強さは、**周方向**のほうが長手方向の**2倍**
⇒ **長手継手の強さ**は、**周継手の強さの2倍以上必要**

　同じ理由から、胴にだ円形の**マンホール**を設ける場合には、その**長径部**を強い引張応力のかかる**周方向**に配するようにします。

■マンホールの設け方

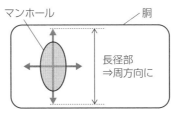

マンホール

胴

長径部
⇒周方向に

試験では引張応力を単に応力と表記している場合もあります。

重要

引張応力の強さ
胴やドラムの内圧をP、内径をD、鋼板の厚さをtとすると、
周方向の引張応力
$$= \frac{PD}{2t} \cdots ①$$
長手方向の引張応力
$$= \frac{PD}{4t} \cdots ②$$
①＝②×2なので、周方向の引張応力のほうが2倍強いことがわかる。

ひっかけ注意！

周継手に作用する引張応力のほうが弱いため、周継手は外れにくいという意味で「周継手は長手継手より（2倍）強い」という場合がある。

用語

マンホール
掃除や検査等の際に内部に出入りするための穴。

2 鏡板　　　　　　　　　　　　　　　　A

（1）鏡板の種類と強度

　胴やドラムの両端を覆っている部分を鏡板（かがみいた）といい、その形状の違いによって次の4種類に分けられます。

■鏡板の種類

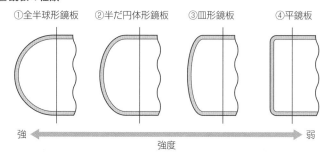

①全半球形鏡板　②半だ円体形鏡板　③皿形鏡板　④平鏡板

強 ←——————— 強度 ———————→ 弱

プラスワン

鏡板は、下の図のように周継手によって胴やドラムに接続されます。

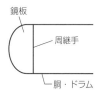

鏡板
周継手
胴・ドラム

　全半球形鏡板、半だ円体形鏡板および皿形鏡板の3種類は、いずれも球面の一部からなっています。特に皿形鏡板は、球面殻部、環状殻部、円筒殻部から構成されており、円筒殻部が胴やドラムの直線部につながります。

■皿形鏡板の構成

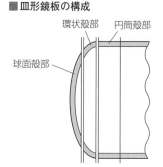

環状殻部　円筒殻部
球面殻部

　一般に球形に近いほど強度が増すため、同材質、同径、同厚の場合、全半球形鏡板が最も強度が強く、半だ円体形鏡板＞皿形鏡板＞平鏡板の順に弱くなっていきます。

プラスワン

皿形鏡板は、すみの丸みの部分の半径が小さいほど、応力が大きくなる。

一般的には強度の順に価格も高くなるので、皿形鏡板が多く用いられています。ただし、高圧ボイラーには全半球形鏡板または半だ円体形鏡板を用います。

> **Point** 鏡板の強度
>
> 同材質、同径、同厚の場合、全半球形鏡板が最も強度が強く、半だ円体形鏡板、皿形鏡板…の順に弱くなる

　平鏡板は強度が弱く、内部の圧力によって曲げ応力という力が生じ、たわみが大きくなるので、大径のものや圧力の高いものは、ステー（補強材 ◉P.55）で補強する必要があります。

> **Point** 平鏡板の補強
>
> **平鏡板**は、内部の圧力によって曲げ応力が生じるので、大径の
> ものや圧力の高いものは**ステーで補強する**

（2）管板

　炉筒煙管ボイラーなどのように、**煙管を取り付ける鏡板**を特に管板といいます。管板に穴（管穴）を開け、そこに煙管を挿入した後に、**管径を広げて**すき間をなくします。これを「ころ広げ」といいます。管板には、ころ広げのための厚さを確保するため、一般に**平鏡板**（煙管を取り付けるので平管板ともいう）が用いられます。

> **Point** 平管板
>
> 管板には、**煙管のころ広げに要する厚さを確保するため**、一般に**平管板が用いられる**

管板は「くだいた」または「かんいた」と読みます。

重要

ころ広げ
管板に煙管を差し込めるということは、わずかな隙間があると考え、煙管の中にころ広げ機を挿入して管を外側に広げることで、管板と煙管の間の隙間をなくすこと。

「ころ広げ」に要する厚さ

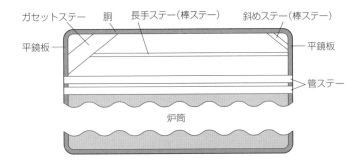

管板（球面殻部）
完全な輪形が成立
煙管
球面の部分では、接触面の幅が狭くなる

煙管と管板が密着する部分は完全な輪形でなければならず、管板が球面の場合は完全な輪形の接触面の厚さが足りなくなってしまう。

3 ステー 　　　　　　　　　　　　A

　平鏡板などの平板部は強度が弱いため、**ステー**と呼ばれる部材を用いて補強しなければなりません。主な種類として、**管ステー、ガセットステー、棒ステー**があります。

■炉筒煙管ボイラーに用いられるステー

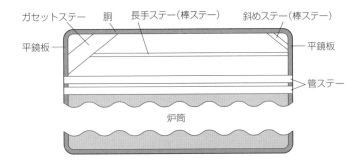

ガセットステー　胴　長手ステー（棒ステー）　斜めステー（棒ステー）
平鏡板　　　　　　　　　　　　　　　　　　　平鏡板
　　　　　　　　　　　　　　　　　　　　　　管ステー
炉筒

（1）管ステー

　管ステーは、鋼鉄製の管（**鋼管**）によって管板を支えるステーです。煙管と同様に**伝熱面**としても扱われますが、

ステーは、煙管を平鏡板に取り付ける煙管ボイラーや炉筒煙管ボイラーに用いるんだね。

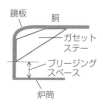

エコノマイザおよ
び過熱器について
▶P.29、85

管板を支える補強材なので、**煙管よりも肉厚の鋼管**が用い
られ、管板に**溶接**によって取り付けるか、またはその鋼管
の両端に**ねじを切り**、これを管板に設けたねじ穴にねじ込
んで取り付けます。

（2）ガセットステー

　ガセットステーは、**平板によって鏡板を胴で支える**もの
で、これを取り付ける場合には、鏡板との取付部の下端と
炉筒との間にブリージングスペースを設けます。

（3）棒ステー

　棒ステーは、棒状のステーで、両鏡板の間に設けるもの
を**長手ステー**といい、鏡板と胴板の間に斜めに設けるもの
を**斜めステー**といいます。

4 管類　　　　　　　　　　　　　　　　B

　ボイラーの管は、**配管**と**伝熱管**に大きく分かれます。

（1）配管

　配管には、ボイラー水を送るための給水管、蒸気を送る
ための蒸気管などがあります。

（2）伝熱管

　水や蒸気に熱を伝える管を、伝熱管といいます。**煙管**、
水管、**エコノマイザ管**、**過熱管**などがあります。

■主な伝熱管

煙管	内部に高温の燃焼ガスが流れ、外部にボイラー水が接触している
水管	内部にボイラー水が流れ、外部に高温の燃焼ガスが接触している
エコノマイザ管	外部に燃焼ガスが接触し、管内を流れるボイラーへの給水を予熱する
過熱管	外部に高温の燃焼ガスが接触し、管内を通る蒸気を過熱する

確 認 テ ス ト

Key Point			できたら チェック ☑
胴およびドラム	☐	1	胴板には、内部の圧力によって周方向および軸方向に引張応力が発生する。
	☐	2	胴板の周継手の強さは、長手継手に求められる強さの1／2以上とすればよい。
	☐	3	だ円形のマンホールを胴に設ける場合には、長径部を胴の長手方向に配する。
鏡板	☐	4	鏡板とは、胴またはドラムの両端を覆っている部分をいい、炉筒煙管ボイラーのように煙管を取り付ける鏡板は、特に管板という。
	☐	5	鏡板は、その形状によって平鏡板、皿形鏡板、半だ円体形鏡板および全半球形鏡板に分けられる。
	☐	6	皿形鏡板は、球面殻部、環状殻部および円筒殻部からなっている。
	☐	7	半だ円体形鏡板は、同材質、同径および同厚の場合、全半球形鏡板に比べて強度が強い。
	☐	8	平鏡板は、内部の圧力によって曲げ応力が生じるので、大径のものや圧力の高いものはステーによって補強する。
	☐	9	管板には、煙管の「ころ広げ」に要する厚さを確保するため、一般に平管板が用いられる。
ステー	☐	10	管ステーは、肉厚の鋼管により水管ボイラーのドラムの鏡板を補強するために用いられる。
	☐	11	ガセットステーを取り付ける場合には、鏡板との取付部の下端と炉筒との間にブリージングスペースを設ける。
管類	☐	12	ボイラーに使用される管類のうち、煙管、水管、エコノマイザ管および蒸気管は、すべて伝熱管に分類される。

解答・解説

1．○ 胴板（胴の鋼板）には、内部の圧力によって周方向および軸方向（長手方向）に引張応力が発生する。 2．○ 引張応力の強さは、周方向のほうが長手方向の2倍。したがって長手方向の引張応力が作用する周継手の強さは、周方向の引張応力が作用する長手継手の強さの2分の1倍以上であればよい。 3．× 長径部は、長手方向（軸方向）ではなく、強い引張応力のかかる周方向に配する。 4．○ 5．○ 6．○ 7．× 同材質、同径、同厚の場合、最も強度が強い鏡板は全半球形鏡板である。 8．○ 9．○ 10．× ステーは、煙管を取り付けるために平鏡板（平板）を使用するボイラーに用いられる部材であって、水管ボイラーには用いない。 11．○ 12．× 蒸気管は蒸気を送る配管であって、伝熱管ではない。伝熱管には煙管、水管、エコノマイザ管および過熱管などが含まれる。蒸気と燃焼ガス（高温ガス）を混同しないこと。

5日目
Lesson.10
附属品・附属装置
(1) 計測器

このレッスンでは、圧力計（ブルドン管圧力計）、水面測定装置（ガラス水面計）、流量計（差圧式、容積式、面積式）および通風計（U字管式通風計）について学習します。それぞれの構造や作動原理、測定の仕方などを確実に理解しましょう。

1 圧力計 A

圧力計は、**ボイラー内部の圧力が正常に保たれているか**を確認する計測器であり、ブルドン管圧力計が一般に用いられています。**ブルドン管**とは下図のように、**断面が扁平な管を円弧状に曲げ**、その一端を固定して、他端を閉じたものです。**圧力が加わると**、ブルドン管の円弧が広がり、これによって**歯付扇形片**が動いて**小歯車**を回転させ、**指針**が圧力の値を示すという仕組みになっています。

ひっかけ注意！
ブルドン管の断面は真円ではなく、扁平（だ円形）でなければならない。真円は円弧に加工するのが難しく、熱に対する応答性もよくない。

圧力が下がると、ブルドン管の円弧は収縮し、指針が右図とは逆方向に振れます。

■ ブルドン管圧力計の構造

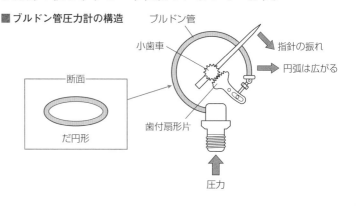

> 📢 **Point.** ブルドン管圧力計
>
> **ブルドン管圧力計**は、**断面が扁平な管を円弧状に曲げたブルドン管に圧力**が加わると、その圧力に応じて**円弧が広がる**ことを利用している

　圧力計は原則として**胴または蒸気ドラムの一番高い位置に取り付けます**。たとえ水位が上昇しても、水による圧力が圧力計に加わらないようにするためです。

　圧力計のコックは、**ハンドルが管軸と同一方向になったときに開く**ように取り付けます。

　また胴や蒸気ドラムにブルドン管圧力計を直接取り付けると、蒸気がブルドン管に入ってしまい、この熱によって誤差を生じるので、**水を入れた**サイホン管などを間に取り付けて、**蒸気がブルドン管に直接入らない**ようにします。

■コックのハンドルおよびサイホン管の位置

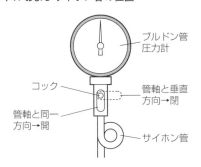

> 📢 **Point.** サイホン管などの取付け
>
> **ブルドン管圧力計**と胴または蒸気ドラムとの間に、**水を入れたサイホン管など**を取り付け、**蒸気がブルドン管に直接入らない**ようにする

2 水面測定装置（水面計）　A

（1）水面測定装置とは

　ボイラー水は、多すぎても少なすぎても事故につながる

🫨 **ひっかけ注意！**

圧力計がブルドン管とダイヤフラムとを組み合わせたものというのは誤り。ダイヤフラム（▶P.97）は圧力計には用いられていない。

🧪 **重要**

圧力計のコック

コックのハンドルが振動などで下がってしまい、管軸と同一方向になった場合でもコックが閉まらないよう、管軸と同一方向のときに「開」、管軸と垂直方向のときに「閉」となるようにしている。

⚒️ **プラスワン**

圧力計は垂直に取り付け、圧力計のすぐ下にコック、さらにその下にサイホン管を取り付ける。

ため、**水面が適正な位置にあるかどうかを測定する必要が**
あります。このための装置が水面測定装置です。ボイラー
の水面測定装置には一般に、ガラスを通して水面（水位）
を測定するガラス水面計が用いられています。

（2）ガラス水面計の取付け

貫流ボイラー（▶P.28）を除く**蒸気ボイラー**には、原則
として**2個以上のガラス水面計を見やすい位置**に取り付け
ます。2個以上とするのは、それらが異なる値を示したと
きに異常を確認できるようにするためです。

ガラス水面計を取り付ける際には、**水面計の可視範囲の
最下部がボイラーの安全低水面（これ以下にボイラー水位
が下がると危険な状態となる水位）と同じ高さになるよう**
にします。

貫流ボイラーは、
管系だけで構成さ
れ、蒸気ドラムが
ないので、水面が
現れません。

■ガラス水面計の可視範囲と安全低水面

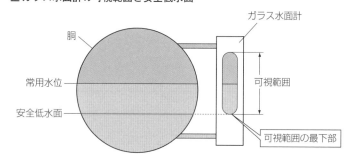

胴

ガラス水面計

常用水位

可視範囲

安全低水面

可視範囲の最下部

Point ガラス水面計の取付位置

**ガラス水面計は、その可視範囲の最下部が安全低水面と同じ高
さになるように取り付ける**

またガラス水面計は、**ボイラー本体または蒸気ドラムに
直接取り付ける**のが原則ですが、**験水コック**をあわせて使
用する場合などには、**水柱管を設けてこれに取り付ける**こ
ともできます。

（3）ガラス水面計の種類

ガラス水面計には**丸形ガラス水面計**、**平形反射式水面計**
および**二色水面計**などの種類があります。

用語

験水コック
コックを開いて水が
出た位置に水面があ
るということを確認
する水面測定装置。

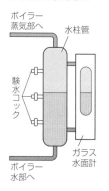

ボイラー
蒸気部へ

水柱管

験水
コック

ガラス
水面計

ボイラー
水部へ

①丸形ガラス水面計

上下コックの間に丸形ガラスを挿入したもの。補強していないガラスが圧力を受けるので、**主として最高使用圧力1.0MPa以下**の丸ボイラーなどに用いられます。

②平形反射式水面計

裏面に三角形の溝をつけた平形の板ガラスを金属箱に組み込んだもの。ガラスの前面から見ると**水部は光線が通って黒色に、蒸気部は反射されて白色に光って見える。**

■平形反射式水面計

ガラス部分の裏面

三角形の溝がある

③二色水面計

裏側から電灯で照らす透視式の水面計。光線の屈折率の差を利用し、**蒸気部は赤色、水部は緑色（青色）に見える。**

3 流量計 A

流量計とは、ボイラーへの**給水量**や**燃料の使用量**などを確認する計測器です。方式の違いにより**差圧式、容積式、面積式**に分かれます。

（1）差圧式流量計

流体が流れる管に絞り（しぼり）（**オリフィス、ベンチュリ管**など）を挿入すると、入口と出口の間に圧力差（差圧という）が生じます。この**差圧は流量の2乗に比例する**ので、差圧を測定することで、逆に流量を求めることができます。この原理を利用したものが差圧式流量計です。

> **Point**. 差圧式流量計
>
> **差圧式流量計**は、流体が流れている管の中に**絞り**を挿入すると、入口と出口との間に**流量の2乗に比例する差圧**が生じることを利用している

プラスワン

■丸形ガラス水面計

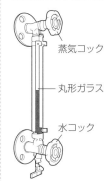

蒸気コック

丸形ガラス

水コック

プラスワン

その他の水面計
平形透視式水面計
板ガラスの裏側から電灯を照らすことで水面を示す水面計。
マルチポート水面計
平形ガラスの代わりに小径の円形ガラスを配置した透視式の水面計。使用できる圧力が平形の水面計より高い。

プラスワン

■オリフィス

オリフィス　圧力下がる

■ベンチュリ管

圧力下がる

(2) 容積式流量計

　だ円形のケーシングの中に2個のだ円形歯車を組み合わせて、そこに流体を流して歯車を回転させると、流体の**流量**に歯車の回転数が比例することを利用したものが容積式流量計です。

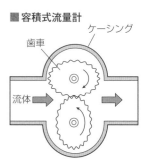
(3) 面積式流量計

　垂直に置かれたテーパ管の中を、流体が下から上に流れると、管内の**フロート**が流量の変化に応じて上下に移動します。このとき**テーパ管とフロートとの間にできるすき間の面積**（環状面積）が流量に比例することを利用したものが面積式流量計です。

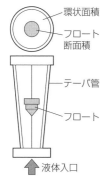

4 通風計 　　　　A

　燃焼用空気や燃焼ガス（高温ガス）を通すことを**通風**といいます。これらの気体を通す力を通風力（ドラフト）といい、これを測定するのが通風計です。ボイラーに用いられる**U字管式通風計**は、**計測する場所の空気またはガスの圧力と大気圧を比較し、この差圧を水柱で測る**ことによって通風力（ドラフト）を測定します。

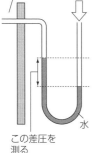

確 認 テ ス ト

Key Point			できたら チェック ☑
圧力計	☐	1	ブルドン管圧力計は、断面が真円形の管を円弧状に曲げたブルドン管に圧力が加わると、それに応じて円弧が広がることを利用している。
	☐	2	ブルドン管圧力計は、ブルドン管に蒸気が直接入らないように、水を入れたサイホン管などを用いて胴または蒸気ドラムに取り付ける。
	☐	3	圧力計のコックは、ハンドルが管軸と垂直方向になったときに開くように取り付ける。
水面測定装置（水面計）	☐	4	貫流ボイラーを除く蒸気ボイラーには、原則として2個以上のガラス水面計を見やすい位置に取り付ける。
	☐	5	ガラス水面計は、その可視範囲の最下部が安全低水面より上方になるように取り付ける。
	☐	6	平形反射式水面計は、裏側から電灯の光を通すことにより、水面を見分けるものである。
	☐	7	二色水面計は、光線の屈折率の差を利用したもので、蒸気部は赤色に、水部は緑色（青色）に見える。
流量計	☐	8	面積式流量計は、垂直に置かれたテーパ管内のフロートが流量の変化に応じて上下に移動し、テーパ管とフロートとの間の環状面積が流量に比例することを利用している。
	☐	9	差圧式流量計は、流体が流れている管の中に絞りを挿入すると、入口と出口との間に流量に比例する圧力差が生じることを利用している。
	☐	10	容積式流量計は、だ円形のケーシングの中でだ円形歯車を2個組み合わせ、これを流体の流れによって回転させると、流量に歯車の回転数が比例することを利用している。
通風計	☐	11	U字管式通風計は、計測する場所の空気またはガスの圧力と大気圧との差圧を水柱で示す。

解答・解説

1.× ブルドン管の断面は真円形ではなく、扁平（だ円形）である。それ以外の記述は正しい。 2.○ ブルドン管圧力計と胴または蒸気ドラムとの間に水を入れたサイホン管などを取り付け、蒸気がブルドン管に直接入らないようにする。 3.× 管軸と同一方向になったとき開くようにする。垂直方向のときは閉じる。 4.○ 5.× 安全低水面より上方ではなく、同じ高さになるように取り付ける。 6.× これは平形透視式の水面計の説明である。平形反射式の水面計は、ガラスの前面から見ると水部は光線が通って黒色に、蒸気部は反射されて白色に光って見える。 7.○ 8.○ 9.× 流量に比例するのではなく、流量の2乗に比例する圧力差（差圧）が生じることを利用している。 10.○ 11.○

63

6日目
Lesson. 11 附属品・附属装置
(2) 安全弁

このレッスンでは、ボイラーの安全装置の１つである安全弁について学習します。
試験では、ばね安全弁の仕組み、揚程式と全量式の違いなどが出題されています。
安全弁の排気管の取付けについても注意しておきましょう。

1 ばね安全弁　　　A

（1）安全弁とは

　安全弁は、ボイラー内部の**蒸気圧力**が**設定圧力**（あらかじめ設定した吹出し圧力）に達すると**自動的に弁が開いて**蒸気を吹き出し、蒸気圧力の上昇を防ぐ**安全装置**です。

（2）ばね安全弁

　ボイラーには**ばね安全弁**が最も多く用いられています。

■ ばね安全弁の構造

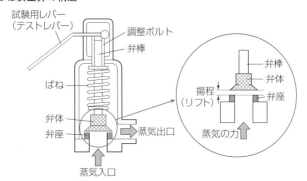

重要

安全弁の目的
蒸気の圧力が一定の
限度以上に上昇する
ことを抑え、圧力の
異常上昇によるボイ
ラーの破裂を未然に
防ぐことを目的とし
ている。

普段は、**弁棒がばねの力**で押し下げられ、**弁体が弁座**に密着して安全弁が閉じられた状態になっていますが、蒸気圧力が**設定圧力**に達すると、その力で**弁体が押し上げられて弁座から離れ**、蒸気が吹き出す仕組みになっています。

安全弁の**吹出し圧力**は、ばねの調整ボルトを締めたり緩めたりして、**ばねが弁体を弁座に押しつける力を変える**ことによって調整します。

蒸気圧力が下がると、再びばねの力で弁体が押し下げられて弁座に密着し、蒸気の吹出しを止めます。

> ▅▊ *Point..* 安全弁の吹出し圧力の調整
> **安全弁の吹出し圧力は、調整ボルトにより、ばねが弁体を弁座に押し付ける力を変えることによって調整する**

（3）揚程式と全量式

ばね安全弁には、揚程式と全量式があります。

①揚程式安全弁

揚程（リフト）とは、蒸気圧力によって**弁体が弁座から上がる距離**をいい、ここから吹き出す蒸気の流路の大きさを弁座流路面積といいます。揚程式安全弁における蒸気の**吹出し面積**は、この**弁座流路面積**で決められます。

■ 弁座流路面積

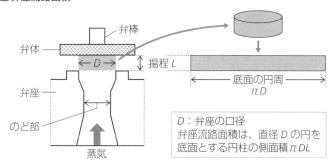

D：弁座の口径
弁座流路面積は、直径 D の円を
底面とする円柱の側面積 πDL

②全量式安全弁

全量式安全弁は、揚程式安全弁と比べて**揚程（リフト）が大きい**ことが特徴です。このため、弁座流路面積が十分に広くなるので、蒸気の**吹出し面積**は、上図のように弁座の口径Dよりも狭い**のど部の断面積**（のど部面積という）

⚙️ 用語

弁座流路面積
蒸気圧力の力で弁体が弁座から離れてできるすき間の面積。左図の円柱の側面積 πDL がこれに当たる。「カーテン面積」とも呼ばれる。

側面（長方形）の横の長さは底面の円周と同じです。
円周＝直径D×π
（π＝3.14）

で決められます。

全量式は、のど部を通過した蒸気が全部排出されるから全量式というんだね。揚程式は、のど部面積よりも弁座流路面積のほうが小さいんだ。

Point.. ばね安全弁の蒸気の吹出し面積

- 揚程式安全弁の場合 ⇒ 弁座流路面積で決められる
- 全量式安全弁の場合 ⇒ のど部面積で決められる

---

2 安全弁の排気管と取付管台　　　　B

　安全弁の**蒸気排気口**には排気管が取り付けられており、安全弁が作動したとき、排気管から多量の蒸気が放出されます。**排気管の取付けが適切でないと事故につながる危険**があるため、次の①～③に注意する必要があります。

①安全弁の軸心から排気管の中心までの**距離は、なるべく短くする。**蒸気が吹き出したときに、安全弁に無理な力が働かないようにするためである

■**安全弁への排気管の取付け**

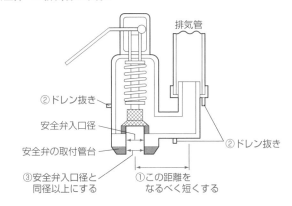

②**安全弁箱または排気管の底部**に、開放したドレン抜きを設ける。ドレンとは、蒸気が温度低下によって水や水滴に変化したもの（**復水**ともいう ▶P.35）であり、これが安全弁箱や排気管の底部にたまると、蒸気の流れを妨げるだけでなく、安全弁が腐食して作動不良を起こす原因となるからである

③安全弁の取付管台の**内径**は、安全弁の入口径と同径以上

 重要

開放したドレン抜きドレン抜き管に弁を設けず、必ず開放してドレンがたまらないようにする。

にする必要がある。安全弁の取付管台の内径が安全弁の入口径よりも狭いと、取付管台が蒸気の流れを妨げることになるからである

Point 安全弁の取付管台

安全弁の取付管台の内径は、安全弁入口径と同径以上にする

確　認　テ　ス　ト

できたら チェック ☑

Key Point			
ばね安全弁	☐	1	安全弁とは、蒸気圧力が設定圧力に達したときに、手動で弁を開いて蒸気を吹き出し、蒸気圧力の上昇を防ぐものである。
	☐	2	安全弁の吹出し圧力は、調整ボルトにより、ばねが弁体を弁座に押しつける力を変えることによって調整する。
	☐	3	ばね安全弁には、揚程式と全量式がある。
	☐	4	弁体が弁座から上がる距離を、揚程（リフト）という。
	☐	5	揚程式安全弁の場合は、のど部面積で蒸気の吹出し面積が決められ、全量式安全弁の場合は、弁座流路面積で蒸気の吹出し面積が決められる。
安全弁の排気管と取付管台	☐	6	安全弁の軸心から排気管の中心までの距離は、なるべく短くする。
	☐	7	安全弁箱または排気管の底部には、弁を取り付けたドレン抜きを設けなければならない。
	☐	8	安全弁の取付管台の内径は、安全弁の入口径と同径以上とする。

解答・解説

1. × 手動で弁を開くのではなく、蒸気圧力が設定圧力に達すると自動的に弁が開いて蒸気を吹き出す装置である。　2. ○ ばねの調整ボルトを締めたり緩めたりして調整する。　3. ○ 蒸気流路の大きさを制限する構造の違いにより、揚程式と全量式に分けられる。　4. ○　5. × 弁座流路面積で蒸気の吹出し面積が決められるのが揚程式安全弁で、のど部面積（のど部の断面積）で蒸気の吹出し面積が決められるのが全量式安全弁である。設問は揚程式と全量式が逆になっている。　6. ○　7. × 弁を取り付けない開放されたドレン抜きを設ける。　8. ○

6日目
Lesson.12

附属品・附属装置
(3)送気系統装置

送気系統装置には、主蒸気管、主蒸気弁、気水分離器・沸水防止管、蒸気トラップおよび減圧装置が含まれます。試験では、主蒸気弁や蒸気トラップの種類についても出題されているので、よく整理して覚えましょう。

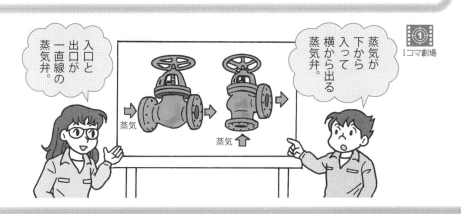

1 主蒸気管　　　　B

(1) 送気系統装置

　蒸気ボイラーは、圧力をもった蒸気を発生させて使用先（蒸気使用設備）に供給するための装置であり、**発生した蒸気を送り出すシステムを送気系統装置**といいます。このうち主蒸気管は、蒸気を使用先に送るための配管であり、**メーンスチームパイプ**とも呼ばれます。

(2) 伸縮継手（エキスパンションジョイント）

　長い主蒸気管は、蒸気が通っているときといないときの温度差が激しく、相当な伸縮を生じます。そこでこの**伸縮に対応する**ため、伸縮継手を適当な箇所に設けます。

■ 伸縮継手の種類

湾曲形	管を曲げて、そのたわみで伸縮を吸収する
ベローズ形	管に設けた蛇腹状のひだで伸縮を吸収する
すべり形	径を広げた外管（スリーブ）に内管を差し込み、両者をスライドさせて伸縮を吸収する

用語

送気
ボイラーで発生させた蒸気を、使用先に送ること。

蒸気管は伝熱管ではなく、配管であることについて
▶P.56

> 👉 **Point** 伸縮継手
> 長い主蒸気管には、温度変化による伸縮に対応するため、湾曲形、ベローズ形、すべり形などの伸縮継手を設ける

🔧 **プラスワン**
試験では伸縮に対応することを「伸縮を自由にするため」と表現している場合もある。

2 主蒸気弁 　A

主蒸気弁（メーンスチームバルブ）は、**送気の開始または停止**を行うため、ボイラーの**蒸気取出し口**または**過熱器の蒸気出口**に取り付けられる弁です。

（1）主蒸気弁の種類

主蒸気弁には**アングル弁、玉形弁、仕切弁**などの種類があります。

アングルは「角度」という意味です。

①アングル弁

蒸気の**入口と出口が直角**になったもので、蒸気は下方から入り、横から出る。**蒸気の流れが弁内で直角に曲がる**ので、流れの**抵抗が大きくなる**ことが特徴

■アングル弁

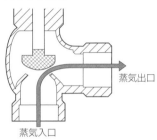

蒸気出口
蒸気入口

②玉形弁
_{たまがた}

蒸気の**入口と出口は直線上**にあるが、**蒸気の流れが弁内でS字形になる**。このため、アングル弁と同様に、流れの**抵抗が大きくなる**

■玉形弁

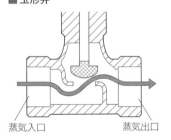

蒸気入口　　　　　蒸気出口

③仕切弁

蒸気の**入口と出口が直線上**にあり、**蒸気の流れが弁内を直進する**。このため、流れの**抵抗が非常に小さくなる**ことが特徴

■仕切弁

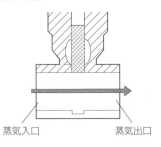

蒸気入口　　　　　蒸気出口

😲 **ひっかけ注意！**
試験では、主蒸気弁の3つの種類を混乱させる問題が出題されている。それぞれの構造の違いを確実に理解しておこう。

> **Point** 主蒸気弁の3つの種類
> ● アングル弁 ⇒ 蒸気の流れが弁内で直角に曲がる
> ● 玉形弁 ⇒ 蒸気の流れが弁内でS字形になる
> ● 仕切弁 ⇒ 蒸気の流れが弁内を直進する

（2）蒸気逆止め弁

蒸気逆止め弁（ノンリターンバルブ）は、逆流してくる蒸気の流れを止めるための弁です。**2基以上のボイラーが蒸気出口で同一管系に連絡している場合には、主蒸気弁の後に蒸気逆止め弁を設ける**ことにより、ほかのボイラーからの蒸気の逆流を防ぎます。

■同一管系における蒸気逆止め弁の取付位置

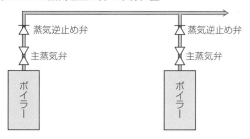

ひっかけ注意!
蒸気逆止め弁とP.72の減圧弁（減圧装置）を取り違えないように注意しよう。

3 気水分離器・沸水防止管 　　　　A

（1）気水分離器

貫流ボイラーにも気水分離器が用いられていますね。
●P.29

気水分離器は、**蒸気と水滴を分離する**ための装置です。蒸気ボイラーの胴やドラム内の蒸気室（発生した蒸気が充満している部分）の頂部に主蒸気管を直接開口させると、**水滴が混じった蒸気**（湿り蒸気）を取り出してしまいやすいため、胴やドラム内の蒸気出口部に気水分離器を設けることで、乾き度の高い飽和蒸気を得られるようにします。

湿り蒸気、乾き度について●P.46

（2）沸水防止管

沸水防止管とは、大径のパイプの上面だけに多数の穴を開けてそこから**蒸気**を取り入れ、蒸気の流れの方向を急速に転換させて**水滴**を分離し、下部の穴から流すようにした装置をいいます。

70

■ 沸水防止管

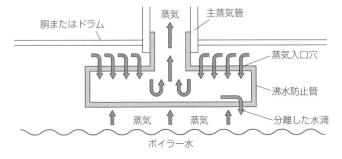

　沸水防止管は**気水分離器**の一種ですが、**低圧ボイラーで**は、蒸気と水の密度差が大きいことから蒸気と水の分離が容易なので、構造の簡単な**沸水防止管**が用いられます。

高圧では蒸気と水の密度差が小さくなることについて
▶P.24

> **Point..沸水防止管**
> 低圧ボイラーには、大径のパイプの上面の多数の穴から蒸気を取り入れ、分離した水滴を下部の穴から流すようにした沸水防止管が用いられる

4　蒸気トラップ　　　　　　　　B

　蒸気トラップ（スチームトラップ）とは、**蒸気使用設備**にたまった蒸気が冷やされて**ドレン（復水）**になったものを**自動的に排出**する装置をいいます。蒸気トラップはその作動原理の違いによって、次のように分類されます。

トラップは「わな」という意味です。蒸気だけを捕えてドレンを排出するための仕掛けということですね。

■ 蒸気トラップの分類

分類	作動原理	主な形式
メカニカル	蒸気とドレンの密度差	● バケット式 ● フロート式
サーモスタチック	蒸気とドレンの温度差	● バイメタル式 ● ベローズ式
サーモダイナミック	蒸気とドレンの熱力学的性質の差	● ディスク式 ● オリフィス式

　蒸気トラップの主な形式をいくつかみておきましょう。

①バケット式蒸気トラップ

バケットと呼ばれる容器の浮き沈みによりドレンを排出するもの。バケットに蒸気が入ると浮力によって上に移動してトラップ弁を閉じ、バケットにドレンが入ると、バケットは浮力を失って沈み、トラップ弁が開いてドレンが排出される。**ドレンの存在が直接トラップ弁を駆動する**ので、迅速確実で信頼性が高い

ドレン（復水）と比べて蒸気の密度は小さいので浮力が働くんだ。

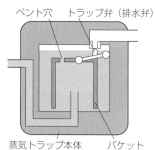

■バケット式蒸気トラップ

ベント穴　トラップ弁（排水弁）

蒸気トラップ本体　バケット

> **Point..** バケット式蒸気トラップ
> バケット式蒸気トラップは、蒸気使用設備内にたまったドレンを自動的に排出する装置であり、蒸気とドレンの密度差によって作動する

②バイメタル式蒸気トラップ

高温の蒸気が入ると**バイメタル**が湾曲してトラップ弁を閉じ、低温のドレンが入るとバイメタルが平板状になってトラップ弁が開き、ドレンが排出される

用語

バイメタル
熱膨張率が著しく異なる2つの金属板を貼り合わせたもの。高温になるにつれて湾曲する（たわむ）性質がある。

5 減圧装置　　　　　　　　　　C

送気系統に設けられる減圧装置は、**発生した蒸気の圧力と使用箇所での蒸気圧力の差が大きいときや、使用箇所での蒸気圧力を一定に保つとき**に用います。1次側（入口）の高圧の蒸気流に抵抗を加えることで圧力を下げ、2次側（出口）を低圧にします。

減圧装置には、**オリフィス**（●P.61）だけの簡単なものもありますが、一般には減圧弁が用いられます。減圧弁であれば、1次側の蒸気圧力および蒸気流量にかかわらず、**2次側の蒸気圧力をほぼ一定に保つ**ことができます。

用語

オリフィス
配管の径より小径の穴を開けた板。流体がこの穴を通過するときに抵抗が加わるため1次側と2次側に圧力差（差圧）が生じる。

確 認 テ ス ト

できたら チェック ☑

Key Point			
主蒸気管	☐	1	燃焼用空気や燃焼ガスを通すためのシステムを送気系統装置という。
	☐	2	長い主蒸気管の配置に当たっては、温度の変化による伸縮を自由にするため、湾曲形、ベローズ形、すべり形などの伸縮継手を設ける。
主蒸気弁	☐	3	送気の開始または停止を行うために、ボイラーの蒸気取出し口または過熱器の蒸気出口に主蒸気弁を取り付ける。
	☐	4	主蒸気弁に用いられる仕切弁は、蒸気入口と出口が直角になったもので、蒸気の流れの抵抗が大きくなる。
	☐	5	主蒸気弁に用いられる玉形弁は、蒸気の流れが弁内でS字形になるため、流れの抵抗が大きくなる。
	☐	6	2基以上のボイラーが蒸気出口で同一管系に連絡している場合には、主蒸気弁の後に蒸気逆止め弁を設ける。
気水分離器・沸水防止管	☐	7	気水分離器は、蒸気と水滴を分離するため、胴またはドラム内に設けられる装置である。
	☐	8	高圧のボイラーには、大径のパイプの上面の多数の穴から蒸気を取り入れ、分離した水滴を下部の穴から流すようにした沸水防止管が用いられる。
蒸気トラップ	☐	9	バケット式蒸気トラップは、蒸気とドレンの温度差によって作動し、蒸気使用設備内にたまったドレンを自動的に排出する装置である。
減圧装置	☐	10	減圧弁は、発生蒸気の圧力と使用箇所での蒸気圧力の差が大きいときまたは使用箇所での蒸気圧力を一定に保つときに設けられる。

解答・解説

1.× 送気系統装置とは、蒸気ボイラーによって発生した蒸気を送り出すためのシステムをいう。燃焼用空気や燃焼ガスを通すことは「通風」（●P.62）といい、「送気」ではない。 2.○ 温度変化による伸縮に対応するために伸縮継手を設ける。 3.○ 4.× これは仕切弁ではなく、アングル弁についての記述。仕切弁では蒸気の流れが弁内を直進するため、抵抗が非常に小さくなる。 5.○ 6.○ 7.○ 8.× 沸水防止管は、高圧のボイラーではなく、低圧ボイラーに用いられる。それ以外の記述は正しい。 9.× バケット式などのメカニカル蒸気トラップは、蒸気とドレンの密度差によって作動する。温度差で作動するのは、バイメタル式などのサーモスタチック蒸気トラップである。 10.○ 減圧弁は送気系統に設ける減圧装置として一般に用いられるものであり、発生蒸気の圧力と使用箇所での蒸気圧力の差が大きいときや使用箇所での蒸気圧力を一定に保つときに設けられる。

7日目
Lesson.**13**

附属品・附属装置
(4) 給水系統装置

給水系統装置のうち、給水ポンプ、インゼクタ、給水弁・給水逆止め弁、給水内管について学習します。試験では、給水ポンプの種類やインゼクタの構造、給水弁と給水逆止め弁の取付位置、給水内管の取付位置などが出題されています。

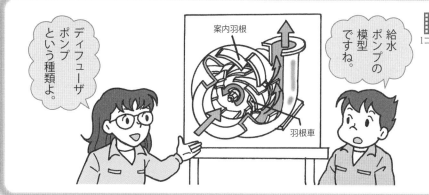

1 給水ポンプ A

(1) 給水系統装置

ボイラーに水を供給する一連の装置を、給水系統装置といいます。給水タンク以降の給水系統を概念図で確認しておきましょう。

■給水系統の概念図

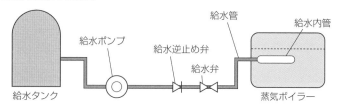

(2) 給水ポンプの種類

給水ポンプとは、**水に圧力を与えてボイラーに送る装置**をいいます。一般に羽根車の回転による**遠心力**で水に圧力を与える遠心ポンプ（**ディフューザポンプ**、**渦巻ポンプ**）が用いられます。また、小容量ボイラーには渦流ポンプと

プラスワン

給水タンクよりも前には、補給水処理を行う装置が設けられる。これについては第2章で学習する。

給水管について
▶P.36

呼ばれる特殊なポンプを用いる場合もあります。

①ディフューザポンプ

　回転する羽根車の周辺に**案内羽根**という回転しない羽根を設けることで**高い圧力**を得られるようにした遠心ポンプを、ディフューザポンプといいます。特に高圧・大容量のボイラーには、**多段ディフューザポンプ**が用いられます。

■ディフューザポンプ

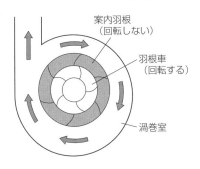

案内羽根
（回転しない）

羽根車
（回転する）

渦巻室

②渦巻ポンプ

　回転する羽根車の周辺に**案内羽根を設けない**遠心ポンプを、渦巻ポンプといいます。案内羽根がないため高い圧力が得にくく、一般に**低圧・中小容量**のボイラーに用いられています。

■渦巻ポンプ

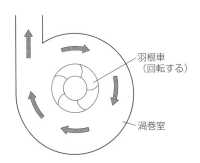

羽根車
（回転する）

渦巻室

⚙ 用語

多段ディフューザポンプ

1本の軸に複数の羽根車を取り付けて、第1段の案内羽根を出た水が、第2段の羽根車へと順次導かれていく多段形式のディフューザポンプ。

🛠 プラスワン

羽根車の回転により水に速度エネルギーが与えられ、これを渦巻室が圧力エネルギーに変換する。案内羽根があれば、そこでも圧力エネルギーへの変換が行われるので、より高い圧力が得られる。

☞ Point 遠心ポンプ

● ディフューザポンプ ⇒ 羽根車の周辺に**案内羽根あり**
● 渦巻ポンプ ⇒ 羽根車の周辺に**案内羽根なし**

③渦流ポンプ

　渦流ポンプとは、円盤形の羽根車（外周に放射状の溝をもつ）が回転し、ポンプ内の内壁に沿って渦を発生させる

ことによって水に圧力を与える特殊なポンプをいいます。円周流ポンプとも呼ばれ、比較的少量の水を高圧で送り出すことができるので、小容量の蒸気ボイラーなどに用いられます。

■渦流ポンプ（円周流ポンプ）

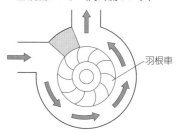

羽根車

渦流ポンプのことを、渦巻ポンプと間違えないように注意しよう。

┏ *Point*..渦流ポンプ
渦流ポンプは、円周流ポンプとも呼ばれているもので、小容量の蒸気ボイラーなどに用いられる

2 インゼクタ　　A

インゼクタは、ボイラーで発生した**蒸気の噴射力**を利用して水を吸い上げ（吸水）、この水を蒸気に混合して冷やすことによって水（復水）に変化させ、この混合水を加圧して給水するという装置です。**蒸気噴射式ポンプ**とも呼ばれ、**給水ポンプの予備給水用**として使用されます。

■インゼクタの構造

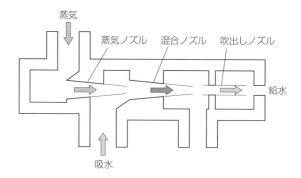

蒸気　蒸気ノズル　混合ノズル　吹出しノズル　給水　吸水

🔧 プラスワン
インゼクタは、蒸気の噴射力を利用することから給水の圧力に限界があり、流量の調整も困難であるため、比較的低圧のボイラーの予備用の給水設備として使用される。

┏ *Point*..インゼクタ
インゼクタは、蒸気の噴射力を利用して給水するもので、給水ポンプの予備給水用として使用される

3　給水弁と給水逆止め弁　　Ａ

（1）給水弁

　給水弁とは、ボイラー（またはエコノマイザ）の入口の近くに設ける**給水用の止め弁**をいいます。給水弁には、開度の調整が容易な**アングル弁**または**玉形弁**を用います。

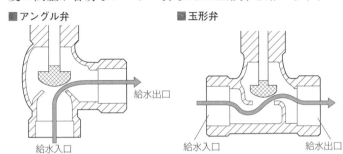

■アングル弁　　　　　　■玉形弁

給水出口

給水入口　　　　　　給水入口　　　　　　給水出口

（2）給水逆止め弁

　給水ポンプの故障などにより給水の圧力がなくなると、ボイラー水がボイラー側から給水ポンプ側に逆流することがあります。この**逆流を防ぐための弁**を、**給水逆止め弁**といいます。給水逆止め弁には、流体が逆流してくることによって弁体が弁座に押し付けられて弁を閉じる**スイング式**または**リフト式**の弁を用います。

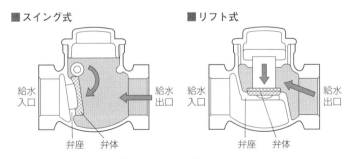

■スイング式　　　　　　■リフト式

給水
入口　　　　　給水
　　　　　　　出口　　　給水
　　　　　　　　　　　　入口　　　　　給水
　　　　　　　　　　　　　　　　　　　出口

弁座　弁体　　　　　　　弁座　弁体

（3）給水弁と給水逆止め弁の取付け

　ボイラー（またはエコノマイザ）の入口近くに給水弁と給水逆止め弁を取り付けます。このときボイラーに近い側に**給水弁を取り付ける**ようにします。給水逆止め弁が故障した場合に、給水弁を閉止して、ボイラー水をボイラー内

主蒸気弁の種類にも、アングル弁と玉形弁がありましたね。●P.69

玉形弁のことを、「グローブ弁」ともいいます。

🛠 プラスワン

逆止め弁は一方向の流れを許し、逆方向の流れは遮断する。これに対し、双方向の流れを遮断する弁のことを「ゲート弁」という。

通常ならば給水は給水入口から入って、給水出口から出ます。

第1章　ボイラーの構造に関する知識　●　7日目

に残したまま**給水逆止め弁の修理**ができるようにするためです。

■給水弁と給水逆止め弁の取付け

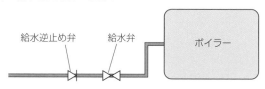

給水逆止め弁　　　給水弁　　　　　ボイラー

Point.. 給水弁と給水逆止め弁の取付け

給水弁と給水逆止め弁を取り付ける場合は、ボイラーに近い側に給水弁を取り付ける

4 給水内管　　　　　　　　　　　　　　B

　給水される水はボイラー水より温度が低いので、これを1か所に集中して送り込むとその付近だけ温度が下がり、不同膨張を招いたり、水の循環が乱れたりします。そこで給水内管を使用して**広い範囲に給水**できるようにします。給水内管は、一般に**長い鋼管に多数の穴を開けた**もので、ボイラーの胴または蒸気ドラムの長手方向に沿って設けます。また、水面より上部に取り付けると給水の一部が蒸気に持ち出されてしまうので、必ず**安全低水面よりやや下方**に取り付けます。

不同膨張について
▶P.34
長手方向について
▶P.52

■給水内管の取付位置

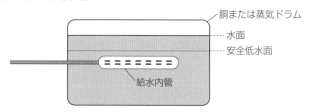

胴または蒸気ドラム

水面

安全低水面

給水内管

Point.. 給水内管

給水内管は、一般に長い鋼管に多数の穴を開けたもので、胴または蒸気ドラム内の安全低水面よりやや下方に取り付ける

確　認　テ　ス　ト

Key Point			できたら チェック ☑
給水ポンプ	☐	1	ディフューザポンプは、羽根車の周辺に案内羽根のある遠心ポンプで、特に高圧・大容量のボイラーには多段ディフューザポンプが用いられる。
	☐	2	渦巻ポンプは、羽根車の周辺に案内羽根のある遠心ポンプで、低圧のボイラーに用いられる。
	☐	3	渦流ポンプは、羽根車の周辺に案内羽根のない遠心ポンプで、大容量のボイラーに用いられる。
インゼクタ	☐	4	インゼクタは、蒸気の噴射力を利用して給水するもので、給水ポンプの予備給水用として使用される。
給水弁と給水逆止め弁	☐	5	ボイラーまたはエコノマイザの入口近くには、給水弁と給水逆止め弁を設ける。
	☐	6	給水弁と給水逆止め弁をボイラーに取り付ける場合には、ボイラーに近い側に給水逆止め弁を取り付ける。
	☐	7	給水逆止め弁には、アングル弁または玉形弁が用いられる。
給水内管	☐	8	給水内管は、一般に長い鋼管に多数の穴を開けた管であり、胴または蒸気ドラム内の水面よりやや上方に取り付ける。

解答・解説

1.○　2.× 渦巻ポンプは、羽根車の周辺に案内羽根を設けない遠心ポンプである。低圧のボイラーに用いられるという点は正しい。　3.× 渦流ポンプは、円周流ポンプとも呼ばれる特殊なポンプで、小容量の蒸気ボイラーなどに用いられている。遠心ポンプではないし、大容量のボイラーに用いられるという点でも誤り。　4.○　5.○　6.× ボイラーに近い側には給水弁を取り付けなければならない。　7.× アングル弁や玉形弁を用いるのは給水逆止め弁ではなく、給水弁である。給水逆止め弁には、スイング式またはリフト式の弁が用いられる。　8.× 給水内管は、水面より上部に取り付けると給水の一部が蒸気に持ち出されてしまうので、胴または蒸気ドラムの安全低水面よりやや下方に取り付けるようにする。

ワンポイント アドバイス

遠心ポンプのうち、ディフューザポンプは羽根車の周辺に案内羽根があるが、渦巻ポンプは羽根車の周辺に案内羽根がないため、高い圧力が得にくく、一般に低圧ボイラーに用いられることを押さえよう。

7日目

Lesson.**14**

附属品・附属装置
（5）吹出し装置、温水ボイラーの附属品等

このレッスンでは、ボイラーからボイラー水を排出する吹出し（ブロー）装置と、温水ボイラーの附属品等について学習します。吹出し装置については、吹出し弁の種類や取付け方などに注意しましょう。

1 吹出し（ブロー）装置　　B

（1）吹出し装置とは

　給水に含まれる**不純物**は、ボイラー内で水の蒸発とともに次第に**濃縮**され、**沈殿物（スラッジという）**になります。そこで、ボイラー水中の**不純物の濃度を下げる**とともに、**スラッジを排出する**ために、胴またはドラムに**吹出し管**、**吹出し弁**などの装置を取り付けます。これらを吹出し装置といい、**連続吹出し装置**と**間欠吹出し装置**に分かれます。

①連続吹出し装置

　連続吹出し装置は、ボイラー水中の不純物濃度を一定に保つように調節弁によって吹出し量を加減しながら、少量ずつ**連続的に吹出し**を行うものです。**胴または蒸気ドラムの水面近く**に吹出し管を取り付けてボイラー水を吹き出します。

②間欠吹出し装置

　間欠吹出し装置は、ボイラーが停止したときまたは負荷

ブローは「吹出し」という意味です。ボイラーからの吹出し水をブロー水ともいいます。

蒸気の吹出しではなく、ボイラー水の吹出しですね。

が低いときなどに、**胴または水ドラムの底部**に取り付けた吹出し管から**断続的**にボイラー水を吹き出すものです。

■連続吹出し装置と間欠吹出し装置

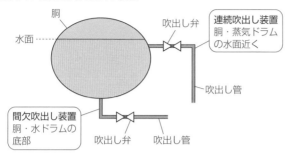

(2) 吹出し弁

　吹出し弁は、吹出し管に取り付けられ、**吹出し水の閉止**や**吹出し量の調節**に用いられます。吹出し水には**スラッジ**が含まれるため、これが途中で詰まって弁が故障しないよう、吹出し弁には、流体の流れが弁内を直進する**仕切弁**、または流体の曲がりがほとんどない**Y形弁**を使用します。

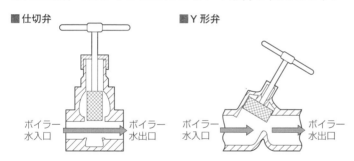

■仕切弁　　　　　　　　　■Y形弁

ボイラー水入口　ボイラー水出口　ボイラー水入口　ボイラー水出口

▶**Point** 吹出し弁

吹出し弁には、スラッジなどによる故障を避けるため、仕切弁またはY形弁が用いられる

　なお、**小容量の低圧ボイラー**には、吹出し弁の代わりに吹出しコックが多く用いられます。一方、**大形ボイラー**や**高圧ボイラー**では2個の吹出し弁を直列に設け、ボイラーに**近いほうを急開弁**（元栓用）、**遠いほうを漸開弁**（調節用）とします。

ひっかけ注意！

吹出し弁には玉形弁やアングル弁は用いない。これらは弁内で流体がS字形または直角に曲がるため（▶P.69）、スラッジが詰まりやすい。

重要

仕切弁とY形弁
仕切弁は、全開または全閉にするだけの弁であるが、Y形弁は、開度を加減して吹出し量の調節ができるので、調節用の漸開弁として用いることができる。

2 温水ボイラーの附属品等　　　　　C

（1）温水ボイラー

　温水ボイラーは蒸気ボイラーとは異なり、ボイラー内と配管全般に水が満たされ、ボイラーから送り出されて温度の下がった温水は、再び温水ボイラーに戻されて**循環使用**されます。温水ボイラーの**附属品**として**水高計**や**温度計**、**安全装置**として**膨張タンク**、**逃がし管**、**逃がし弁**などがあります。

（2）水高計と温度計

　水高計は、温水ボイラーの**圧力**を測るための**計器**であり、蒸気ボイラーの圧力計（ ◯P.58）に相当します。

　温水ボイラーの温度計は、温水の温度を測るための計器であり、**ボイラー水が最高温度となる箇所**の見やすい位置に取り付けます。

（3）温水ボイラーの安全装置

　温水ボイラーでは、加熱されたボイラー水の体積膨張によって、ボイラー本体が破裂する危険性があります。この**ボイラー水の体積膨張分を吸収する装置**が膨張タンクで、**開放形**と**密閉形**の2種類があります。

　逃がし管は、膨張したボイラー水を開放形膨張タンクに自動的に逃がすための管で、**途中に弁やコックを設けない**ものとされています。一方、密閉形膨張タンクを使用する場合は、膨張した水が開放されないので、逃がし弁を直接温水ボイラーに取り付ける必要があります。

（4）温水循環装置

　暖房用の温水ボイラー（**温水暖房ボイラー**）では、加熱した水を放熱器（暖房機などの熱を放出する機器）に送り出したり、放熱した後の水を再びボイラーに戻したりするために、**温水循環ポンプ**を用います。

　これに対し、蒸気暖房装置に用いる**暖房用蒸気ボイラー**では、真空給水ポンプが用いられます。

水高計を、蒸気ボイラーの水面測定装置（水面計）と間違えないようにしよう。

プラスワン

逃がし管は伝熱面積ごとに最小径が定められている。

逃がし弁は、水の膨張によって圧力が設定された値を超えると、弁体を押し上げて、水を逃がします。

用語

真空給水ポンプ
真空ポンプで受水槽および返り管を真空にして蒸気の凝縮水を受水槽に吸引し、これを給水ポンプでボイラーに給水するもの。

確　認　テ　ス　ト

Key Point			できたら チェック ☑
吹出し（ブロー）装置	☐	1	吹出し管は、ボイラー水の濃度を下げたり、沈殿物を排出するため、胴またはドラムに設けられる。
	☐	2	吹出し弁には、スラッジなどによる故障を避けるため、玉形弁またはアングル弁が用いられる。
	☐	3	小容量の低圧ボイラーには、吹出し弁の代わりに吹出しコックが用いられることが多い。
	☐	4	大形ボイラーおよび高圧ボイラーでは、2個の吹出し弁を直列に設け、ボイラーに近いほうを漸開弁、遠いほうを急開弁とする。
	☐	5	連続吹出し装置は、ボイラー水中の不純物の濃度を一定に保つように調節弁によって吹出し量を加減して、少量ずつ連続的にボイラー水を吹出す装置である。
温水ボイラーの附属品等	☐	6	温水ボイラーの水高計は、温水の水位を測定するための計器であり、蒸気ボイラーの水面計に相当する。
	☐	7	温水ボイラーの温度計は、ボイラー水が最高温度となる所で、見やすい位置に取り付ける。
	☐	8	温水ボイラーの逃がし管は、ボイラー水の膨張分を逃がすためのもので、高所に設けた密閉型膨張タンクに直結させる。
	☐	9	温水暖房ボイラーの温水循環ポンプは、ボイラーで加熱された水を放熱器に送り、再びボイラーに戻すために用いられる。

解答・解説

1.○「ボイラー水の濃度」とは、ボイラー水中の不純物の濃度を意味する。　2.× 吹出し弁には、スラッジが詰まりにくい仕切弁やY形弁を用いる。玉形弁やアングル弁では、弁内で流体がS字形や直角に曲がるためスラッジが詰まりやすい。　3.○　4.× ボイラーに近いほうを急開弁（元栓用）、遠いほうを漸開弁（調節用）とする。　5.○　6.× 水高計は、温水ボイラーの圧力を測る計器であり、蒸気ボイラーの圧力計に相当する。水位を測定するものではない。　7.○　8.× 逃がし管は、膨張したボイラー水を開放形膨張タンクに逃がすための管である。密閉型膨張タンクに直結させるというのは誤り。　9.○

ワンポイント アドバイス

吹出し弁に用いられるのは、流体の流れが弁内を直進する仕切弁、あるいは流体の曲がりがほとんどないY形弁であることを押さえよう（玉形弁やアングル弁は、弁内で流体が曲がるので用いない）。

8日目
Lesson.15

附属品・附属装置
(6) 附属設備

ボイラーの主な附属設備である過熱器、エコノマイザ、空気予熱器について学習します。試験では、エコノマイザや空気予熱器をボイラーに設置することによる得失（利点およびデメリット）についてよく出題されます。

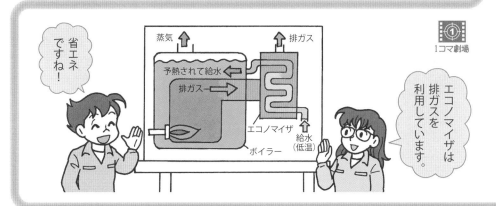

過熱器とエコノマイザについては、貫流ボイラーのところでも学習しましたね。▶P.29

1 過熱器 C

(1) 主な附属設備

　ボイラーの主な**附属設備**には、高温の燃焼ガスによって蒸気を加熱する過熱器のほか、排ガスの余熱を利用するものとしてエコノマイザと空気予熱器があります。

■水管ボイラーにおける主な附属設備の配置

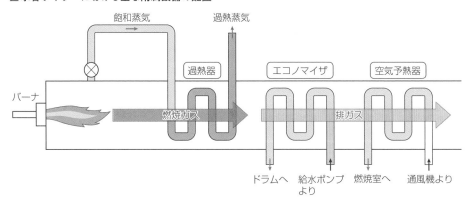

(2) 過熱器

　過熱器は、飽和蒸気の温度をさらに上昇させて、高温の**過熱蒸気**をつくるための設備です。大きな熱量を必要とするため、過熱器は火炉の出口近くの**燃焼ガス温度の高い場所**に設けます。

飽和蒸気について
▶P.45
過熱蒸気について
▶P.46

2 エコノマイザ　　　A

(1) エコノマイザとは

　エコノマイザは、**排ガスの余熱**を利用して、**給水の予熱**（ボイラーへの**給水温度をあらかじめ上昇させておくこと**）を行うための設備です。エコノマイザに使用する**伝熱管**を**エコノマイザ管**といい（▶P.56）、これには管の外面に何も設けない**平滑管**または管の外周にひれを設けた**ひれ付き管**が用いられます。

プラスワン

試験では、排ガスの余熱を利用することを「煙道ガスの余熱を回収して」と表現している場合がある。

(2) ボイラーにエコノマイザを設置した場合の得失

　まず、エコノマイザを設置することによる**利点**として、次のことがあげられます。

①**排ガスの余熱を利用する**ということは、排ガスによってボイラー外へ持ち出される熱量が減ることになるので、その分ボイラー効率（▶P.48）が向上し、**燃料の節約**にもつながる

②**給水温度の上昇**により、ボイラー水との温度差が小さくなるため、ボイラー本体に無理な応力を生じさせない

　次に、エコノマイザを設置する場合の**デメリット**として、次のことがあげられます。

①エコノマイザの設置によって、燃焼ガスの通り道が長くなるため、その分通風抵抗が多少増加し、**通風**（▶P.62）のための動力を大きくする必要が生じる

②**燃料に硫黄分が含まれている**場合、硫酸ガスを生成し、給水によってエコノマイザの伝熱面の温度が低くなった部分を**腐食させる**（低温腐食という）ことがある

燃料の石炭を節約できることから、エコノマイザのことを「節炭器（せったんき）」ともいいます。

用語

通風抵抗
燃焼用空気や燃焼ガスの流れにくさ。
低温腐食
硫酸ガスの作用により、金属の低温部分が腐食すること。

> **Point** エコノマイザを設置した場合の得失
> - ボイラーへの給水温度が上昇する ┐
> - ボイラー効率が向上する ─────┘ 得
> - 通風抵抗が多少増加する ──────┐
> - 燃料の性状によっては低温腐食を起こすことがある ─┘ 失

3 空気予熱器 B

（1）空気予熱器とは

空気予熱器は、排ガスの余熱を利用して、燃焼用空気の予熱を行うための設備です。

（2）ボイラーに空気予熱器を設置した場合の得失

空気予熱器の設置には、次のような**利点**があります。

①排ガスの余熱を利用することから、エコノマイザの場合と同様に、ボイラー効率が向上し、燃料の節約にもつながる（▶P.85）

②**燃焼用空気の温度が高くなる**ので、燃焼室の温度が上昇し、燃料の燃焼が促進されて**燃焼状態が良好になる**

③燃焼室の温度が上昇すると、炉内での**放射伝熱量が増加**するので、炉内伝熱管の熱吸収量が多くなる

④水分の多い低品位燃料を使用する場合、その水分を蒸発させるための熱量を要するが、**温度の高い燃焼用空気**を供給することで、このような燃料の**燃焼効率も上昇する**

一方、**デメリット**としては、エコノマイザの場合と同様に、**通風抵抗が多少増加**することや、燃料の性状によっては**低温腐食**を起こすことなどがあげられます。

> **Point** 空気予熱器を設置した場合の利点
> - ボイラー効率が向上する ───────┐
> - 燃焼状態が良好になる
> - 炉内伝熱管の熱吸収量が多くなる
> - 水分の多い低品位燃料の燃焼効率が上昇する ─┘ 得

燃焼ガスで加熱された伝熱エレメントが回転移動し、燃焼用空気と接することで予熱する再生式空気予熱器もあります。

プラスワン

燃焼状態が良くなると燃焼に必要な空気が少なくて済むので過剰空気（▶P.223）の量が小さくなる。

重要

燃焼室の温度が上昇燃料の発熱量のほかに温度の高くなった燃焼用空気の熱量が加わるため、燃焼室の温度が上昇する。

プラスワン

燃焼室の温度が上昇することによって、窒素酸化物（NOx）という有害な物質が生成されやすくなるデメリットもある。

確認テスト

Key Point			できたら チェック ☑
過熱器	☐	1	過熱器は、高温の過熱蒸気をつくるための設備であり、火炉の出口近くの燃焼ガス温度の高い場所に設ける。
	☐	2	過熱器を設置すると、ボイラーへの給水温度が上昇する。
エコノマイザ	☐	3	エコノマイザとは、煙道ガスの余熱を回収して給水の予熱に利用する設備をいう。
	☐	4	エコノマイザに使用される伝熱管をエコノマイザ管といい、平滑管やひれ付き管が用いられる。
	☐	5	エコノマイザを設置すると、通風抵抗が減少し、動力の節約となる。
	☐	6	エコノマイザを設置すると、ボイラー効率が向上するとともに、燃料の節約になる。
	☐	7	エコノマイザを設置すると、炉内伝熱管の熱吸収量が多くなる。
	☐	8	エコノマイザを設置すると、燃料の性状によっては低温腐食を起こすことがある。
空気予熱器	☐	9	空気予熱器を設置すると、燃焼室の温度が上昇し、燃料の燃焼状態が良好になる。
	☐	10	空気予熱器を設置すると、水分の多い低品位燃料の燃焼効率が上昇する。
	☐	11	空気予熱器を設置すると、乾き度の高い飽和蒸気が得られる。

解答・解説

1.○　2.× 給水の温度を上昇させるのは過熱器ではなく、エコノマイザである。　3.○ 煙道ガスの余熱を回収するというのは、排ガスの余熱を利用するということと同じ。　4.○　5.× エコノマイザを設置すると燃焼ガスの通り道が長くなるため、通風抵抗が多少増加し、通風のための動力を大きくする必要がある。　6.○ 排ガスによってボイラー外へ持ち出される熱量が減るので、ボイラー効率が向上し、燃料の節約につながる。　7.× これはエコノマイザではなく、空気予熱器の設置による利点である。　8.○ 燃料に硫黄分が含まれていると硫酸ガスが生じ、給水によってエコノマイザの伝熱面の温度が低くなった部分に低温腐食を起こすことがある。　9.○ 燃焼用空気の温度が高くなるので、燃焼室の温度が上昇し、燃料の燃焼が促進されて燃焼状態が良好になる。　10.○ 温度の高い燃焼用空気を供給することにより、燃料に含まれる水分を蒸発させることができるので、水分の多い低品位燃料でも燃焼効率が上昇する。　11.× 乾き度の高い飽和蒸気を得るには、ボイラーで発生した蒸気から水滴を分離する必要がある。これは気水分離器または沸水防止管の役割（●P.70）であって、空気予熱器が燃焼用空気を加熱しても乾き度の高い飽和蒸気は得られない。

8日目

Lesson.16 ボイラーの自動制御装置 (1) 自動制御の概要

ボイラーの自動制御には、フィードバック制御とシーケンス制御という2つの方式があります。試験では、制御量と操作量の関係や、2つの自動制御の方式の違い、フィードバック制御における主な動作の動作原理の違いなどが出題されています。

1 ボイラーの自動制御 〔B〕

(1) 自動制御とは

ボイラーで発生させる蒸気または温水の量は、それらの使用先が必要とする量に応じて常に増減します。そして、たとえば必要とされる**蒸気量**が増えた場合には、ボイラーの**蒸気圧力**や**ボイラー水位**が低下するので、これらを元の状態に戻すために**燃料量**や**空気量**、**給水量**を増やす必要が生じます。このように、蒸気量や温水量といったボイラーから出ていく出力エネルギーと、燃料量や空気量、給水量といったボイラーに持ち込まれる入力エネルギーのバランスを保ちながら、蒸気圧力、ボイラー水位などを制御する操作をボイラー制御といい、これを**機械**によって**自動的**に行うことをボイラーの自動制御といいます。

(2) 制御量と操作量

ボイラー制御において、**制御の対象**とされる蒸気圧力やボイラー水位などを制御量といいます。一方、ボイラー制

空気量というのは燃料を燃焼させるために必要とされる燃焼用空気の量ですね。

御のための**操作の対象**となる燃料量や空気量、給水量など
を操作量といいます。制御量と操作量の組合せをまとめて
おきましょう。

■制御量と操作量の組合せ

制御量	操作量
蒸気圧力	燃料量および空気量
温水温度	
空燃比	
ボイラー水位	給水量
炉内圧力	排出ガス量
蒸気温度	過熱低減器の注水量または伝熱量

①蒸気圧力、温水温度、空燃比

　蒸気圧力または温水ボイラーにおける温水温度を一定に
保つには、必要とされる蒸気量や温水量の増減に応じて**燃
料量および空気量**（燃焼用空気の量）を増減させる操作が
必要となります。空燃比とは、**燃料量と空気量との比**を示
す値をいい、これを制御するにも燃料量および空気量の操
作が必要です。

②ボイラー水位

　ボイラー水位（または**ドラム水位**）を一定に保つために
は、発生蒸気量に応じた**給水量**となるよう操作する必要が
あります。

③炉内圧力

　燃焼用空気をボイラー内に通すのに**平衡通風**と呼ばれる
通風方式を採用した場合、**炉内圧力**（燃焼室内の圧力）を
大気圧よりやや低めに調節する必要があります。このため
ファン（通風機）によって**排出ガス量**を操作します。

④蒸気温度

　過熱低減器（過熱蒸気の温度を水などを用いて調整する
装置）への**注水量**を増減させたり、**過熱器**を通る燃焼ガス
の量を調節して過熱器での**伝熱量**を操作することによって
蒸気温度を制御します。

制御量と操作量の
組合せが正しいか
を問う問題が出題
されています。

✖ プラスワン

試験では、空気量の
ことを「燃焼空気量」
と表現している場合
がある。

✖ プラスワン

燃料量と燃焼空気量
を自動的に調節する
制御を自動燃焼制御
（ACC）という。

⚙ 用語

平衡通風
通風のために2つの
ファン（押込ファン、
誘引ファン）を併用
する方式。詳しくは
第3章のレッスン
14で学習する。

2 フィードバック制御　　　　　　　　A

(1) フィードバック制御とは

　フィードバック制御は、ボイラーの自動制御方式の１つです。たとえば制御量が蒸気圧力の場合、燃料量と空気量を操作した結果得られた蒸気圧力の値を、目標としていた蒸気圧力の値（**目標値**）と比較し、その差（**偏差という**）をなくして一致させるよう、さらに燃料量と空気量を修正していきます。このように、**操作の結果得られた制御量の値を目標値と比較し、それらを一致させるよう修正動作を繰り返す制御方式**を、フィードバック制御といいます。

(2) フィードバック制御における動作

　フィードバック制御における主な動作に**オンオフ動作**、**ハイ・ロー・オフ動作**、**比例動作**、**積分動作**、**微分動作**があります。

①オンオフ動作

　たとえば制御量が蒸気圧力の場合、その目標値を設定し（**設定値という**）、蒸気圧力が設定値より低いときは**オン**の状態（**燃焼**）、蒸気圧力が上昇して設定値より高くなると**オフ**（**燃焼停止**）の状態にします。これをオンオフ動作といいます。ただし設定値と異なるだけで直ちにオンオフを繰り返していると、制御装置に負担がかかりすぎるので、**設定値にある程度の幅をもたせる必要があります**。この幅を動作すき間といいます。

> **Point オンオフ動作**
> オンオフ動作による蒸気圧力制御は、蒸気圧力の変動によって、燃焼または燃焼停止のいずれかの状態をとる

②ハイ・ロー・オフ動作

　たとえば制御量が蒸気圧力の場合、**ハイ**の状態（**高燃焼**）と**ロー**の状態（**低燃焼**）および**オフ**の状態（**燃焼停止**）の３段階で制御を行います。これをハイ・ロー・オフ動作と

フィードバックは「戻す」という意味です。操作部の行った操作の結果を調節部に戻して目標値と比較することからフィードバック制御と呼ばれます。

⚙ 用語

動作すき間
簡単にいうと設定値に上限値と下限値を設け、制御量が上限の下限値を超えてもすぐにはオフにせず上限の上限値を超えたときオフにする。逆に下限の上限値を下回ってもすぐにはオンにせず下限の下限値を下回ったときオンにするという仕組み。

いいます。

> **Point.** ハイ・ロー・オフ動作
> ハイ・ロー・オフ動作による蒸気圧力制御は、蒸気圧力の変動によって、**高燃焼、低燃焼、燃焼停止**のいずれかの状態をとる

③比例動作（P動作）

　比例動作とは、偏差（目標値と制御量の差）が大きいときは操作量を増やし、偏差が小さいときは操作量を減らすというように、偏差の大きさに比例して**操作量を増減する**ように動作することをいいます。比例動作で制御した場合には、目標値と制御量との間に必ず多少の差が生じます。この差を**オフセット**（**定常偏差**）といいます。

> **Point.** 比例動作（P動作）
> P動作 ⇒ 偏差の**大きさ**に比例して操作量を増減

④積分動作（I動作）

　積分動作とは、偏差の時間的積分に比例して**操作量を増減する**ように動作することをいいます。オフセットが現れた場合に**オフセットをなくす**ように働くので、比例動作と組み合わせて**比例積分動作**（PI動作）として使用します。

> **Point.** 積分動作（I動作）
> I動作 ⇒ 偏差の**時間的積分**に比例して操作量を増減

⑤微分動作（D動作）

　微分動作とは、偏差が変化する速度に比例して**操作量を増減する**ように動作することをいいます。偏差があってもそれが変化しない限り動作しないという特徴があります。比例積分動作と組み合わせて**比例積分微分動作**（PID動作）として使用します。

> **Point.** 微分動作（D動作）
> D動作 ⇒ 偏差が**変化する速度**に比例して操作量を増減

第1章　ボイラーの構造に関する知識　●　8日目

🔧 プラスワン

ハイ・ロー・オフ動作において、設定値はハイとローの2段階に分けて定める。

⚙ 用語

P動作
Proportional（比例）の頭文字のP。
I動作
Integral（積分）の頭文字のI。
D動作
Derivative（微分）の頭文字のD。

🧪 重要

積分動作
「偏差の時間的積分に比例して」というのを「制御偏差量に比例した速度で」といい替えても同じである。制御偏差量とは、偏差の積算値のことをいう。

ここでは、積分や微分の意味を理解する必要はありません。比例、積分、微分の3つの動作原理の違いを押さえれば十分です。

3 シーケンス制御 A

(1) シーケンス制御とは

ボイラーの自動制御には、フィードバック制御のほかに
シーケンス制御という方式があります。これはあらかじめ
定められた順序に従って、制御の各段階を順次進めていく
という制御方式であり、各段階で所定の条件を満たしてい
るかどうかを確認しながら次の段階の制御に進みます。

(2) シーケンス制御回路に使用される主な電気部品

①電磁継電器（電磁リレー）

電磁継電器（電磁リレー）は、電流が流れる（**入力信号**）
とコイルが電磁石となり、その磁力で**吸着片**を引きつける
ことによって**作動**し、ばねの力で作動以前の状態に戻るこ
とによって**復帰**します。下の図のように、ブレーク接点は
**電流が流れないとき「閉（オン）」になり、流れていると
き「開（オフ）」になる接点**であり、**ブレーク接点**を用い
ることによって、**入力信号に対して出力信号を反転させる**
ことができます。

■電磁継電器の構造

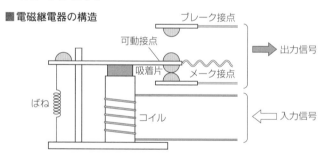

②タイマ（遅延継電器）とリミットスイッチ

タイマ（遅延継電器）は、**適当な時間遅れをとって接点
を開閉するリレー**で、シーケンス制御回路に多く用いられ
ます。リミットスイッチは、物体の位置を検出して、その
位置を制御するために用いるもので、機械的変異を利用す
る**マイクロスイッチ**と、直接物体に接触せず電磁界の変化
によって位置を検出する**近接スイッチ**があります。

接点が「開く」と
スイッチはオフの
状態になり、逆に
接点が「閉じる」
とスイッチはオン
の状態になるわけ
です。

メーク接点は電流
が流れているとき
に「閉（オン）」に
なりますね。

確　認　テ　ス　ト

Key Point			できたら チェック ☑
ボイラーの自動制御	☐	1	制御量が蒸気圧力である場合、操作量は排出ガス量である。
	☐	2	制御量がボイラー水位である場合、操作量は給水量である。
	☐	3	制御量が温水温度である場合、操作量は燃料量および空気量である。
フィードバック制御	☐	4	オンオフ動作による蒸気圧力制御は、蒸気圧力の変動によって、燃焼または燃焼停止のいずれかの状態をとる。
	☐	5	ハイ・ロー・オフ動作による蒸気圧力制御は、蒸気圧力の変動によって、高燃焼、低燃焼、燃焼停止のいずれかの状態をとる。
	☐	6	比例動作による制御は、偏差が変化する速度に比例して操作量を増減するように動作する制御である。
	☐	7	微分動作による制御は、制御偏差量に比例した速度で操作量を増減するように動作し、制御を行う。
	☐	8	積分動作による制御は、偏差の時間的積分に比例して操作量を増減するように動作するもので、オフセットが現れた場合にオフセットがなくなるように制御を行う。
シーケンス制御	☐	9	シーケンス制御とは、操作の結果得られた制御量の値を目標値と比較して、それらを一致させるよう修正動作を繰り返す制御をいう。
	☐	10	電磁継電器のブレーク接点は、コイルに電流が流れると開（オフ）になり、電流が流れないと閉（オン）になる接点である。
	☐	11	電磁継電器は、メーク接点を用いることによって、入力信号に対して出力信号を反転させることができる。

解答・解説

1.× 蒸気圧力が制御量の場合、操作量は燃料量および空気量である。排出ガス量は炉内圧力を制御量とする場合の操作量である。　**2.○**　**3.○**　**4.○** 蒸気圧力が設定値より低いときはオンの状態（燃焼）、蒸気圧力が設定値より高くなるとオフ（燃焼停止）の状態になる。　**5.○**　**6.×** これは比例動作ではなく、微分動作の説明である。比例動作では、偏差の大きさに比例して操作量を増減する。　**7.×** これは微分動作ではなく、積分動作の説明である。　**8.○**「偏差の時間的積分に比例して」というのは「制御偏差量に比例した速度で」と同じこと。　**9.×** これはシーケンス制御ではなく、フィードバック制御の説明である。シーケンス制御は、あらかじめ定められた順序に従って、制御の各段階を順次進めていく制御である。　**10.○**　**11.×** メーク接点ではなく、ブレーク接点である。ブレーク接点は、入力信号が入る（電流が流れる）と「開（オフ）」になるので、入力信号に対して出力信号を反転させることができる。

9日目

Lesson.17

ボイラーの自動制御装置
（2）蒸気圧力制御、温水温度制御

自動制御装置のうち蒸気圧力および温水温度を制御する装置について学習します。
オンオフ式や比例式の装置が用いられるため、前レッスンの復習が大切です。試験
ではオンオフ式温度調節器の構成、特に感温体についてよく出題されています。

1 蒸気圧力制御　　　　　　　　　　　　　　B

蒸気圧力の制御には、**蒸気圧力制限器**と**蒸気圧力調節器**
を使用します。蒸気圧力調節器には、**オンオフ式**と**比例式**
のものがあります。

（1）蒸気圧力制限器

蒸気圧力制限器は、ボイラーの蒸気圧力が何らかの原因
で**圧力調節範囲の上限を超えたとき**、直ちに**燃料の遮断弁
を閉じてバーナへの燃料供給を遮断する**ための装置です。
この働きによってボイラーの運転は停止され、蒸気圧力の
異常な上昇を防ぎます。

> **Point** 蒸気圧力制限器
> 蒸気圧力制限器**は、ボイラーの蒸気圧力が異常に上昇した場合
> に、直ちに燃料の供給を遮断する**ものである

蒸気圧力制限器には一般に、オンオフ式蒸気圧力調節器
が使用されています。

蒸気圧力制限器が
働くときは、何ら
かの異常な原因が
あるはずなので、
蒸気圧力がすぐに
下がっても運転を
直ちに再開しては
なりません。

（2）オンオフ式蒸気圧力調節器

　オンオフ式蒸気圧力調節器は、内部のマイクロスイッチに蒸気圧力の変化が伝わると、その変化に応じてバーナの**運転**または**停止**の信号を**燃料遮断弁**に送る装置です。

　オンオフ動作によって制御を行うことから、**動作すき間**の設定が必要となります（●P.90）。

■ オンオフ式蒸気圧力調節器（電気式）の外観と内部構造

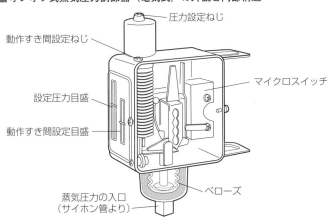

- 圧力設定ねじ
- 動作すき間設定ねじ
- 設定圧力目盛
- 動作すき間設定目盛
- マイクロスイッチ
- ベローズ
- 蒸気圧力の入口（サイホン管より）

　オンオフ式蒸気圧力調節器（電気式）では、**高温の蒸気が直接内部に入ることを防ぐ**ため、**水を入れたサイホン管**を用いてボイラーに取り付けます。また、蒸気圧力の入口に伸縮するベローズを設け、**サイホン管の水が内部に入らないよう遮蔽**します。

（3）比例式蒸気圧力調節器

　比例式蒸気圧力調節器は、一般にコントロールモータとの組合せにより、比例動作（P動作●P.91）によって蒸気圧力の制御を行う装置です。比例式蒸気圧力調節器から操作信号を受け取ったコント

■ 比例式蒸気圧力調節器による制御

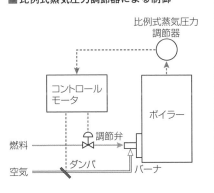

比例式蒸気圧力調節器／コントロールモータ／ボイラー／調節弁／燃料／空気／ダンパ／バーナ

蒸気圧力調節器のことを、試験では単に「圧力調節器」と表記している場合もあります。

蒸気圧力によって伸縮するベローズがマイクロスイッチを開閉します。

用語
ベローズ
ベローズは「蛇腹（じゃばら）」という意味。外部と内部の圧力差などによって伸縮する。

ひっかけ注意！
オンオフ式蒸気圧力調節器（電気式）をボイラー本体に直接取り付けるというのは誤り。サイホン管を介してボイラーに取り付ける。

プラスワン
比例式蒸気圧力調節器では「比例帯（偏差の大きさに比例して操作量を増減させる幅●P.91）」の設定を行う。

ロールモータが、燃料量を調節する**燃料調節弁**と燃焼用空気量を調節するダンパの開度を制御します。

> **Point..比例式蒸気圧力調節器**
> 比例式蒸気圧力調節器は、一般にコントロールモータとの組合せにより、比例動作によって蒸気圧力制御を行う

2 温水温度制御　　　　　　　　　　　A

(1) オンオフ式温度調節器（電気式）

温水ボイラーの温水温度制御にはオンオフ式温度調節器（**電気式**）を使用し、バーナへの燃料の供給をオンの状態またはオフの状態にすることによって制御を行います。

オンオフ式蒸気圧力調節器の場合と同様、オンオフ動作によることから、動作すき間の設定が必要となります。

オンオフ式温度調節器（電気式）は、温水温度制御のほかに、重油の加熱温度制御などにも使用されます。

■オンオフ式温度調節器（電気式）の構成

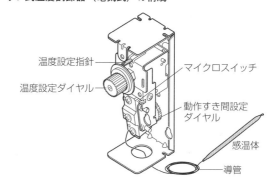

温度設定指針
温度設定ダイヤル
マイクロスイッチ
動作すき間設定ダイヤル
感温体
導管

温度設定ダイヤルで調節温度の設定を行います。

オンオフ式温度調節器（電気式）は、マイクロスイッチや温度設定ダイヤル、動作すき間設定ダイヤルなどを内蔵する**調節器本体**のほかに、**温度を検知**するための感温体とこれらを連結する導管から構成されています。

> **Point..オンオフ式温度調節器（電気式）**
> オンオフ式温度調節器（電気式）は調節器本体、感温体およびこれらを連結する導管で構成される

（2）感温体について

　感温体には、一般に**トルエン、エーテル、アルコール**といった揮発性かつ膨張率の高い液体が密封されています。この液体が温水温度の上昇・下降によって膨張・収縮し、その膨張・収縮が**導管**を通じて調節器本体の内部に設けられたベローズ（●P.95）（またはダイヤフラム）を伸縮させることによって、マイクロスイッチを開閉させる仕組みになっています。

■マイクロスイッチと感温体

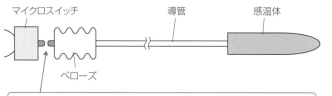

> 温水温度が上昇し、ベローズが膨張すると、ベローズの接点がマイクロスイッチの接点と接触する。

Point マイクロスイッチと感温体

感温体内の液体は、温水温度の上昇・下降によって膨張・収縮し、ベローズ（またはダイヤフラム）を伸縮させ、マイクロスイッチを開閉させる

　感温体は、**ボイラー本体に直接取り付ける**こともできますが、流体が流れているところに直接取り付けると、その流れによって感温体が損傷することがあるので、保護管と呼ばれる管に感温体を入れて取り付ける場合があります。ただし、**保護管を用いる場合**は、保護管に伝わった温度の変化が感温体に伝わりにくくなるため、シリコングリスなどを保護管内に挿入し、**感度をよくする**必要があります。

Point オンオフ式温度調節器（電気式）の感温体

オンオフ式温度調節器（電気式）の感温体は、ボイラー本体に直接取り付けるか、または保護管を用いて取り付ける

第1章
ボイラーの構造に関する知識　●　**9**日目

🔧 用語

ダイヤフラム
ダイヤフラムは膨張収縮が可能な膜で、温度上昇により膨張し、ダイヤフラムに取り付けられた接点がマイクロスイッチの接点に接触するようになっている。

🔧 用語

シリコングリス
シリコンオイル中に各種の添加剤を配合したもの。熱伝導性に優れている。

Key Point			できたら チェック ☑
蒸気圧力制御	☐	1	蒸気圧力制限器は、蒸気圧力が何らかの原因で圧力調節範囲の上限を超えたとき、直ちに遮断弁を閉じて燃料の供給を遮断する。
	☐	2	蒸気圧力制限器には、一般に比例式蒸気圧力調節器が用いられている。
	☐	3	オンオフ式蒸気圧力調節器（電気式）は、水を入れたサイホン管を用いてボイラーに取り付ける。
	☐	4	比例式蒸気圧力調節器では、動作すき間の設定を行う。
	☐	5	比例式蒸気圧力調節器は、一般にコントロールモータとの組合せにより、比例動作によって蒸気圧力の調節を行う。
温水温度制御	☐	6	オンオフ式温度調節器（電気式）は、一般に調節温度の設定を行うが動作すき間の設定は行わない。
	☐	7	オンオフ式温度調節器（電気式）は、調節器本体、感温体およびこれらを連結する導管で構成される。
	☐	8	感温体内の液体には、一般にトルエン、エーテル、アルコールなどが用いられる。
	☐	9	感温体内の液体は、温度の上昇・下降によって膨張・収縮し、ベローズまたはダイヤフラムを伸縮させ、マイクロスイッチを開閉させる。
	☐	10	オンオフ式温度調節器（電気式）の感温体は、必ず保護管を用いて取り付けなければならない。
	☐	11	保護管を用いて感温体を取り付ける場合は、保護管内にシリコングリスを挿入してはならない。

解答・解説

1．○　2．× 比例式ではなく、オンオフ式の蒸気圧力調節器が一般に用いられる。　3．○ 高温の蒸気が直接内部に入ることを防ぐため、水を入れたサイホン管を用いる。　4．× 動作すき間の設定を行うのは比例式ではなく、オンオフ式蒸気圧力調節器である。　5．○　6．× オンオフ式温度調節器（電気式）では調節温度の設定とともに、動作すき間の設定が必要。　7．○　8．○　9．○　10．× オンオフ式温度調節器（電気式）の感温体は、ボイラー本体に直接取り付けることもできる。保護管を必ず用いなければならないわけではない。11．× 保護管を用いる場合は、保護管に伝わった温度変化が感温体に伝わりにくくなるため、シリコングリスなどを保護管内に挿入して感度をよくする必要がある。

ワンポイント アドバイス

オンオフ式温度調節器のうち、特に感温体が重要である。感温体は保護管を用いて取り付けてもよいこと、また、保護管を用いる場合はシリコングリスを挿入して感度をよくする必要があるという点に注意。

9日目

Lesson.18 ボイラーの自動制御装置
（3）水位制御、燃焼安全装置

自動制御装置のうち、水位制御のための装置と燃焼安全装置について学習します。ドラムの水位制御には3種類の方式があることや、水位検出器の種類（フロート式と電極式）、燃焼安全装置では各種の火炎検出器の原理の違いに注意しましょう。

1 水位制御　　　　　　　　　　　A

（1）ボイラーの水位制御

　水位制御とは、ボイラー水位またはドラム水位を一定に保つために、**負荷の変動（発生蒸気量）に応じて給水量を調節する**ことをいいます。

（2）ドラム水位の制御方式

　ドラム水位の制御方式には、**単要素式、2要素式**および**3要素式**の3種類があります。

①単要素式

　単要素式とは、ドラム水位だけを検出して、その変化に応じて給水量を調節する方式をいいます。水位変化を検出してから給水を調節するので、負荷の変動が大きいときは水位変動が大きくなり、良好な制御が期待できません。

②2要素式

　2要素式は、ドラム水位と蒸気流量を検出し、その変化に応じて給水量を調節する方式です。水位が大きく変化す

制御量をボイラー水位とする場合、操作量は給水量でしたね。▷P.89

🔧 **用語**

蒸気流量
配管内を流れる蒸気の量。単位時間当たりの質量で表され、単位は〔kg/h〕。

る前に蒸気流量に対応して給水を行うことができるので、負荷の変動が大きいボイラーに適しています。

③3要素式

3要素式は、ドラム水位、蒸気流量、給水流量を**検出**して給水量を調節する方式です。

> **Point**.. ドラム水位の制御方式
> * 単要素式 ⇒ ドラム水位**のみ検出**
> * 2要素式 ⇒ ドラム水位、蒸気流量を**検出**
> * 3要素式 ⇒ ドラム水位、蒸気流量、給水流量を**検出**

(3) 水位検出器の種類

水位を検出して給水量を操作する装置を水位検出器といいます。水位検出方式の違いにより、**フロート式、電極式**に分かれます。

①フロート式水位検出器

フロート式水位検出器は、フロート室内にあるフロートが、ボイラー水位の上昇・下降に従って上下する仕組みになっています。水位が上昇したときはフロートも上昇して給水ポンプを停止させ、下降したときはフロートも下降して給水ポンプを起動させます。

■フロート式水位検出器

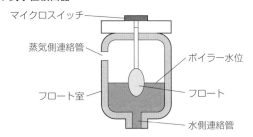

マイクロスイッチ
蒸気側連絡管
ボイラー水位
フロート室
フロート
水側連絡管

②電極式水位検出器

電極式水位検出器は、長さの異なる数本の電極が右ページの図のように**検出筒**に挿入されています。そして電極に接触するボイラー水を通して電流がどの電極に流れているかによって水位を検出し、これに基づいて起動または停止

🔧 プラスワン

3要素式では、蒸気流量と給水流量に差が生じた場合に制御が開始され、水位によって修正を行う。

フロートは「浮子」という意味です。

などの信号を給水ポンプに送り、給水量を操作します。

■電極式水位検出器

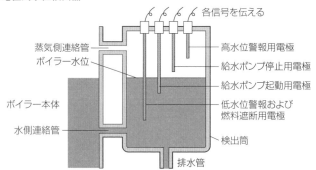

各信号を伝える

蒸気側連絡管
ボイラー水位
ボイラー本体
水側連絡管

高水位警報用電極
給水ポンプ停止用電極
給水ポンプ起動用電極
低水位警報および
燃料遮断用電極
検出筒
排水管

ただし、検出筒の内部に**蒸気が凝縮してできた純粋な水**が増えて**水の純度**が高くなると、（純粋な水には電流が流れないので）導電性が低下し、水位の検出が正確にできなくなる場合があります。

 Point 電極式水位検出器の注意点

電極式水位検出器は、蒸気の凝縮によって検出筒内部の水の純度が高くなると、正常に作動しなくなる

（4）水位検出器の取付けについて

「ボイラーの低水位による事故の防止に関する技術上の指針」に、次のようにあります。

- 水位検出器は**原則２個以上取り付ける**ものとする。その場合、**水位検出方式は互いに異なる**ものが望ましい
- 水位検出器の**水側連絡管**は、他の水位検出器の水側連絡管と別個に設け、**共用しない**ようにする
- 水位検出器の**水側連絡管**は、**呼び径20Ａ以上**で、かつ、内部の掃除が容易にできる構造のものとする
- 水位検出器の**水側連絡管**に設ける**弁・コック**は、**直流形**の構造（流体が直進できる形）とする
- 水位検出器の**水側連絡管、蒸気側連絡管**および**排水管**に設ける**弁・コック**は、その**開閉の状態**が外部から明確に識別できるものとする

🧪 **重要**

水の導電性
不純物を含んだ水は電流を通す（導電性）が、不純物を含まない純粋な水は電流を通さないので、純度が高くなるほど水の導電性は低下する。

⚙️ **用語**

呼び径
配管の外径を表すときに用いる呼び方。Ａ呼称（ミリメートル）とＢ呼称（インチ）があり、実際のサイズより小さめの値で表す。たとえば「20Ａ（エー）」の管の外径はJIS規格では27.2㎜である。

（5）熱膨張管式水位調整装置

　熱膨張管は、熱膨張率の大きい金属で作られた**金属管**です。この中にボイラー水を入れると、ボイラー水位と同じ水位になりますが、**ボイラー水位が下がる**と熱膨張管内の水位も下がり、**蒸気の部分が増える**ことによって熱膨張管の**温度が上昇**します。すると**熱膨張管が膨張**し、レバーが**給水調節弁の開度を増やす**ように動く仕組みになっています。この装置を**熱膨張管式水位調整装置**といい、電力などの**補助動力を要しない**ことから、**自力式制御装置**とも呼ばれます。

■熱膨張管式水位調整装置（単要素式）

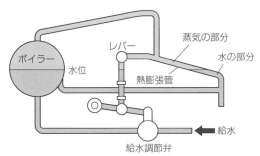

2　燃焼安全装置　　　　　　B

　燃焼安全装置は、燃焼に起因する爆発事故などを未然に防ぐための装置であり、**主安全制御器**、**火炎検出器**、各種の**制限器**および**燃料遮断弁**から構成されています。

■燃焼安全装置の構成

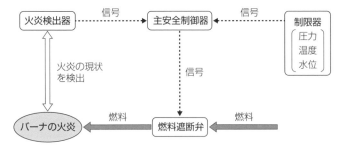

（1）主安全制御器

主安全制御器は、火炎検出器や各種の制限器から信号として得た情報に基づいて、**燃料遮断弁**を**閉止**し、ボイラーの運転を停止する装置です。**出力リレー、フレームリレー**および**安全スイッチ**から構成されています。

（2）火炎検出器

火炎検出器は、バーナの**火炎の状況**を**検出**して電気信号に変換する機器であり、次のような種類があります。

①フォトダイオードセル

フォトダイオードセルは、**光起電力効果**（光が当たると電気が発生する現象）を利用したもので、明るさの少ないガス燃焼炎には適さず、**油燃焼炎**の検出に用いられます。

②硫化鉛セル

硫化鉛セルは、硫化鉛の抵抗が**火炎のフリッカ**（ちらつき）によって変化する電気的特性を利用したもので、主に**蒸気噴霧式バーナ**などに用いられます。

③整流式光電管

整流式光電管は、**光電子放出現象**（ある種の金属に光が照射されたときに光電子を放出する現象）を利用したものです。①と同様、ガス燃焼炎には適さず、**油燃焼炎**の検出に用いられます。

④紫外線光電管

紫外線光電管は、③と同様、**光電子放出現象**を利用したものですが、**紫外線**によって火炎の検出を行う点が特徴です。感度がよく安定しており、炉壁の放射による誤作動もないので、**すべての燃焼炎**の検出に用いられます。

⑤フレームロッド

フレームロッドは、**火炎の導電作用**（火炎があれば電流が流れ、なければ電流が流れないという現象）を利用したものです。火炎の中に電極を挿入するので高温の火炎では焼損しやすく、**点火用ガスバーナ**などのガス燃焼炎に多く用いられます。

重要

主安全制御器の構成

①**出力リレー**

　信号を受け、関連機器に起動・停止の指令（信号）を出す

②**フレームリレー**

　火炎検出器からの信号によって必要な指令を出す

③**安全スイッチ**

　一定時間内に火炎が検出されない場合に点火失敗とみなして燃料供給を停止する

第1章 ボイラーの構造に関する知識 ● **9**日目

バーナの種類については第3章L8などで詳しく学習します。

確　認　テ　ス　ト

できたら チェック ☑

Key Point			
水位制御	☐	1	ボイラーの水位制御とは、ボイラー水位やドラム水位を一定に保つために、負荷の変動に応じて給水量を調節することをいう。
	☐	2	ドラム水位の制御方式のうち、単要素式は、水位だけを検出し、その変化に応じて給水量を調節する方式である。
	☐	3	ドラム水位の制御方式のうち、2要素式は、水位と給水流量を検出し、その変化に応じて給水量を調節する方式である。
	☐	4	電極式水位検出器は、蒸気の凝縮により検出筒内部の水の純度が高くなると、正常に作動しなくなる。
	☐	5	ボイラーの水位検出器は、原則として2個以上取り付け、水側連絡管は、他の水位検出器の水側連絡管と共用しないようにする。
	☐	6	水位検出器の水側連絡管は、呼び径20 A以下の管を使用する。
燃焼安全装置	☐	7	燃焼安全装置の主安全制御器は、出力リレー、フレームリレーおよび安全スイッチから構成されている。
	☐	8	火炎検出器のうち、フォトダイオードセルは、火炎の導電作用を利用したもので、ガス燃焼炎の検出に用いられる。
	☐	9	火炎検出器のうち、整流式光電管と紫外線光電管は、いずれも光電子放出現象を利用したものである。
	☐	10	火炎検出器のうち、フレームロッドは、感度がよく、炉壁の放射による誤作動もないので、すべての燃焼炎の検出に用いられる。
	☐	11	燃焼安全装置は、異常消火の場合、主バーナへの燃料供給を直ちに遮断し、修復後は手動または自動で再起動する機能を有する。

解答・解説

1.○　2.○　3.× 2要素式は、水位および蒸気流量を検出して給水量を調節する方式である。給水流量ではない。　4.○ 電極式水位検出器は、検出筒に挿入した電極に電流が流れるかどうかで水位を検出するので、蒸気の凝縮により水の純度が高くなって導電性が低下すると、正常に作動しなくなる。　5.○ 水位検出器は低水位警報と燃料遮断機能を高めるため、原則として2個以上取り付ける（水位検出方式も異なるものが望ましい）。また水側連絡管は沈殿物（スラッジ）などで閉塞しやすいため、他の水位検出器の水側連絡管とは別個に設け、共用しないようにする。　6.× 水側連絡管は、沈殿物（スラッジ）などによる閉塞を防止するため、呼び径20 A以上の管（かつ内部の掃除が容易にできる構造のもの）を使用することとされている。20 A以下ではない。　7.○　8.× これはフォトダイオードセルではなく、フレームロッドの説明である。フォトダイオードセルは光起電力効果を利用したもので、ガス燃焼炎には適さず、油燃焼炎の検出に用いられる。　9.○　10.× これはフレームロッドではなく、紫外線光電管についての説明である。フレームロッドは、火炎の中に電極を挿入するので、高温の火炎では焼損しやすくなることから、点火用ガスバーナなどのガス燃焼炎に多く用いられている。　11.× 燃焼安全装置は、手動による操作で再起動するものでなければならない。

過去問にチャレンジ 1

問題 ボイラーに用いられるステーについて、適切でないものは次のうちどれか。

(1) 平鏡板は、圧力に対して強度が弱く変形しやすいので、大径のものや高い圧力を受けるものはステーによって補強する。

(2) 棒ステーは、棒状のステーで、胴の長手方向（両鏡板の間）に設けたものを長手ステー、斜め方向（鏡板と胴板の間）に設けたものを斜めステーという。

(3) 管ステーを火炎に触れる部分にねじ込みによって取り付ける場合には、焼損を防ぐため、管ステーの端部を板の外側へ10mm程度突き出す。

(4) 管ステーは、煙管よりも肉厚の鋼管を管板に溶接またはねじ込みによって取り付ける。

(5) ガセットステーは、平板によって鏡板を胴で支えるもので、溶接によって取り付ける。

解答・解説 ▶ Lesson 9

(1)(2)(4)(5)は、正しい記述です。

平鏡板などの平板部は強度が弱いため、ステーと呼ばれる部材を用いて補強しなければなりません。主な種類として、管ステー、ガセットステー、棒ステーがあります。このうち管ステーは、鋼鉄製の管（鋼管）によって管板を支えるステーです。管板を支える補強材なので、煙管よりも肉厚の鋼管が用いられ、管板に溶接によって取り付けるか、または鋼管の両端にねじを切り、これを管板に設けたねじ穴にねじ込んで取り付けます。

管ステーを火炎に触れる部分に取り付ける場合、管板から突き出た管ステーの管端が火炎や高温燃焼ガスに触れると、突き出た部分の温度が上昇して焼損を起こす危険性があるため、端部を縁曲げすることによって管端の温度上昇を防ぐ必要があります。

したがって、(3)の「管ステーの端部を板の外側へ10mm程度突き出す」という記述は誤りであり、「管ステーを火炎に触れる部分にねじ込みによって取り付ける場合には、焼損を防ぐため、管ステーの端部を縁曲げする。」が正しい記述となります。

正解 (3)

問題 温水ボイラーおよび蒸気ボイラーの附属品に関するＡからＤまでの記述で、正しいもののみをすべて挙げた組合せは、次のうちどれか。

Ａ 凝縮水給水ポンプは、重力環水式の暖房用蒸気ボイラーで、凝縮水をボイラーに押し込むために用いられる。

Ｂ 暖房用蒸気ボイラーの逃がし弁は、発生蒸気の圧力と使用箇所での蒸気圧力の差が大きいときの調節弁として用いられる。

Ｃ 温水ボイラーの逃がし管には、ボイラーに近い側に弁またはコックを取り付ける。

Ｄ 温水ボイラーの逃がし弁は、逃がし管を設けない場合または密閉型膨張タンクとした場合に用いられる。

(1) Ａ，Ｂ，Ｄ　　(2) Ａ，Ｃ，Ｄ　　(3) Ａ，Ｄ

(4) Ｂ，Ｃ　　　(5) Ｂ，Ｃ，Ｄ

解答・解説　　　　　　　　　　　　　　　　　　　▶ Lesson 12, 14

　Ａ、Ｄの２つが正しい記述です。

　蒸気ボイラーで放熱器に送られた蒸気は密度の大きい凝縮水となり、自重によって凝縮水槽まで流下します。この回収方式を重力環水式といい、この方式の暖房用蒸気ボイラーでは凝縮水をボイラーに押し込むために凝縮水給水ポンプを用います。

　また、蒸気ボイラーでは発生した蒸気の圧力と使用箇所での蒸気圧力の差が大きいときに使用する減圧装置として、一般に減圧弁を用います。したがって、Ｂは「暖房用蒸気ボイラーの減圧弁は、発生蒸気の圧力と使用箇所での蒸気圧力の差が大きいときの調節弁として用いられる。」が正しい記述となります。

　温水ボイラーでは、加熱されたボイラー水の体積膨張によってボイラー本体が破裂する危険性があるため、ボイラー水の体積膨張分を吸収する装置として膨張タンク（開放形・密閉形）を設けます。逃がし管は、膨張したボイラー水を開放形膨張タンクに自動的に逃がすための管であり、途中に弁やコックを設けません。したがって、「弁またはコックを取り付ける」とするＣは誤りです。

正解（3）

過去問にチャレンジ 3

問題　ボイラーの圧力制御機器について、誤っているものは次のうちどれか。

(1)　比例式蒸気圧力調節器は、一般に、コントロールモータとの組合せにより、比例動作によって蒸気圧力の調節を行う。

(2)　比例式蒸気圧力調節器では、比例帯の設定を行う。

(3)　オンオフ式蒸気圧力調節器（電気式）は、蒸気圧力によって伸縮するベローズがスイッチを開閉し燃焼を制御する装置で、機器本体をボイラー本体に直接取り付ける。

(4)　蒸気圧力制限器は、ボイラーの蒸気圧力が異常に上昇した場合などに、直ちに燃料の供給を遮断するものである。

(5)　蒸気圧力制限器には、一般にオンオフ式圧力調節器が用いられている。

解答・解説　　　　　　　　　　　　　　　　　　　　　　⊙ Lesson 17

(1)(2)(4)(5)は、正しい記述です。

(2)の「比例帯」とは、偏差（目標値と制御量の差）の大きさに比例して操作量を増減させる幅（⊙ P.91）のことです。

(3)の「オンオフ式蒸気圧力調節器（電気式）」は、蒸気圧力によって伸縮するベローズからマイクロスイッチに蒸気圧力の変化が伝えられ、その変化によりスイッチが開閉され、バーナの運転・停止の信号が燃料遮断弁に送られる装置です。高温の蒸気が圧力調節器に入ることを防ぐために、水を入れたサイホン管を介して圧力を検出します。またサイホン管の水が調節器に入ることを防ぐため、圧力導入部のベローズがサイホン管からの水を遮断し、圧力をマイクロスイッチに伝えます。つまり、オンオフ式蒸気圧力調節器（電気式）は、水を満たしたサイホン管を用いてボイラーに取り付けるのであり、「機器本体をボイラー本体に直接取り付ける」という記述は誤りです。

正解（3）

過去問にチャレンジ 4

問題 ボイラーの水位検出器について、誤っているものは次のうちどれか。

(1) 水位検出器は、原則として、2個以上取り付け、それぞれの水位検出方式は異なるものが良い。

(2) 水位検出器の水側連絡管および蒸気側連絡管には、原則として、バルブまたはコックを直列に2個以上設ける。

(3) 水位検出器の水側連絡管に設けるバルブまたはコックは、直流形の構造のものが良い。

(4) 水位検出器の水側連絡管は、呼び径20A以上の管を使用する。

(5) 水位検出器の水側連絡管、蒸気側連絡管並びに排水管に設けるバルブおよびコックは、開閉状態が外部から明確に識別できるものとする。

解答・解説　　　　　　　　　　　　　　　　　　　　▶ Lesson 18

(1)(3)(4)(5)は、正しい記述です。

水位を検出して給水量を操作する装置を水位検出器といいます。水位検出器の取付けについては「ボイラーの低水位による事故の防止に関する技術上の指針」に規定があり、(1)(3)(4)(5)で述べている内容のほか、水位検出器（差圧式を除く）の水側連絡管および蒸気側連絡管には、それぞれ弁またはコックを直列に2個以上設けないことと定められています。その理由は、誤動作を少なくするためです。

なお、「バルブ」と「弁」は、どちらも「流体を通したり、止めたり、制御したりするために通路を開閉することができる可動機構をもった機器」の総称です（ただし、用途、種類、形式などを表す修飾語が付く場合には「弁」を用いることとされています。例）「弁体」「弁座」「給水弁」「玉形弁」など）。

したがって、(2)は「水位検出器の水側連絡管および蒸気側連絡管には、バルブまたはコックを直列に2個以上設けない。」が正しい記述となります。

正解 (2)

ボイラーの取扱い

に関する知識

ボイラーは広く利用されていますが、その取扱いや保全方法を誤ると大きな災害を招く危険性があります。この章では、ボイラーの取扱いに関して、ボイラーへの点火、燃焼の維持・調節、運転中の障害とその対策などのほか、附属品・附属装置の取扱い、ボイラーの保全方法およびボイラーの水処理について学習します。自分がボイラー技士となり、実際にボイラーを取り扱っている気持ちになって取り組みましょう。

10日目

Lesson.1 ボイラーの点火

このレッスンでは、ボイラーに点火する前の点検・準備と、手動操作による点火について学習します。試験では、各種の弁・コックについて、ボイラーをたき始めるときの状態（「開」または「閉」）を問う問題などが出題されています。

未燃ガスを排出するんですね。

点火前に換気をします。

①コマ劇場

ボイラー
未燃ガス
煙突
煙道
バーナ
ダンパ全開
ファン
空気

1 点火前の点検・準備　A

ボイラーの低水位事故（空だき）や炉内爆発を防止するため、**点火する前**に、次のような**点検・準備**を行う必要があります。

（1）ボイラー水位の確認

水面計（●P.59）とボイラーの間の連絡管の弁・コックを「開」とし、水面計を用いて、ボイラー水位が**常用水位**（通常その水位で使用することとされている水位）にあることを確認します。水位が常用水位より低い場合は**給水**を行い、高い場合は**吹出し**を行うことで水位を調整します。

験水コック（●P.60）がある場合は、水部にあるコックから水が噴き出すことを確認します。

（2）吹出し装置の点検

吹出し装置が正常に作動する（ボイラー水を排出できる）ことを確認したうえで、**吹出し弁・吹出しコック**を「**閉**」とします。

プラスワン

水面計の弁・コックが「閉」になっていると、ボイラー水が減っていても水面計は元の水位を示したままなので、異常に気付くことができない。

吹出し（ブロー）装置について
●P.80

（3）給水装置の点検

水位を上下して水位検出器（●P.100）の機能を試験し、**給水ポンプが設定された水位の上限で停止**し、**下限で起動**することを確認します。

（4）空気抜き弁の確認

ボイラー水の中に溶けていた空気が水の温度上昇によって発生してくるので、この空気を排出するため、たき始めのうちは空気抜き弁を「開」にしておきます。

（5）主蒸気弁の確認

主蒸気弁（●P.69）は、ボイラーの圧力を上げるため、たき始めのうちは「閉」にしておきます。

（6）圧力計の点検

ボイラーの圧力を確認するため**圧力計のコック**（●P.59）を「開」とし、圧力がないときに指針の位置が0に戻っていることを確認します。**残針**（指針が0に戻らない状態）がある場合は予備の圧力計と取り替えます。

（7）炉内爆発の防止

火炉の中に燃料が残っていると、その燃料から気化したガスが炉内に滞留し、点火した瞬間に爆発（炉内爆発）を起こす危険性があります。これを防ぐため、煙道のダンパ（●P.96）を全開にして**ファン**（通風機）を運転し、煙道と炉内の換気（プレパージ）を行います。

■たき始めるときの弁・コックの状態　▷◁「開」　▶◀「閉」

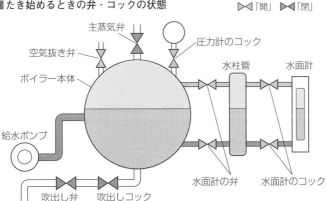

用語

空気抜き弁
ボイラー水から発生する空気を排出するため、ボイラー本体の上部に取り付けられている弁。

主蒸気弁は、発生した蒸気を送気する段階になったら「開」とします。一方、空気抜き弁は蒸気が発生し始めたら「閉」とします。

用語

プレパージ
ボイラーの点火前に炉内に滞留している未燃ガスをファンで排出し、炉内爆発を未然に防ぐこと。

111

> **Point** たき始めるときの弁・コックの状態
> ● 水面計とボイラーの間の連絡管の弁・コック ⇒「開」
> ● 空気抜き弁 ⇒「開」
> ● 圧力計のコック ⇒「開」
> ● 主蒸気弁 ⇒「閉」
> ● 吹出し弁・吹出しコック ⇒「閉」

2 手動操作による点火 　　B

（1）油だきボイラーの場合

　油だきボイラー（**重油などの燃焼油を使用するボイラー**）の手動操作による点火の手順をまとめておきましょう。

①換気を行う

　炉内爆発を防止するため、**ダンパをプレパージの位置に**設定し、**ファンを運転して換気**します。その後、ダンパを点火位置に設定し、**炉内通風圧を調節**します（プレパージは最大風量で行うので、そのまま点火すると吹き消えてしまうため、炉内通風圧を調節して風量を減らす）。

②バーナの起動

　点火の前に、**回転式バーナ**（ロータリバーナ）の場合はバーナモータを起動し、**蒸気噴霧式バーナ**の場合は噴霧用蒸気を噴射させます。

バーナの種類については第3章Lesson8などで詳しく学習します。

③点火用火種を近づける

　まず点火用火種（点火棒）に点火し、その火種を**バーナの先端のやや前方下部**に差し入れます。

④燃料弁を開いてバーナに点火する

　点火用火種を差し入れてから、**燃料弁を開いてバーナに点火**します。点火用火種を差し入れる前に燃料弁を開いてしまうと、点火の瞬間に爆発的な燃焼を起こす危険があるからです。また、**燃料の種類**および**燃焼室熱負荷**（燃焼室の単位容積当たりの発生熱量）の大小に応じて、燃料弁を開いてから**2〜5秒間の点火制限時間内に着火**させる必要

燃焼室熱負荷について ▶P.19

があります。この制限時間を超えると、噴霧された燃料が未着火のまま大量に炉内にたまり、一度に着火すると危険だからです。

■ **手動による点火**

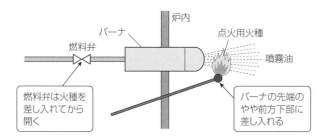

バーナが複数配置されているボイラーの場合は、1つ目のバーナに点火し、その燃焼が安定してから他のバーナに点火します。バーナが上下に2基配置されている場合は、**必ず下方のバーナから点火**します。

（2）ガスだきボイラーの場合

ガスだきボイラー（**都市ガスなどの燃料ガスを使用するボイラー**）の場合は、点火の際に**ガス爆発の危険性が高い**ため、特に次の点に注意する必要があります（なお、点火の手順は油だきボイラーの場合とほぼ同様）。

①通風装置により、炉内および煙道を十分な空気量で**換気（プレパージ）**する

②ガス圧力が加わっている継手（●P.52）、コックおよび弁について、**ガス漏れ検出器**の使用または**検出液**の塗布によってガス漏れの有無を点検する

③**ガス圧が適正**であり、安定していることを確認する

④点火用火種は**火力の大きなもの**を使用し、燃料弁を開いてから点火制限時間内に着火しないときは直ちに**燃料弁を閉じ**、炉内を換気する

⑤着火した場合でも**燃焼が不安定**なときは、直ちに燃料弁を閉じて**燃料供給を止める**

点火したバーナの火炎を使って他のバーナに点火すると、逆火を起こす危険があります。
●P.121

🔧 **用語**

検出液
ガス漏れ検出液には石けん水などが用いられる（石けん水を塗って泡立つ箇所はガスが漏れている）。

Key Point	できたら チェック ☑
点火前の 点検・準備	☐ 1 水面計によってボイラー水位が低いことを確認したときは、給水を行って常用水位に調整する。
	☐ 2 圧力計の指針の位置を点検し、残針がある場合は予備の圧力計と取り替える。
	☐ 3 水位を上下して水位検出器の機能を試験し、設定された水位の下限において正確に給水ポンプが停止することを確認する。
	☐ 4 ボイラーをたき始めるとき、主蒸気弁は「閉」の状態にする。
	☐ 5 ボイラーをたき始めるとき、水面計とボイラーの間の連絡管の弁およびコックは「閉」の状態にする。
	☐ 6 ボイラーをたき始めるとき、空気抜き弁は「閉」の状態にする。
手動操作による 点火	☐ 7 油だきボイラーを手動操作で点火する際、ダンパをプレパージの位置に設定し、ファンを運転して換気した後、ダンパを点火位置に設定し、炉内通風圧を調節する。
	☐ 8 油だきボイラーを手動操作で点火する際、バーナの燃料弁を開いた後、点火棒に点火して、それをバーナの先端のやや前方上部に置き、バーナに点火する。
	☐ 9 ガスだきボイラーを手動操作で点火する際、ガス圧力が加わっている継手、コックおよび弁は、ガス漏れ検出器の使用または検出液の塗布によりガス漏れの有無を点検する。
	☐ 10 ガスだきボイラーを手動操作で点火する際、バーナに着火した後は、燃焼が不安定であれば燃料の供給を増す。

解答・解説

1.○ 常用水位より低い場合は給水を行い、高い場合は吹出しを行うことによって水位を調整する。 2.○
3.× 設定された水位の上限で停止し、下限で起動することを確認する。 4.○ 主蒸気弁は、ボイラーの圧力を上げるため、たき始めのうちは「閉」とし、発生した蒸気を送気する段階で「開」にする。 5.× 正しい水位を確認するため、水面計とボイラーの間の連絡管の弁・コックは「開」にする。 6.× 空気抜き弁は、温度上昇によりボイラー水から発生してくる空気を排出するため、たき始めのうちは「開」とし、蒸気が発生し始めたら「閉」とする。 7.○ 8.× 燃料弁は点火棒(点火用火種)を差し入れた後に開く。また点火棒はバーナの先端のやや前方下部に差し入れる。前方上部に置くのではない。 9.○ 10.× 燃焼が不安定なときは、直ちに燃料弁を閉じて燃料供給を止める。燃料の供給を増すというのは誤り。

10日目

Lesson. 2

燃焼の維持・調節

このレッスンでは、たき始め（圧力上昇時）における注意事項と、油だきボイラーの燃焼の維持・調節、スートブロー（すす吹き）について学習します。試験では、炎の色などから空気量を判断する問題などが出題されています。

1 たき始めの注意事項 　　　B

（1）急激な燃焼を避ける

たき始めに**急激な燃焼**を行うと、**熱膨張が不均一となり不同膨張が発生する**ので、点火後はボイラー本体に大きな温度差や局部的な過熱を生じさせないよう、徐々にたき上げます。また、ボイラー水の温度が上がると**水中に気泡が発生**し、水位が上昇するので、吹出しを行って**常用水位**を維持します。

（2）圧力の上昇に注意する

蒸気が発生し始めると、**圧力が上昇**してボイラーの状態が変化していくので、**圧力計の指針の動きを注視**し、圧力の上昇度合いに応じて燃焼を加減します。圧力計の指針の動きが円滑でなく、その機能に疑いがあるときは、圧力が加わっているときでも、圧力計の下部コックを閉めて予備の圧力計と取り替えます。また、**空気抜き弁**（▶P.111）は**白色の蒸気の放出**を確認してから閉じます。

不同膨張について
▶P.34

😲 **ひっかけ注意！**
たき始めのころ水位は下降するのではなく、上昇する。

🛠 **プラスワン**
たき始めの圧力上昇時には、常温・大気圧の状態から高温・高圧の状態へ変化するのでボイラー各部が不安定になる。

（1）火炎の監視など

　ボイラー本体やレンガ壁に**火炎が接触**すると、局部過熱や不完全燃焼を起こし、すすや炭化物を発生させるので、火炎の流れ方向を監視する必要があります。また**加圧燃焼**の場合は燃焼室の圧力が高く、**断熱材やケーシング**に損傷があると**燃焼ガスが漏出**するので、これを防止するために損傷箇所を補修する必要があります。

（2）蒸気圧力を一定に保つ

　負荷（蒸気の使用量）が増加すると、ボイラーの圧力が下がるので、燃焼量を増やして圧力を上げます。逆に負荷が減少するとボイラーの圧力が上がるので、燃焼量を減らして圧力を下げます。このように、**蒸気圧力を一定に保つ**ように**負荷の変動に応じて**燃焼量を増減します。燃焼量を増減する際に重要なのは、不完全燃焼を起こさないよう、常に**燃料よりも空気量を多い状態**にすることです。このため、**燃焼量を増やすときは空気量を先に増やし**、燃焼量を**減らすときは燃料供給量を先に減らします**。

> **Point.** 圧力を一定に保つための燃焼量の増減
> - ボイラーは、蒸気圧力を一定に保つように負荷の変動に応じて燃焼量を増減する
> - 燃焼量を増やすときは空気量を先に増やし、燃焼量を減らすときは燃料供給量を先に減らす

（3）空気量に注意する

　燃焼には適正な空気量が必要であり、**空気量の過不足**は**排ガス中のCO_2（二酸化炭素）、CO（一酸化炭素）**または**O_2（酸素）**の計測値から判断することができます。また、**油だきボイラー**では、炎の色と炉内の状況によって空気量を知ることができるので、まとめておきましょう。

①**空気量が適量**…炎はオレンジ色で、炉内の見通しがきく

加圧燃焼方式について ▶P.13

用語

ケーシング
火炉や水管群を取り囲む断熱材を保護するために、断熱材の周りをカバーしている鋼板のこと（容積式流量計のケーシングとはまったく別物である〔▶P.62〕）。

プラスワン

整備直後のボイラーでは、使用開始後にマンホールや掃除穴などのふた取付け部は、漏れの有無にかかわらず、昇圧中や昇圧後に増し締めを行う。

ひっかけ注意！

排ガス中のH_2O（水）やNO_2（二酸化窒素）、SO_2（二酸化硫黄）の濃度からは空気量は判断できない。

②**空気量が不足**…炎は**暗赤色**。不完全燃焼ですすが発生するため、炉内の見通しがきかない。この場合は空気量を**増やす**必要がある

③**空気量が過剰**…炎が**短く**、**輝白色**で炉内は明るい。この場合は空気量を**減らす**必要がある

Point 油だきボイラーの空気量の判断

- 炎がオレンジ色で炉内の見通しがきく ⇒ **空気量**適量
- 炎が短く、輝白色で炉内が明るい
  ⇒ **空気量**が**過剰**なので、**空気量を減らす**

---

3 スートブロー　　　A

　ボイラーを長く運転していると、ボイラーの外部伝熱面に付着するすすの量が増加してきます。すすが付着すると**熱伝達**（●P.41）が悪くなり、**ボイラー効率**（●P.48）が低下します。そこで、付着したすすに**蒸気または圧縮空気**を吹き付けて伝熱面を清掃するスートブローを行います。

　スートブローは、主として**ボイラーの水管の外面**などに付着する**すすの除去**を目的として行われます。

（1）スートブロワからドレンを抜いておく

　スートブロワ（すす吹き器）から出る蒸気や圧縮空気に**ドレン**（**水滴**）が含まれていると、吹き出すドレンの衝撃で伝熱面に穴が開いたり腐食を起こしたりするので、十分にドレンを抜いた乾燥した蒸気・圧縮空気を使用します。また、スートブロー中はドレン弁を少し開けておきます。

（2）一箇所に長く吹き付けない

　長く吹き付けると、その部分を侵食してしまうからです。

（3）燃焼量の低い状態では行わない

　燃焼量の低い状態でスートブローを行うと、**火炎を消失**させたり燃焼ガスの流れを乱したりするので、燃焼が安定した状態のときに行うようにします。

🧪 重要

突然消火の原因

- 燃料油弁を絞りすぎる
- 燃料油の温度が低すぎる
- 燃料油中に水分やガスが多く含まれている
- 油ろ過器の詰まり
- 燃焼用の空気量が多すぎる
- 噴霧蒸気の圧力が高すぎる

⚙️ 用語

スートブロー
伝熱面のすす吹き。スートとは「すす」のことで、ブローはこの場合「吹き付け」を意味する。なお、スートブローを行う機器を「スートブロワ」と呼ぶ。

🔧 プラスワン

スートブローの回数は燃料の種類、負荷の程度、蒸気温度等に応じて決める。

🔧 プラスワン

スートブローを行ったときは、煙道ガスの温度や通風損失を測定して、スートブローの効果（すすのない状態に戻ったかどうか）を確認する。

Key Point / できたら チェック ☑

Key Point			できたら チェック ☑
たき始めの注意事項	☐	1	ボイラー本体が不同膨張を起こさないよう、たき始めのころは燃焼量を急激に増やさないようにする。
	☐	2	圧力上昇時には、圧力計の指針の動きを注視し、圧力の上昇度合いに応じて燃焼を加減する。
	☐	3	ボイラーをたき始めると、ボイラー本体の膨張により水位が下降するので、給水を行い常用水位にする。
油だきボイラーの燃焼の維持・調節	☐	4	加圧燃焼の場合、断熱材やケーシングの損傷、燃焼ガスの漏出などを防止する。
	☐	5	蒸気圧力を一定に保つように負荷の変動に応じて燃焼量を増減する。
	☐	6	燃焼量を増やすときは、空気量を先に増し、燃焼量を減らすときは燃料供給量を先に減らす。
	☐	7	空気量の過不足は、計測して得た燃焼ガス中のH_2Oの濃度によって判断する。
	☐	8	炎が短く、輝白色で炉内が明るい場合は、空気量を多くする。
スートブロー	☐	9	スートブローには、ドレンを抜き乾燥した蒸気や圧縮空気を用いる。
	☐	10	スートブローは、一般に最大負荷の50%以下で行う。

解答・解説

1.○ 2.○ 3.× たき始めのころはボイラー水の温度上昇により水中に気泡が発生し、水位が上昇するので吹出しを行って常用水位を維持する必要がある。ボイラー本体の膨張により水位が下降するというのは誤り。 4.○ 加圧燃焼の場合は燃焼室の圧力が高いので、断熱材やケーシングに損傷があると燃焼ガスが漏出するため、これを防止する必要がある。 5.○ 6.○ 燃焼量を増減する際は、不完全燃焼を起こさないよう、常に燃料よりも空気量を多い状態にすることが重要。このため、燃焼量を増やすときは空気量を先に増やしてから燃料供給量を増し、燃焼量を減らすときは燃料供給量を先に減らしてから空気量を減らすようにする。 7.× 空気量の過不足は排ガス中のCO_2（二酸化炭素）、CO（一酸化炭素）またはO_2（酸素）の計測値から判断する。H_2O（水）の濃度からは判断できない。 8.× 炎が短く輝白色で炉内が明るい場合は、空気量が過剰なので、空気量を減らす必要がある。 9.○ 10.× 燃焼量の低い状態でスートブローを行うと、火炎を消失させたり、燃焼ガスの流れを乱したりするので、燃焼が安定した状態（最大負荷よりやや低い状態）のときに行う。最大負荷の50%以下で行うというのは誤り。

ワンポイント アドバイス

空気量の過不足は、排ガス中のCO_2（二酸化炭素）、CO（一酸化炭素）、O_2（酸素）の計測値から判断することを押さえよう（H_2O〔水〕、NO_2〔二酸化窒素〕、SO_2〔二酸化硫黄〕の濃度からは空気量は判断できない）。

11日目
Lesson.3

運転中の障害とその対策
(1) 水位の異常低下、逆火

 ボイラー運転中（または点火時）に起こる障害のうち、ボイラー水位の異常低下と逆火（バックファイヤ）について学習します。試験では、それぞれの障害についてその発生原因を問う問題がよく出題されています。

1 ボイラー水位の異常低下　　　　A

（1）ボイラー水位が異常低下する原因

　ボイラー水位の異常低下（低水位事故）は、ボイラーの運転中に発生する障害の中で最も危険なものといえます。ボイラー水位が**安全低水面以下に異常低下する主な原因**として、次の4つがあげられます。

①ボイラー水の漏れ

　吹出し装置の**閉止が不完全**であると、ボイラー水が漏れて水位が低下します。また、水管や煙管などの損傷による漏れも考えられます。

②給水系統装置の故障

　給水弁や**給水逆止め弁**の故障のほか、胴または蒸気ドラム内に設けた**給水内管の穴**が**閉そく**している場合も、給水不能となって水位の低下につながります。また、給水温度が過剰に高温になると（給水温度の過昇）、**給水ポンプ**の中で水の一部が蒸発して気泡となり、そのために水を適切

点火前に吹出し弁と吹出しコックは「閉」としなければなりませんね。
▶P.110

給水系統装置について▶P.74～

ひっかけ注意!
水位の低下を招くのは、給水温度の低下ではなく、給水温度の過昇である。

水面計とボイラーの間の連絡管について ●P.110
水位検出器 ●P.100

プラスワン
気水分離器(●P.70)の閉そくやウォータハンマ (●P.124)の発生などは水位低下とは関係ない。

キャリオーバが低水位事故の原因になることについて ●P.124

に加圧できなくなって給水不能を招きます。

③蒸気の大量消費

使用先(蒸気使用設備)で蒸気が大量に消費された場合も、給水が間に合わなくなって水位の低下を招くことがあります。

④水面計の機能不良

水面計(または水位検出器)とボイラーの間の連絡管が不純物によって閉そくしていると、正しい水面が検出できず、適正な給水が行われないため水位の低下を招きます。

> **Point** ボイラー水位の異常低下の主な原因
> ● 吹出し装置の不完全な閉止
> ● 給水内管の穴の閉そく、給水温度の過昇
> ● 蒸気の大量消費
> ● 不純物による水面計の閉そく

(2) ボイラーの低水位に気付いたときの措置

①燃焼の停止

まずは燃料の供給を止めて、燃焼を停止し、ボイラーの空だきを防ぎます。

②換気と炉の冷却

ダンパを全開にして換気を行い、炉の冷却を図ります。

③送気の中止

主蒸気弁を閉じて送気(蒸気の供給)を中止することにより、それ以上水位が低下しないようにします。

④給水の実施は状況を見て

ボイラー水位を回復するための給水は、水位が低下した直後でボイラー本体が過熱しておらず、かつ直ちに水位の回復する見込みがある場合にのみ行います。

炉筒煙管ボイラー ●P.17〜

これに対して、低下した水面がどこにあるか不明な場合や水面が水管の位置より低下したと推定される場合、また炉筒煙管ボイラーでは水面が煙管の位置より低下したと推定される場合には、水管や煙管が急冷されて漏れが発生し

たり、破裂したりする危険性があるため、給水を行っては
なりません。**鋳鉄製ボイラー**については、強度が弱いこと
から、いかなる場合も水位回復の給水は行いません。

2 逆火（バックファイヤ） B

逆火（バックファイヤ）とは、**たき口から炉外に火炎が
突然吹き出してくる現象**をいいます。一般には、**点火時**に
次のような原因で発生します。

①通風力の不足
煙道のダンパの開度が不十分な場合など、炉内の通風力
が不足している場合に逆火が発生します。

②着火の遅れ
点火の際に着火が遅れると、着火までに供給された**燃料
が大量に炉内に溜まってしまい**、これに一度に着火したと
き逆火が発生します。

③点火用バーナの燃料の圧力低下
点火用バーナの燃料の圧力が足りないと、点火用の火炎
が十分な大きさにならず、バーナへの**着火の遅れ**（②）に
つながります。

④空気より先に燃料を供給
燃料を先に供給すると、空気が足りないため着火に時間
がかかり、バーナへの**着火の遅れ**（②）につながります。

⑤燃焼中のバーナの火炎を利用
バーナが複数配置されているボイラーの場合、先に点火
したバーナの火炎を使って次のバーナに点火しようとする
と、本来の点火バーナによる点火と比べて**着火の遅れ**（②）
を生じ、逆火を起こす危険があります。

> **Point** 逆火（バックファイヤ）の主な原因
> **空気より先に燃料を供給**するなど、**着火の遅れ**を生じさせると
> 逆火を招く

鋳鉄製ボイラーの
強度が弱いことに
ついて ▶P.34

用語

たき口（焚き口）
燃料を投入したり、
点火したりするため
に燃焼室（火炉）に
設けられた開口部。

点火の際は燃料弁
を開いてから一定
の点火制限時間内
に着火させる必要
がありますね。
▶P.112

プラスワン
逆火が発生したとき
は燃料供給を止めて
燃焼を停止し、換気
を行う。

第2章 ボイラーの取扱いに関する知識 ● 11日目

Key Point			できたら チェック ☑
ボイラー水位の異常低下	☐	1	吹出し装置の閉止が不完全であることは、ボイラー水位の異常低下の原因となる。
	☐	2	蒸気の大量消費は、ボイラー水位の異常低下の原因となる。
	☐	3	気水分離器が閉そくしていることは、ボイラー水位の異常低下の原因となる。
	☐	4	不純物により水面計が閉そくしていると、ボイラー水位の異常低下の原因となる。
	☐	5	給水内管の穴が閉そくしていることは、ボイラー水位の異常低下の原因となる。
	☐	6	給水温度の低下は、ボイラー水位の異常低下の原因となる。
	☐	7	ボイラーの低水位に気付いたときは、燃料供給を止めて燃焼を停止するとともに、主蒸気弁を全開にして蒸気圧力を下げる。
	☐	8	炉筒煙管ボイラーにおいてボイラーの低水位に気付いたとき、水面が煙管のある位置より低下したと推定される場合は給水を行わない。
逆火（バックファイヤ）	☐	9	点火時に炉内通風力が不足していると、逆火が発生する原因となる。
	☐	10	点火時に燃料より先に空気を供給すると、逆火が発生する原因となる。
	☐	11	複数のバーナを有するボイラーで、燃焼中のバーナの火炎を利用して次のバーナに点火することは、逆火が発生する原因となる。

解答・解説

1.○ 2.○ 3.× 気水分離器は、蒸気と水滴を分離して乾き度の高い飽和蒸気を得るための装置（●P.70）なので、これが閉そくしてもボイラー水位の異常低下の原因にはならない。 4.○ 水面計とボイラーの間の連絡管が不純物によって閉そくしていると、正しい水面が検出できず、適正な給水が行われないためボイラー水位の低下を招く。 5.○ 給水内管の穴が閉そくしていると、給水不能となって水位の低下につながる。 6.× 給水温度の低下ではなく、給水温度の過昇（過剰な高温）によって給水ポンプの中の水の一部が気泡となり、給水不能を招くので水位の低下につながる。 7.× 前半の記述は正しいが、主蒸気弁は閉じて送気（蒸気の供給）を中止し、それ以上水位が低下しないようにする必要がある。主蒸気弁を全開にして蒸気圧力を下げるというのは誤り。 8.○ 水面が煙管の位置より低下したと推定される場合、水位回復のための給水を行うと、煙管が急冷されて割れたり破裂したりする危険性があるので、給水は行わない。 9.○ 10.× 燃料より先に空気を供給した場合は逆火は起こらない。これに対し、空気より先に燃料を供給すると、空気が足りず、着火の遅れにつながるので、逆火を起こす原因となる。 11.○

11日目

Lesson. 4

運転中の障害とその対策
(2) キャリオーバ、炭化物の生成

 ボイラー運転中に起こる障害のうち、キャリオーバの発生と炭化物の生成について学習します。試験では、キャリオーバの害についてよく出題されます。キャリオーバの発生原因とキャリオーバによって生じる害を混同しないようにしましょう。

1コマ劇場

1 キャリオーバ A

(1) キャリオーバの害

　キャリオーバとは、ボイラーから出てくる**蒸気の中に、ボイラー水が水滴や泡の状態で混じって運び出される**現象をいいます。キャリオーバはプライミング（水気立ち）とホーミング（泡立ち）に大別されます。

■プライミング　　　　■ホーミング

蒸気　　　蒸気

水滴　　　多量の泡

キャリオーバによって次のような**害**が生じます。

①蒸気の純度が低下する

　蒸気の中に、**ボイラー水やボイラー水中に含まれている**

🔧 用語

プライミング
ボイラー水が水滴となって蒸気とともに運び出される現象。
ホーミング
ドラム内に発生した泡が、蒸気とともに運び出される現象。ボイラー水に溶解性蒸発残留物（◗P.157）や有機物が多く含まれている場合、石けん水のような泡が多量に発生する。

不純物が混じるので、**蒸気の純度が低下**します。

②**蒸気温度の低下や過熱器の破損を招く**

　ボイラー水が**過熱器**に入ることで**蒸気温度（過熱度）**が低下します。また、過熱器に混入した水滴（ボイラー水）が蒸発すると、水滴中の**不純物が伝熱面に固着**し、これによって伝熱が阻害されて過熱器の管が過熱し、**破損**することがあります。

③**自動制御関係の機能を障害する**

　自動制御装置の検出端（蒸気圧力制限器・調節器など）の開口部および連絡配管が、キャリオーバによって運ばれた不純物の付着により**閉そく**すると、正しい測定ができなくなり、**自動制御の機能が障害**されます。

④**水面計の水位が確認しにくくなる**

　キャリオーバによってボイラー水全体が著しく揺れ動くため、**水面計の水位が確認しにくい**状態になります。

⑤**低水位事故につながる**

　キャリオーバで生じた泡によって見かけ上の水位が上昇します。すると**水位制御装置**はボイラー水位が上がったものと認識して**ボイラー水位を下げる**ので、泡の発生が少なくなったときに**低水位事故**につながる危険があります。

⑥**ウォータハンマを起こす**

　蒸気とともにボイラーから出た**水分が配管内にたまる**ことによって、ウォータハンマ（管内を水のかたまりが高速で走り、配管の曲部や弁などに強い衝撃を与える現象）を起こすことがあります。

🚩 **Point..キャリオーバの害**

- 蒸気の純度を低下させる
- 蒸気温度を低下させ、過熱器の破損を起こす
- 自動制御関係の機能障害を起こす
- 水面計の水位が確認しにくくなる
- 水位制御装置によって低水位事故を招く
- ウォータハンマを起こす

過熱器について
▶P.84
過熱度について
▶P.46

蒸気圧力制限器・蒸気圧力調節器について▶P.94

😲**ひっかけ注意！**
キャリオーバは高水位のときに発生しやすい（▶P.125）が、水位制御（▶P.99）によって低水位事故を招くことに注意しよう。

（2）キャリオーバの発生原因と処置

　キャリオーバが発生した場合の**処置**を、キャリオーバの主な**発生原因**（①～④）ごとにまとめておきましょう。

①蒸気負荷が過大

　蒸気負荷（**蒸気の使用量**）が多すぎるとキャリオーバを招く⇒燃焼量を下げる

②主蒸気弁の急開

　主蒸気弁を急に開くと蒸気流量が急増してキャリオーバを招く⇒主蒸気弁を徐々に絞って水位の安定を図る

③ボイラー水位が高水位

　ボイラー水位が高水位になると、水面と蒸気取出し口との距離が近くなるためキャリオーバを招く
⇒ボイラー水の一部を吹出しする

④ボイラー水の過度の濃縮など

　ボイラー水が過度に濃縮された結果**溶解性蒸発残留物**が多く、また**油脂分**が多く含まれた状態になると、キャリオーバを招く
⇒水質試験を行うほか、吹出し量を増し、必要によってはボイラー水を入れ替えて濃度を下げる

主蒸気弁、蒸気取出し口について
▶P.69

🔧 **用語**

溶解性蒸発残留物
普段はボイラー水に溶けている不純物であり、ボイラー水が蒸発した後、固形物として残るものをいう。▶P.157

2　炭化物の生成　　　　C

　油だきボイラーの運転中に、**バーナチップ**（バーナ先端の燃料を噴霧する箇所に取り付ける部品）または**炉壁**などに**炭化物**（**カーボン**）が付着したときは、バーナチップの詰まりや伝熱効果の減少を招くため、直ちに燃焼を止めて炭化物を取り除き、原因を調べます。

　炭化物が生成する主な原因は次の通りです。

①バーナの**油噴射角度が不適正**である

②バーナチップが**汚損**または**摩耗**している

③**燃料油の圧力や温度が不適正**

④**燃料油の残留炭素分**（燃え切らない炭化物）が**多い**

😲 **ひっかけ注意！**

バーナの油噴霧粒径が小さいことは炭化物の生成原因にならない（むしろ良好な燃焼を維持できる）。
▶P.202

確 認 テ ス ト

Key Point			できたら チェック ☑
キャリオーバ	☐	1	キャリオーバが発生すると、蒸気の純度が低下する。
	☐	2	キャリオーバが発生すると、ボイラー水が過熱器に入り、蒸気温度が上昇して、過熱器の破損を起こす。
	☐	3	キャリオーバが発生すると、自動制御装置の検出端の開口部および連絡配管が閉そくし機能の障害を起こす。
	☐	4	キャリオーバが発生すると、ボイラー水全体が著しく揺動し、水面計の水位が確認しにくくなる。
	☐	5	キャリオーバが発生すると、水位制御装置が、ボイラー水位が下がったものと認識し、ボイラー水位を上げて高水位になる。
	☐	6	蒸気負荷が過大であることは、キャリオーバの発生原因になる。
	☐	7	ボイラー水が低水位であることは、キャリオーバの発生原因になる。
	☐	8	キャリオーバが発生したときは、主蒸気弁を急開して蒸気圧力を下げる必要がある。
	☐	9	ボイラー水が過度に濃縮されたことによってキャリオーバが発生したときは、吹出し量を増す。
炭化物の生成	☐	10	油だきボイラーのバーナの油噴射角度が不適正であると、ボイラーの運転中にバーナチップや炉壁などに炭化物を生成する原因となる。
	☐	11	油だきボイラーのバーナの油噴霧粒径が小さいと、ボイラーの運転中にバーナチップや炉壁などに炭化物を生成する原因となる。

解答・解説

1.○ 2.× ボイラー水が過熱器に入ると蒸気温度は上昇するのではなく、低下する。過熱器の破損を起こすという記述は正しい。 3.○ 自動制御装置の検出端の開口部や連絡配管が、キャリオーバによって運ばれた不純物の付着により閉そくすると、正しい測定ができなくなり、自動制御の機能が障害される。 4.○ 5.× キャリオーバが発生すると、水位制御装置はボイラー水位が上がったものと認識してボイラー水位を下げるので、低水位事故につながる。 6.○ 7.× ボイラー水位が高水位になると、水面と蒸気取出し口との距離が近くなるためキャリオーバを起こす。低水位はキャリオーバの発生原因にはならない。 8.× キャリオーバが発生したときは主蒸気弁を徐々に絞って水位の安定を図る(主蒸気弁の急開はキャリオーバの発生原因である)。 9.○ 吹出し量を増し、必要によってはボイラー水を入れ替えて濃度を下げる。 10.○ この場合はバーナの取付けを正すとともに、バーナチップの取換えなどを行う。 11.× バーナの油噴霧粒径が小さいことは炭化物の生成原因にはならない。

12日目

Lesson. 5 ボイラーの運転停止

ボイラーの運転を停止するときの操作について、一般的な運転終了の際の操作順序と、異常事態の発生による緊急停止の際の操作順序に分けて学習します。試験ではいずれについても、正しい操作順序に並べ替える形式の問題が出題されています。

1 一般的な運転の終了 A

　ボイラーの**運転を終了する**ときの一般的な操作順序は、次の通りです。異常事態の発生による緊急停止（◯P.128）の場合とは若干異なるので注意しましょう。

①燃料の供給停止

　まず燃料弁を閉じて燃料の供給を停止し、消火します。

②炉内・煙道の換気

　残っている未燃ガスを外部へ排出するため、空気を送入して炉内および煙道の換気を行います。このように、運転を終了した後に行う換気を、ポストパージといいます。

③給水および給水ポンプの停止

　運転が停止されて蒸発が止まると、蒸気の気泡がつぶれて水だけの状態となり、水位が下がります。これをそのままにしておくと、次回起動時に安全低水面以下になる危険性があるため、**常用水位よりやや高めに**給水を行います。そして**圧力を下げた後**、給水弁を閉じ、**給水ポンプを停止**

ボイラー点火前に未燃ガスを排出するために行う換気は、プレパージといいます。
◯P.112

します。

④蒸気弁の閉止とドレン弁の開放

蒸気使用先からの蒸気の侵入を防止するため、**主蒸気弁を閉じる**とともに、主蒸気管（●P.68）などの**ドレン弁を開いて**ドレン（復水●P.66）を排出できるようにします。

⑤ダンパの閉止

煙道のダンパを閉じることにより、ボイラー本体からの放熱を抑え、ボイラーを冷却させないようにします。

📣 **Point..ボイラー運転終了の一般的な操作順序**

1 燃料の供給を停止する
2 炉内・煙道の換気を行う（ポストパージ）
3 給水を行い、圧力を下げ、給水ポンプを停止する
4 蒸気弁（主蒸気弁）を閉じ、ドレン弁を開く
5 ダンパを閉じる

---

2 ボイラーの緊急停止　　A

ボイラーの使用中に突然、異常事態が発生してボイラーを緊急停止（**非常停止**）しなければならなくなったときの操作順序は次の通りです。操作順序の①と②は、一般的な運転終了の場合と同じです。

①燃料の供給停止
②炉内・煙道の換気
③主蒸気弁の閉止

異常事態への対応を終えた後、ボイラーの再起動をするときの**圧力を維持**するため、**主蒸気弁を閉じ**ます。

④必要な水位の維持

ボイラーを再起動するときに、水位が安全低水面以下にならないよう、給水を行う必要があるときは**給水を行い**、**水位を維持**します。ただし、**低水位事故**のために緊急停止する場合など、水管や煙管に損傷を与える危険性があるときは給水を行ってはなりません（●P.120）。

異常事態というのはこれまでに学習した低水位事故や逆火などの障害のことですね。

異常消火したときは直ちにボイラーの運転を緊急停止します。燃焼状態が不安定なときも必要な措置を講じるために緊急停止します。

⑤ダンパは開放したまま

　加熱されて炉内に残ったままの**空気を排出**できるよう、**ダンパは**開放したままにしておきます。

> ▶**Point..ボイラー緊急停止の操作順序**
>
> 1　燃料の供給を**停止する**
> 2　炉内・煙道の換気を行う（ポストパージ）
> 3　主蒸気弁を**閉じる**
> 4　必要のあるときは給水を行い、水位を維持する
> 5　ダンパは開放する

一般的な運転終了の場合と比べて、3と4の順序が逆になりますね。

確　認　テ　ス　ト

Key Point			できたら チェック ☑
一般的な運転の終了	☐	1	ボイラーの運転を終了するときは、まず最初に炉内および煙道の換気（ポストパージ）を行う。
	☐	2	換気（ポストパージ）の後、給水を行い、圧力を下げた後、給水弁を閉じ、給水ポンプを止める。
	☐	3	給水を行い、給水ポンプを停止したら、ドレン弁を閉じて、蒸気弁は開放しておく。
	☐	4	最後に煙道のダンパを閉じ、ボイラー本体からの放熱を抑える。
ボイラーの緊急停止	☐	5	ボイラーの使用中、異常事態が発生してボイラーを緊急停止しなければならないときは、まず燃料の供給を停止し、炉内および煙道の換気を行った後、主蒸気弁を閉じる。
	☐	6	ボイラーを緊急停止する場合、低水位事故を防ぐために、常に給水を行う必要がある。

解答・解説

　1．× まず最初に行うことは、燃料の供給を停止して消火することである。炉内・煙道の換気（ポストパージ）はその次に行う。2．○　3．× 蒸気弁（主蒸気弁）を閉じ、ドレン弁を開放する。設問はドレン弁と蒸気弁（主蒸気弁）が逆になっている。　4．○　5．○ 緊急停止の場合、①燃料の供給停止→②換気（ポストパージ）→③主蒸気弁の閉止という操作順序になる。　6．× 低水位事故のために緊急停止する場合など、水管や煙管に損傷を与える危険性があるときは給水を行ってはならない。

12日目 Lesson.6

附属品・附属装置の取扱い
(1) 水面測定装置

水面測定装置の取扱いについて学習します。試験では、水面測定装置の取扱い上の注意点（水柱管の止め弁、水側連絡管の勾配、水面計のコックの「開」の位置など）や、水面計の機能試験の実施時期についてよく出題されています。

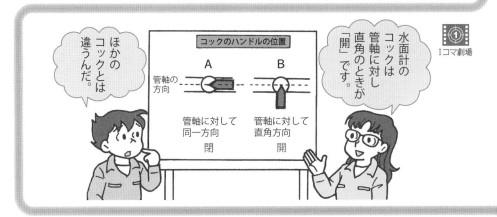

1 水面測定装置の取扱いの注意 A

水面計について
◉P.59
水位検出器について ◉P.100

水面計や水位検出器など、複数の水面測定装置を設置する場合は、ボイラー本体には直接取り付けず、下図のように水柱管に取り付けて設置します。

■水面測定装置の設置

電極式水位検出器
（◉P.100）は右図のように水柱管の中に設置します。

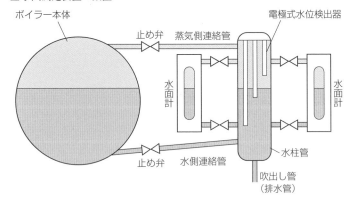

（1）水柱管の止め弁

水柱管の**連絡管**（蒸気側連絡管、水側連絡管）の途中に

ある止め弁は、開閉を誤認しないようにするため、**全開に
してから**ハンドルを取り外しておきます。

（2）水側連絡管の勾配

　水側連絡管の中の水は流れているわけではなく、左右に
移動するだけなので、途中に**スラッジ（沈殿物）**がたまり
やすくなります。そこで水側連絡管は、**水柱管に向かって
上がり勾配**にします（◑P.130の図）。

（3）水面計のコック

　右図のように、水面計のコック
（**蒸気コックと水コック**）は一般
のコックとは異なり、**管軸に対し
て直角方向**になったとき「**開**」と
なります。これはボイラー運転中
の振動によってコックのハンドル
が徐々に下がってくる可能性があ
るからです。**ドレンコック**も管軸
と**直角方向**で「**開**」（同一方向で
「**閉**」）となります。

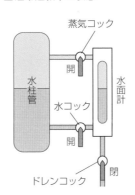

■通常運転中の状態

蒸気コック
水柱管
水コック
開
開
水面計
ドレンコック
閉

（4）スラッジの排出

　水側連絡管は**スラッジ（沈殿物）**がたまりやすいので、
水柱管下部の**吹出し管**（排水管）（◑P.130の図）によって
毎日1回吹出しを行い、**スラッジを排出**します。

> **Point** 水面測定装置の取扱いの主なポイント
> ● 水側連絡管は、水柱管に向かって上がり勾配にする
> ● 水面計のコックを開くときは、ハンドルを管軸に対して直角
> 　方向にする

2 水面計の機能試験　　A

（1）水面計の機能試験の操作順序

　水面計の機能試験とは、ボイラー内の蒸気圧力を利用し
て詰まりを吹き飛ばす（ブローする）ことにより、**水面計**

「開閉を誤認しな
いように」という
のは「誤って閉じ
ないように」とい
うことです。

ひっかけ注意！
試験では上がり勾配
にすることを「下が
り勾配を避ける」と
表現している場合も
ある。

重要
水面計のコック
蒸気コックと水コッ
クが管軸と同一方向
のとき「開」である
とすると、ボイラー
の運転中にコックの
ハンドルが下がって
管軸と直角方向にな
るとコックが閉じる
ことになる。このた
め管軸と直角方向の
ときが「開」とされ
ている。

圧力計のコックは
ハンドルが管軸と
同一方向になった
とき「開」でした
ね。◑P.59

第2章　ボイラーの取扱いに関する知識 ● 12日目

131

の表示を正常にする操作をいいます。水面計の機能試験は次の操作順序に従って実施します。

① 蒸気コックと水コックを閉じ、ドレンコックを開いて、ガラス管内の気水を排出する

② 水コックを開いて水だけをブローし、噴出状態（水側に詰まりがないこと）を見て水コックを閉じる

③ 蒸気コックを開いて蒸気だけをブローし、噴出状態（蒸気側に詰まりがないこと）を見て蒸気コックを閉じる

④ ドレンコックを閉じ、蒸気コックを少しずつ開き、次いで水コックを開いて、水位の上昇具合を見る

（2）水面計の機能試験の実施時期

水面計の機能試験は**毎日1回以上**行います。ボイラーにある程度の圧力があるときに実施するのが効果的なので、**運転開始時**に行う場合、**点火前に残圧がない**ときは、たき始めて蒸気圧力が上がり始めたときに行います。このほか次のような場合にも機能試験を行う必要があります。

① **2組の水面計の水位に差異を認めたとき**

2組の水面計の水位に差異がある場合は、そのいずれかまたは両方に異常があるはずなので、機能試験を行う必要があります。

② **キャリオーバが生じたとき**

キャリオーバ（プライミング、ホーミング）が生じたときは不純物がたまりやすいので、機能試験を行います。

③ **補修を行ったとき**

ガラス管の取替えなどの補修を行ったときは、水面計が正しく動作するかを機能試験で確認する必要があります。

④ **正しい水位かどうか疑いがあるとき**

水位の動きが鈍いときなどは、水側または蒸気側連絡管に詰まりがある可能性があるので、機能試験を行います。

⑤ **取扱い担当者が交替したとき**

取扱い担当者が交替して次の者が引き継いだ場合には、安全を期すために機能試験を行います。

操作順序の①は、まずガラス水面計に入っている水を全部抜くということです。②と③でもドレンコックは開いたままです。

🔧 プラスワン
点火前に残圧があるときは、その圧力を使い、たき始める前に機能試験を行う。

水面計は2個以上取り付けることが原則でしたね。
▶P.60
水位検出器について▶P.100

😲 ひっかけ注意！
キャリオーバの発生とウォータハンマの発生を混同しないこと。ウォータハンマが発生しても水面計の機能試験とは関係がない。

確　認　テ　ス　ト

Key Point			できたら チェック ☑
水面測定装置の取扱いの注意	☐	1	水柱管の連絡管の途中にある止め弁は、開閉を誤認しないように全開にしてからハンドルを取り外しておく。
	☐	2	水柱管の水側連絡管は、水柱管に向かって下がり勾配となる配管にする。
	☐	3	水面計のコックを開くときは、ハンドルを管軸と同一方向にする。
	☐	4	水側連絡管のスラッジを排出するため、水柱管下部の吹出し管により毎日1回吹出しを行う。
水面計の機能試験	☐	5	水面計の機能試験を行うときは、まず最初にドレンコックを閉じて、蒸気コックを少しずつ開き、次いで水コックを開いて水位の上昇具合を見る。
	☐	6	運転開始時の水面計の機能試験は、点火前に残圧がない場合は、たき始めて蒸気圧力が上がり始めたときに行う。
	☐	7	2組の水面計の水位に差異がないときは、水面計の機能試験を実施する必要がある。
	☐	8	プライミングやホーミングが生じたときは、水面計の機能試験を行う必要がある。
	☐	9	ガラス管の取替えなどの補修を行ったときには、水面計の機能試験を行う必要がある。
	☐	10	ウォータハンマが生じたときは、水面計の機能試験を行う必要がある。

解答・解説

1.○　2.× 水側連絡管は、水柱管に向かって下がり勾配となることを避け、上がり勾配となるように配管しなければならない。　3.× 水面計のコック（蒸気コックと水コック）は管軸に対して直角方向になったとき「開」となる。ハンドルを管軸と同一方向にして開くというのは誤り。　4.○　5.× まず最初は蒸気コックと水コックを閉じ、ドレンコックを開いて、ガラス管内の気水を排出しなければならない。その後、水のブローと蒸気のブローを順に行い、それぞれ詰まりがないことを確認したうえで、最後に設問の操作を行う。　6.○ 水面計の機能試験ではボイラー内の圧力を利用して詰まりをブローする（吹き飛ばす）ので、点火前に残圧がない場合は、たき始めて蒸気圧力が上がり始めたときに実施する。　7.× 2組の水面計の水位に差異があるときに機能試験を行う必要がある。差異がなければ問題はない。　8.○ キャリオーバ（プライミング、ホーミング）が発生したときは水面計の機能試験を行う必要がある。　9.○　10.× ウォータハンマが発生しても水面計の機能試験を行う必要はない。

13日目
Lesson.7
附属品・附属装置の取扱い
(2) 安全弁、逃がし弁

このレッスンでは、安全装置である安全弁と逃がし弁の取扱いについて学習します。試験では、ばね安全弁に蒸気漏れが生じる原因のほか、ばね安全弁の調整・試験の具体的な方法などがよく出題されています。

安全弁の目的について ▶P.64

🔧 プラスワン

熱膨張などで弁体の円筒部とガイド部とが密着してしまった場合にも、安全弁が作動しなくなることがある。

蒸気漏れが生じると安全弁は正確に作動しません。

1 ばね安全弁の故障 B

(1) 作動しない場合

安全弁が**作動しない**原因として、ばねの締めすぎが考えられます。この場合は**調整ボルト**によってばねを緩めます。**弁棒**がスムーズに動かないために作動しない場合は、弁棒に**曲がり**がないかを確かめ、**曲がり**を調整します。

(2) 蒸気漏れが生じる場合

蒸気漏れの**原因**と**措置**についてまとめておきましょう。

①ごみなどの付着

弁体と**弁座**の間に、ごみなどの異物が付着していると、蒸気漏れの原因になります。**試験用レバー**（テストレバー）

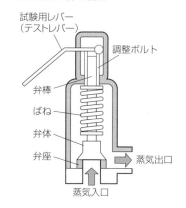

■ ばね安全弁の構造

試験用レバー（テストレバー）
調整ボルト
弁棒
ばね
弁体
弁座
蒸気出口
蒸気入口

を動かして**弁の当たり**（弁体の弁座に対する当たり方）を変えてみると、蒸気漏れが止まることがあります。

②**弁体と弁座のすり合わせが悪い**

　弁体や**弁座**に**キズ**がある場合、そのキズを削り取って、弁体と弁座が密着するように表面をなめらかにすることを**すり合わせ**といいます。このすり合わせが悪いと蒸気漏れの原因となるので、十分なすり合わせを行います。

③**弁体と弁座の中心がずれている**

　弁体と弁座の中心がずれていると、当たり面の接触圧力が不均一となって蒸気漏れを起こすので、ずれがないかを確認し、調整します。

④**ばねが腐食している**

　ばねが腐食していると、弁体を押し下げる力が弱まって蒸気漏れを起こすので、腐食のないものと交換します。

2　ばね安全弁の調整および試験　　A

　安全弁は、圧力の異常上昇によるボイラーの破裂を未然に防ぐため、**最高使用圧力以下に設定した圧力**（設定圧力という）で作動するように**調整**する（**吹出し圧力を最高使用圧力以下とする**）とともに、実際に設定圧力になったときに作動するかどうか**試験**を行います。

　具体的には、安全弁の調整ボルトを定められた位置に設定した後、**ボイラーの圧力をゆっくり上昇させて安全弁を作動させ、吹出し圧力および吹止まり圧力を確認**します。

　安全弁が**設定圧力になっても作動しない**場合には、直ちにボイラーの圧力を設定圧力の80％程度まで下げてから、**調整ボルトを緩めて**再度試験を行います。逆に、安全弁の**吹出し圧力が設定圧力より低い**（設定圧力に達するまでに作動してしまう）場合には、ボイラーの圧力を設定圧力の80％程度まで下げてから、**調整ボルトを締めて**再度試験を行います。

ひっかけ注意!

ばねの締めすぎは、安全弁が作動しない原因であって、蒸気漏れを生じる原因ではない。蒸気漏れを抑えるためにばねを強く締め付けるというのも誤りである。

プラスワン

安全弁の手動試験は定常負荷にあるボイラーの運転中に試験用レバーを持ち上げて行う。試験用レバーは最高使用圧力の75％以上の蒸気圧力が働くと手動で弁体を持ち上げられるように設計されているので、手動試験は蒸気圧力を最高使用圧力の75％以上にしてから行う。

用語

最高使用圧力
設計上、許容できる最高の使用圧力。
吹出し圧力
安全弁が吹出し動作を開始したときの圧力。
吹止まり圧力
安全弁が吹出し動作を停止したときの圧力。

プラスワン

ボイラー圧力を設定
圧力の80％程度ま
で下げるのは、調整
中に安全弁が作動し
ないようにするた
め。

重要

段階的に調整
同じ設定圧力にする
と、同時に吹き出し
てボイラーに衝撃を
与えるので、異なる
設定圧力に調整して
段階的に吹き出すよ
うにする。

温水ボイラーにお
ける安全装置とし
ても、逃がし弁が
用いられていまし
たね。 P.82

吹き出す順序は、
①過熱器の安全弁
②ボイラー本体の
　安全弁
③エコノマイザの
　逃がし弁
となります。

Point..安全弁が設定圧力になっても作動しない場合

直ちにボイラーの圧力を設定圧力の80％程度まで下げ、調整ボ
ルトを緩めて再度試験を行う

　ボイラー本体に安全弁が２個以上設けられている場合に
は、１個の安全弁を最高使用圧力以下で先に作動するよう
に調整し、そのほかは最高使用圧力の３％増し以下で作動
するように段階的に調整することもできます。

Point..安全弁が２個以上ある場合

１個を最高使用圧力以下で作動するように調整したときは、他
を最高使用圧力の３％増し以下で作動するように調整できる

　過熱器（ P.84）の安全弁は、ボイラー本体の安全弁よ
りも先に吹き出すように設定圧力を調整します。ボイラー
本体が先に吹き出すと、過熱器に流れる蒸気が止まってし
まい、過熱器の管が焼損する危険性があるからです。
　逆にエコノマイザ（ P.85）の安全弁（逃がし弁という）
は、ボイラー本体の安全弁よりも高い圧力に調整します。
エコノマイザは給水ポンプ側にあるため（ P.28の図）、運
転圧力がそもそもボイラー本体よりも高いからです。

Point..エコノマイザの逃がし弁

エコノマイザの逃がし弁は、ボイラー本体の安全弁よりも高い
圧力に調整する

　最高使用圧力の異なるボイラーが連絡している場合は、
運転中に最高使用圧力の高いほうのボイラーXの蒸気圧力
が、最高使用圧力の低いほうのボイラーYの蒸気圧力より
高くなると、Xの蒸気がYに流れ込み、Yが最高使用圧力
以上に上昇する危険性があります。そこで、各ボイラーの
安全弁は、最高使用圧力の最も低いボイラーを基準にして
調整します。

確　認　テ　ス　ト

Key Point			できたら チェック ☑
ばね安全弁の故障	☐	1	弁体と弁座の間にごみなどの異物が付着していることは、ばね安全弁に蒸気漏れが生じる原因となる。
	☐	2	弁体と弁座の中心がずれて、当たり面の接触圧力が不均一になっていることは、ばね安全弁に蒸気漏れが生じる原因となる。
	☐	3	調整ボルトによりばねを強く締めつけることは、ばね安全弁に蒸気漏れが生じた場合の措置として適切である。
	☐	4	試験用レバーを動かして弁の当たりを変えてみることは、ばね安全弁に蒸気漏れが生じた場合の措置として適切である。
ばね安全弁の調整および試験	☐	5	安全弁の調整ボルトを定められた位置に設定した後、ボイラーの圧力をゆっくり上昇させて安全弁を作動させ、吹出し圧力および吹止まり圧力を確認する。
	☐	6	安全弁が設定圧力になっても作動しない場合には、直ちにボイラーの圧力を設定圧力の80%程度まで下げ、調整ボルトを締めて再度試験する。
	☐	7	安全弁の吹出し圧力が設定圧力よりも低い場合は、いったんボイラーの圧力を設定圧力の80%程度まで下げ、調整ボルトを締めて再度試験する。
	☐	8	ボイラー本体に安全弁が2個ある場合は、1個を最高使用圧力以下で先に作動するように調整し、他を最高使用圧力の3%増し以下で作動するように調整できる。
	☐	9	エコノマイザの安全弁（逃がし弁）は、ボイラー本体の安全弁よりも低い圧力に調整する。
	☐	10	最高使用圧力の異なるボイラーが連絡している場合、各ボイラーの安全弁は、最高使用圧力の最も低いボイラーを基準に調整する。

解答・解説

1.○　2.○　3.× ばねを強く締めつけても、蒸気漏れは解消されない。かえって安全弁が作動しない原因となってしまう。　4.○　5.○　6.× 設定圧力になっても作動しないということは、ばねを締めすぎているのだから、調整ボルトを締めるのではなく、緩めて再度試験を行う必要がある。　7.○ この場合は問6とは逆に調整ボルトを締める。　8.○ ボイラー本体に安全弁が1個だけ設けられている場合は、その吹出し圧力をボイラーの最高使用圧力以下に調整しなければならないが、安全弁が2個以上設けられている場合は、設問のように段階的に調整できる。　9.× エコノマイザの逃がし弁は、ボイラー本体の安全弁より高い圧力に調整する必要がある。　10.○ たとえば、ボイラーの最高使用圧力がそれぞれ0.9MPa、1.0MPa、1.1MPaの3つのボイラーが連絡している場合には、各ボイラーの安全弁の設定圧力をすべて0.9MPaに調整する。

13日目

Lesson. 8

附属品・附属装置の取扱い
(3) 間欠吹出し装置、ディフューザポンプ

このレッスンでは、間欠吹出し装置とディフューザポンプの取扱いについて学習します。試験では間欠吹出しにおける留意点、ディフューザポンプについては起動時と停止時の操作手順をはじめとする取扱い上の留意点が出題されています。

ボイラーの底にたまったスラッジのことよ。

ボイラー水

かまどろ
吹出し弁

「かまどろ」って？

1コマ劇場

プラスワン

ボイラー底部にたまった軟質のスラッジ（沈殿物）のことを「かまどろ」と呼ぶ。

吹出し（ブロー）装置や間欠吹出しについて ▶P.80

1人で2基以上のボイラーの吹出しを行うことも禁止されています。

---

1 間欠吹出しにおける留意点　A

　ボイラー水の吹出しは、ボイラー水中の**不純物の濃度を下げる**とともに、ボイラー底部にたまった**軟質のスラッジを排出する**ことを目的としています。ここでは、胴または水ドラムの底部の吹出し管から断続的にボイラー水を吹き出す間欠吹出しについて留意点をまとめておきましょう。

(1) 吹出し中はほかの作業を行わない

　吹出しは**水位の異常低下**を招く可能性があり、水面計で水位を監視する必要があるので、吹出しを行っている間は**ほかの作業を行うことが禁止**されています。

(2) 吹出し弁が2個ある場合は急開弁から開く

　吹出し弁が直列に2個設けられている場合（▶P.81）は、ボイラーに近いほうの**急開弁**を先に開き、次に遠いほうの**漸開弁**を徐々に開いて吹出しを行います。急激な吹出しを避けるためです。これに対し、吹出しを終了するときは、漸開弁を先に閉じてから急開弁を閉じます。

（3）給湯用または閉回路の温水ボイラーの吹出し

給湯用または閉回路で使用する温水ボイラーでは、通常ボイラー水がほとんど濃縮せず、スラッジの生成が少ないため吹出しの必要はありませんが、**酸化鉄やスラッジなどの沈殿**を考慮してボイラー水を一部入れ替えるときには、間欠吹出しをボイラー休止中に**適宜行う**ようにします。

（4）鋳鉄製蒸気ボイラーの吹出しは運転中に行わない

鋳鉄製蒸気ボイラーは、復水を循環して再使用することが原則（◉P.35）なので**吹出しの必要がない**だけでなく、保有水量が少ないので運転中の吹出しは禁止です。

ボイラー水の一部を入れ替える場合も、**燃焼をしばらく停止**して、ボイラーが冷えてから吹出しを行います。

（5）水冷壁の吹出しは運転中に行わない

水冷壁（◉P.24）に設けられた吹出し弁は、スラッジの排出が目的ではなく、**ボイラー停止時に操作する排水用の**ものなので、運転中の水冷壁の吹出しは禁止です。

2 ディフューザポンプの取扱い　A

給水ポンプの一種であるディフューザポンプ（◉P.75）の取扱いにおける留意点をまとめておきましょう。

（1）運転前に空気を十分に抜く

ポンプと配管に空気が混入していると、羽根車が空回りして水が送れません。このため、**運転前にポンプ内およびポンプ前後の配管内の空気を十分に抜く**必要があります。

（2）2種類の密閉方式

高圧の水が漏れないようポンプの**本体と軸の間を密閉する方式**として、次の2つがあります。

①グランドパッキンシール式

本体と軸の間を**パッキンで密閉する**方式。この方式では**少量の水が滴下する程度にパッキンを締める**。また、運転中に**締め増しができる**よう、締め代を残しておく

重要
閉回路で使用
ほかの設備に温水を供給せず、密閉した配管系統の中で循環して使用するということ。

プラスワン
鋳鉄製蒸気ボイラーが運転中に吹出しを行うと、補給水によってボイラー本体が急冷されて不同膨張（◉P.34）を起こす危険性がある。

ひっかけ注意！
炉筒煙管ボイラーの吹出しを「最大負荷よりやや低いときに行う」は誤り。正しくはボイラーを運転する前、運転を停止したとき、あるいは燃焼が軽く、負荷が低いときに行う。

用語
パッキン
回転する部分を密閉するために用いられる部材。

ひっかけ注意!
水漏れがないことを
確認する必要がある
のはメカニカルシー
ル式であり、グラン
ドパッキンシール式
ではない。

プラスワン
グランドパッキンシ
ール式では、水漏れ
を完全に止めること
はしない。

プラスワン
吐出し弁を全閉にす
ると流量を0にする
ことができるので、
最小の動力でポンプ
を起動できる。

②メカニカルシール式

　軸とともに回転する環と固定の環とを接触させ、それら
がすり合わさって動くことによって漏れを防ぐ方式。こ
の方式の軸については**水漏れがないこと**を**確認する**

■ディフューザポンプの断面図

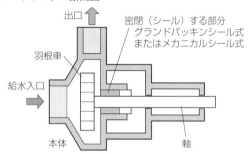

(3) 起動時と停止時の操作手順

　ディフューザポンプを**起動**するときは**吸込み弁を全開**、
吐出し弁を全閉の状態で行い、ポンプの回転と水圧が正常
になったら吐出し弁を徐々に開き**全開**にします（吐出し弁
を閉じたまま長く運転すると、ポンプ内の水温が上昇して
過熱を起こす）。また、運転を**停止**するときは、**吐出し弁**
を徐々に閉め、全閉にしてから**ポンプ駆動用電動機**の運転
を止めます（このとき**吸込み弁**は全開のまま）。

■ディフューザポンプの吸込み弁と吐出し弁

┌─ Point ディフューザポンプの起動時の操作手順 ─

起動は、吸込み弁を全開、吐出し弁を全閉の状態で行い、ポン
プの回転と水圧が正常になったら吐出し弁を徐々に開いて全開
にする

(4) 運転中は、吐出し圧力などを確認する

　ディフューザポンプの**運転中**は、ポンプの**吐出し圧力**と
流量が適正であること、ポンプの状態に対応する**負荷電流**
の値が適正であることを電流計で確認します。

確　認　テ　ス　ト

Key Point			できたら チェック ☑
間欠吹出しにおける留意点	☐	1	吹出し弁が直列に2個設けられている場合には、急開弁を先に開き、次に漸開弁を開いて吹出しを行う。
	☐	2	給湯用または閉回路で使用する温水ボイラーの吹出しは、酸化鉄、スラッジなどの沈殿を考慮し、ボイラー休止中に適宜行う。
	☐	3	吹出しを行っている間は、ほかの作業を行ってはならない。
	☐	4	鋳鉄製蒸気ボイラーの吹出しは、必ず運転中に行う。
	☐	5	水冷壁の吹出しは、スラッジなどの沈殿を考慮し、ボイラー運転中に適宜行う。
ディフューザポンプの取扱い	☐	6	ディフューザポンプの運転前に、ポンプ内およびポンプ前後の配管内の空気を十分に抜く。
	☐	7	グランドパッキンシール式の軸については、パッキンを締めて水漏れがないことを確認する。
	☐	8	ディフューザポンプの起動は、吸込み弁および吐出し弁を全開にした状態で行う。
	☐	9	ディフューザポンプの運転を停止する場合、吐出し弁を徐々に閉め、全閉にしてからポンプ駆動用電動機の運転を止める。
	☐	10	ディフューザポンプの運転中には、ポンプの吐出し圧力、流量および負荷電流が適正であることを確認する。

解答・解説

1.○ 漸開弁は吹出し量の調節が可能なので（●P.81）、急激な吹出しを避けることができるため。2.○ 給湯用または閉回路で使用する温水ボイラーでは通常、スラッジの生成が少ないので吹出しの必要はないが、酸化鉄やスラッジ等の沈殿を考慮してボイラー水を一部入れ替えるときは、ボイラー休止中に間欠吹出しを適宜行う。　3.○　4.× 鋳鉄製蒸気ボイラーは保有水量が少なく、運転中に吹出しを行うと補給水によってボイラー本体が急冷されて不同膨張を起こす危険性があるため、運転中の吹出しは禁止。　5.× 水冷壁の吹出し弁はボイラーの停止時に操作する排水用のものなので、運転中の吹出しは禁止。　6.○ ポンプと配管に空気が混入していると、羽根車が空回りして水が送れなくなるため。　7.× 軸について水漏れがないことを確認するのは、メカニカルシール式である。グランドパッキンシール式の場合は、少量の水が滴下する程度にパッキンを締めることとされている。　8.× 吸込み弁は全開、吐出し弁は全閉にした状態で起動する。両方を全開とするのは誤り。　9.○　10.○

ワンポイント アドバイス

ディフューザポンプは、吸込み弁を全開の状態、吐出し弁を全閉の状態にして起動することに注意しよう。

14日目

Lesson. 9

附属品・附属装置の取扱い
（4）自動制御装置

自動制御装置のうち、水位制御を行う装置の1つである水位検出器と燃焼安全装置を構成する燃料油用遮断弁（燃料遮断弁）の取扱いについて学習します。試験では水位検出器の点検・整備、燃料油用遮断弁の故障原因がよく出題されています。

1 水位検出器の点検および整備　B

　水位検出器は、水位を検出して給水量を操作する装置です（▶P.100）。その点検および整備について、フロート式と電極式に分けてまとめておきましょう。

（1）フロート式水位検出器の点検・整備

　フロート式では、フロート室と連絡管の汚れや詰まりを防ぐため、1日1回以上、フロート室のブロー（吹出し）を行い、作動を確認します。また、フロート室内の解体を6か月に1回程度行い、破損箇所の有無、鉄さびの発生や水分の付着などを点検し、整備・補修を行います。

　マイクロスイッチについては、しっかり固定されているかどうかを確認し、マイクロスイッチ端子間の電気抵抗をテスターでチェックする場合は、スイッチが「閉」のときは抵抗がゼロ（＝電流の流れが最大）となり、「開」のときには抵抗が無限大（＝電流が流れない状態）となることを確認します。

用語

テスター
電流や抵抗（電気抵抗）などの値を測定するための計器。

(2) 電極式水位検出器の点検・整備

　電極式では、1日に1回以上、実際にボイラー水の**水位**を上下させて、水位検出器の**作動状況**（給水の制御、水位の警報、燃料の遮断など）を**確認**します。また蒸気の凝縮によってできた純粋な水が増えて水の純度が高くなると、導電性（電気伝導率）が低下して水位の検出がしにくくなるので（◐P.101）、**検出筒の中の水が蒸気の凝縮によって純度が高くならないよう**、1日に1回以上、検出筒内の水の**ブロー**（**吹出し**）を行います。さらに1年に2回程度、**検出筒を分解**して内部清掃を行うとともに、**電極棒に付着している不純物を目の細かいサンドペーパー**（紙やすり）で**磨きとり**、電流を流れやすくします。

> **Point..** 電極式水位検出器の検出筒のブロー
>
> **電極式では、1日に1回以上、蒸気の凝縮により水の純度が高くならないよう（電気伝導率が低下しないよう）に、検出筒内のブローを行う**

2 燃料油用遮断弁の故障原因　　　A

　燃焼安全装置（◐P.102）には、異常時に燃料供給を緊急に止めるための**燃料遮断弁**があり、**燃料油用遮断弁**もその1つです。燃料油用遮断弁には、**電磁コイルの働きで弁体を開閉させる電磁弁**が用いられます。

■**燃料油用遮断弁の遮断機構**

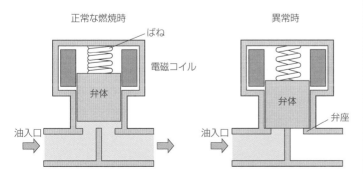

正常な燃焼時　　　　　　　　　　　　異常時
ばね
電磁コイル
弁体
弁体
弁座
油入口　　　　　　　　　　　　　　油入口

電極式水位検出器の構造について
◐P.100

⚙ **用語**

電気伝導率
電流の流れやすさの程度を表す値。
電極棒
電極として用いられている金属の棒。

燃料油用遮断弁の遮断機構のように、シリンダ内をばねによって往復運動する機械部品を、「プランジャ」といいます。

🔧 **プラスワン**

正常な燃焼時には、通電した電磁コイルの働きで弁体が上昇して「開」の状態となる。一方、異常時には電磁コイルが働かず、弁体が下りて弁座と密着して「閉」の状態になる。

燃料油用遮断弁の遮断機構の故障原因を、**遮断弁自体の故障**と**電磁コイル**の故障に分けてまとめておきましょう。

（1）遮断弁自体の故障

①弁座の変形など

弁座に**変形**または**損傷**があると、「閉」の状態になってもすき間から燃料が漏れることがあります。**弁棒**に**曲がり**や**折損**がある場合も同様です。

②異物のかみ込み

燃料中または燃料用配管中の**異物**が**弁体と弁座の間**にかみ込んだときも、「閉」の状態になったときすき間から燃料が漏れることがあります。

③ばねの張力低下など

ボイラーの停止時は通電しておらず、電磁コイルが働かないので、弁体が下りて「閉」の状態となり、ばねの力によって弁体が弁座に押し付けられています。しかし、ばねが折損していたり、ばねの張力が低下したりしていると、押し付ける力が弱まって、すき間から燃料が漏れることがあります。

（2）電磁コイルの故障

①電磁コイルの焼損

電磁コイルが焼損していると、遮断弁の開閉動作が正常に行われず、燃料漏れを招きます。

②電磁コイルの絶縁低下など

電磁コイルの絶縁低下によって電流が漏れたり、**配線が断線**したりして通電しなくなると、遮断弁の開閉動作ができなくなり、燃料漏れを招きます。

Point 燃料油用遮断弁の遮断機構の故障原因

- 弁座の変形または損傷
- 異物のかみ込み
- ばねの折損または張力低下
- 電磁コイルの焼損
- 電磁コイルの絶縁低下

遮断機構が故障すると、燃料が漏れて未燃ガスによる爆発など重大事故を招く危険性があります。

ひっかけ注意！

試験では「バイメタルやダイヤフラムの損傷」が燃料油用遮断弁の故障原因か否かを問う問題がよく出題されるが、そもそも遮断弁にはバイメタル（◯P.72）やダイヤフラム（◯P.97）が使用されていないので、×である。

プラスワン

弁体の作動が円滑に行われていないときに電磁コイルの力で無理に動かそうとすると、過大な電流が流れてコイルが焼損することがある。

144

確　認　テ　ス　ト

Key Point			できたら チェック ☑
水位検出器の点検および整備	☐	1	フロート式水位検出器では、1日に1回以上、フロート室のブローを行う。
	☐	2	フロート式水位検出器のマイクロスイッチ端子間の電気抵抗をテスターでチェックする場合は、スイッチが「開」のとき抵抗がゼロで、「閉」のとき抵抗が無限大であることを確認する。
	☐	3	電極式水位検出器では、1日に1回以上、実際にボイラー水の水位を上下させ、水位検出器の作動状況を確認する。
	☐	4	電極式水位検出器では、1日に1回以上、水の純度の低下による電気伝導率の上昇を防ぐため、検出筒内のブローを行う。
	☐	5	電極式水位検出器では、1年に2回程度、検出筒を分解して内部清掃を行うとともに、電極棒を目の細かいサンドペーパーで磨く。
燃料油用遮断弁の故障原因	☐	6	弁座の変形や損傷は、燃料油用遮断弁の遮断機構の故障原因となる。
	☐	7	燃料中や燃料用配管中の異物の弁へのかみ込みは、燃料油用遮断弁の遮断機構の故障原因となる。
	☐	8	バイメタルの損傷は、燃料油用遮断弁の遮断機構の故障原因となる。
	☐	9	電磁コイルの焼損は、燃料油用遮断弁の遮断機構の故障原因となる。
	☐	10	電磁コイルの絶縁低下や配線の断線は、燃料油用遮断弁の遮断機構の故障原因となる。

第2章　ボイラーの取扱いに関する知識 ● 14日目

解答・解説

　1.○ フロート室と連絡管の汚れや詰まりを防ぐため、1日1回以上フロート室のブローを行い、作動を確認する。　2.× スイッチ「閉(オン)」のとき抵抗がゼロ(電流の流れが最大)で、「開(オフ)」のとき抵抗が無限大(電流が流れない状態)であることを確認する。設問は「閉」と「開」が逆。　3.○　4.× 検出筒内のブローを行うのは、蒸気の凝縮により水の純度が高くならないよう(電気伝導率が低下しないよう)にするためである。水の純度の低下による電気伝導率の上昇を防ぐためというのは誤り。　5.○ 電極棒に付着している不純物を磨きとって電流を流れやすくするためである。　6.○ 弁座に変形や損傷があると、「閉」の状態になってもすき間から燃料が漏れることがある。　7.○　8.× バイメタルは遮断弁には使用されていない。
9.○　10.○

ワンポイント アドバイス

電極式水位検出器について、水の純度が高くなると導電性が低下して正常に作動しなくなるため、蒸気の凝縮によって水の純度が高くならないように、1日1回以上ブローを行うということを押さえよう。

14日目
Lesson.10

ボイラーの保全
(1) ボイラーの清掃

ボイラーの保全として、定期的に清掃を行う必要があります。このレッスンでは、清掃のためにボイラー水を排出する場合の留意点や、ボイラーの酸洗浄、伝熱管の内面清掃の目的などを学習します。頻出事項なのでしっかりと理解しましょう。

1コマ劇場

ボイラーを酸洗浄しているところよ。

何をしているんですか?

塩酸

1 清掃のためのボイラー水の排出　　A

ボイラーの清掃を行うときは、**運転を停止**し、高温高圧の状態から**ゆっくりと冷却**して、**ボイラー水の排出**を行う必要があります。具体的には次の操作手順に従います。

①蒸気の送り出しを徐々に減らす

運転を停止する際は、ボイラーの**水位を常用水位に保つ**ように給水を続けながら、蒸気の送り出しを徐々に減少させていきます。

②炉内の燃料をなくす

炉内の燃料をなくすため燃料の供給を停止します。**石炭などの固体燃料**（●P.13）については、供給を停止しても燃焼中のものが炉内に残るので、完全に燃え切らせるようにします。

③ファンを停止する

炉内に残った未燃ガスを排出（**ポストパージ**）した後、**押込ファン**（炉内に空気を押し込むための通風機）を停止

🔧 プラスワン
ボイラー本体の温度を急激に下げないことが大切。

液体や気体の燃料の場合は、燃料の供給を停止すれば炉内の燃料はなくなります。

します。自然通風の場合は、ダンパを半開とし、たき口と空気口を開いて、炉内を冷却します。

④給水弁・蒸気弁を閉じ、空気抜き弁などを開く

運転を停止し、ボイラーの**蒸気圧力がないことを確認**した後、ほかのボイラーからの水や蒸気の侵入を防ぐために**給水弁と蒸気弁（主蒸気弁）を閉じ**ます。

一方、ボイラーが冷却されて蒸気が水に戻ると、体積が急激に減少するため、ボイラー内が**真空状態**となって危険です。そこで、ボイラー内部が真空になることを防ぐために**空気抜き弁その他の蒸気室部の弁を開き**、空気が自然に内部に入るようにします。

⑤90℃以下になってからボイラー水を排出する

水温が高すぎると、排出したとき大量の蒸気が発生してしまうので、これを防ぐため**ボイラー水の温度が90℃以下**になってから、**吹出し弁を開いて排出**します。

Point 清掃のためのボイラー水の排出

運転停止の際
● ボイラー水を常用水位に保つように給水を続け、蒸気の送り出しを徐々に減少する
● 燃料供給を停止してから（石炭の場合は燃え切らせる）、ファンを停止する

運転を停止し、蒸気圧力がないことを確認した後
● 給水弁と蒸気弁（主蒸気弁）を閉じる
● 空気抜き弁その他の蒸気室部の弁を開く
● 水温90℃以下になってからボイラー水を排出する

---

2 ボイラーの酸洗浄　　A

薬液として塩酸などの酸を使用し、ボイラー内の伝熱面に固着した不純物（スケールという）を**溶解除去すること**を、酸洗浄といいます。酸を使用することから、スケールが付着していないボイラーの金属部分を腐食させることが

👀 **ひっかけ注意！**
燃料をなくした後、炉内に残った可燃性の未燃ガスを排出してから押込ファンを停止するのだから、ファンを止めた後に燃料供給を停止するというのは誤り。

空気抜き弁について ▶P.111
蒸気室部とは、胴やドラム内の発生した蒸気が充満している部分をいいます。

不純物は、伝熱面に固着するものをスケールといい、底部に沈殿するものはスラッジというんだ。

インヒビタとは、
「邪魔するもの」
という意味。反応
を抑制するという
ことですね。

酸と金属とが化学
反応を起こすと、
金属が溶けるとと
もに水素ガス（H_2）
が発生します。

あります。そこでこれを防止するため、酸洗浄を行うとき
は、抑制剤（インヒビタ）を添加します。

Point 抑制剤の添加

酸洗浄は、薬液（酸）によるボイラーの腐食を防止するため、
抑制剤（インヒビタ）を添加して行う

酸洗浄の処理工程は、次の①〜⑤の順に行います。

①**前処理**

シリカ分の多い硬質スケールを酸洗浄する場合、所要の
薬液（**シリカ溶解剤**）を使用してスケールを**膨潤**させる

②**水洗**

前処理で使用した薬液を洗い流す

③**酸洗浄**

薬液（酸）をボイラーに循環させて酸洗浄を行う

④**水洗**

酸洗浄で使用した薬液を洗い流す

⑤**中和防錆処理**

残った酸を**アルカリで中和**するとともに、**錆びを防ぐ**た
めの処理（**中和防錆処理**という）を行う

Point 酸洗浄の前処理

シリカ分の多い硬質スケールを酸洗浄するときは、所要の薬液
で前処理を行い、スケールを膨潤させる

酸洗浄の作業中、**ボイラーの金属部分**と薬液の**酸**が反応
して気体の水素（**水素ガス**）を発生させます。水素ガスは
点火すると爆発する危険性があるので、酸洗浄作業中は、
ボイラー周辺を火気厳禁とする必要があります。

Point 酸洗浄作業中は火気厳禁

酸洗浄作業中は、気体の水素（水素ガス）が発生するので、ボ
イラー周辺を火気厳禁とする

---

3 伝熱管の内面・外面の清掃 　B

　水管ボイラーを運転していると、伝熱管の**内側**（水側）にも**外側**（ガス側）にも付着する不純物が徐々に増加して、ボイラーの運転に好ましくない影響を与えます。このため伝熱管の内外面の清掃を定期的に行う必要があります。

（1）内面清掃の目的

　内面清掃は、伝熱管の**内面に固着した不純物**（スケール）や**底部に沈殿した不純物**（スラッジ）の除去を目的としています。具体的には、次の通りです。

①スケールやスラッジによるボイラー効率の低下を防ぐ

　スケールやスラッジは、**熱伝導率が小さい**ため、伝熱が悪くなって**ボイラー効率の低下**を招きます。

②スケールやスラッジによる過熱の原因を取り除き、損傷や腐食を防ぐ

　熱伝導率が小さいということは、断熱効果をもつということであり、そのためスケールやスラッジが付着した部分だけが**局部的に過熱**してしまい、これにより**伝熱管の損傷**（割れ、破裂）を引き起こします。また、スラッジが沈殿した部分の管の表面は**腐食**しやすくなります。

③穴や管の閉塞によって、安全装置、自動制御装置などの機能が障害されることを防ぐ

　たとえば下の図のように、ボイラー本体と水面計をつなぐ連絡管にスラッジの詰まりがあると、水位が正しく表示されなくなります。

■ **スラッジによる詰まり**

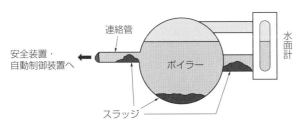

連絡管
安全装置・
自動制御装置へ
ボイラー
スラッジ
水
面
計

場合によっては、適正な給水が行われなくなり、水位の低下を招く危険があります。
水面計の機能不良について ▶ P.120

④ボイラー水の循環が障害されることを防ぐ

　管の内側（水側）にスケールが固着すると、管の内径が細くなり、ボイラー水の循環が障害されます。その結果、過熱などにより伝熱管の損傷を引き起こします。

⑤スケールの付着、腐食の状態などから、水管理の良否を判断できる

　内面清掃の際に、水管理の良否を判断します。

炉筒煙管ボイラーの場合は、炉底にスラッジがたい積することによって、ボイラー水の循環が障害されます。

> **Point..内面清掃の目的**
> - スケールやスラッジによるボイラー効率の低下を防止する
> - スケールやスラッジによる過熱の原因を取り除き、腐食や損傷を防止する
> - 穴や管の閉塞による安全装置、自動制御装置などの機能障害を防止する
> - ボイラー水の循環障害を防止する
> - スケールの付着、管の腐食の状態などから、水管理の良否を判断する

ひっかけ注意！
「すすの付着による効率の低下防止」は内面清掃の目的ではない。すすや灰による弊害は、外面清掃によって除去する。

（2）外面清掃の目的

　外面清掃は、重油の燃焼などによって生じたすすなどが排ガスと接する**伝熱管外面**に付着するので、これを除去することを目的としています。具体的には、次の通りです。

①**すすの付着によるボイラー効率の低下を防ぐ**

　スケールやスラッジと同様に、すすも**熱伝導率が**小さいため、ボイラー効率の低下を招きます。

②**灰などのたい積による通風障害を防ぐ**

　灰やすすが煙道内にたい積すると、煙道を通るガスの流路が狭くなり、**通風障害**を引き起こします。

③**外部腐食を防ぐ**

　灰やすすに**亜硫酸ガス**などが付着して**腐食**を招きます。

　なお、水管の外面の汚れは通常、スートブローによって除去しますが、除去できない範囲についてボイラー停止時に外面清掃を行います。

スートブローについて ▶P.117

確 認 テ ス ト

Key Point			できたら チェック ☑
清掃のための ボイラー水の 排出	☐	1	運転を停止する際は、ボイラーの水位を常用水位に保つように給水を続け、蒸気の送り出しを徐々に減少する。
	☐	2	運転を停止する際は、ファンを止めた後、燃料の供給を停止し、石炭だきの場合は炉内の石炭を完全に燃え切らせる。
	☐	3	運転停止後は、ボイラーの蒸気圧力がないことを確かめた後、給水弁と蒸気弁を閉じる。
	☐	4	運転停止後は、ボイラーの蒸気圧力がないことを確かめた後、空気抜き弁その他蒸気室部の弁を閉じる。
	☐	5	ボイラー水の排出は、運転停止後、ボイラー水の温度が90℃以下になってから、吹出し弁を開いて行う。
ボイラーの 酸洗浄	☐	6	酸洗浄の使用薬品には、アンモニアが多く用いられる。
	☐	7	酸洗浄は、酸によるボイラーの腐食を防止するため、抑制剤（インヒビタ）を添加して行う。
	☐	8	シリカ分の多い硬質スケールを酸洗浄するときは、所要の薬液を用いて前処理を行い、スケールを膨潤させる。
	☐	9	薬液で酸洗浄を行った後、水洗してから中和防錆処理を行う。
	☐	10	塩酸を用いる酸洗浄作業中は硫化水素が発生するので、ボイラー周辺を火気厳禁とする。
伝熱管の内面・ 外面の清掃	☐	11	内面清掃の目的として、スケールやスラッジによるボイラー効率の低下の防止、灰のたい積による通風障害の防止などが挙げられる。

解答・解説

1.○ 2.× 燃料供給を停止してから（石炭の場合は燃え切らせてから）、押込ファンを停止する。設問は燃料供給の停止とファンの停止の順序が逆になっている。 3.○ ほかのボイラーからの水や蒸気の侵入を防ぐために給水弁と蒸気弁（主蒸気弁）を閉じる。 4.× ボイラー内部が真空になることを防ぐため、空気抜き弁その他の蒸気室部の弁を開いて、内部に空気を送り込むようにする。 5.○ 水温が高すぎると、ボイラー水を排出したときに大量の蒸気が発生してしまうからである。 6.× 酸洗浄とは薬液に酸を用いてボイラー内のスケールを溶解除去することをいう。アンモニアの水溶液はアルカリ性であり、酸ではないので、酸洗浄の薬液にはならない。 7.○ 抑制剤（インヒビタ）とは、スケールが付着していないボイラーの金属部分を酸が腐食させることを防ぐために添加する薬剤である。 8.○ シリカ分の多い硬質スケールを酸洗浄する場合は、所要の薬液（シリカ溶解剤）を使用してスケールを膨潤させる。これを前処理という。 9.○ 酸洗浄で使用した薬液を洗い流すための水洗をした後、中和防錆処理を行う。 10.× 塩酸を用いる酸洗浄作業中は、水素が発生するため火気厳禁とする。硫化水素（H_2S）が発生するというのは誤り。 11.× スケールとスラッジによるボイラー効率の低下防止は内面清掃の目的の1つである。これに対し、灰は煙道内にたい積するものであり、伝熱管の内面（ボイラー水側）の清掃とは関係がない（これは外面清掃の目的）。

15日目
Lesson.11 ボイラーの保全
(2)ボイラー休止中の保存法

ボイラー休止中の保存法について学習します。ボイラーの保存法には乾燥保存法と満水保存法があります。試験では、この2種類の保存法がそれぞれどのような場合に採用されるのかとか、保存前の準備などについて出題されています。

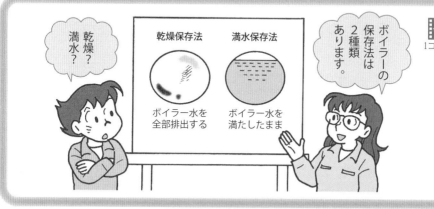

1 ボイラーを保存する前の準備 B

　休止中のボイラーは、適切に保存しないと内外面に**腐食**を生じてしまいます。特にすすや灰が残っていると、湿気を含んで腐食を起こしやすくなるので、保存前の準備作業として、ボイラーの燃焼側と煙道のすすや灰を完全に除去し、錆びを防ぐ**防錆油**や**防錆剤**などを**塗布**します。

> **Point.** ボイラー保存前の準備作業
> ボイラーの燃焼側と煙道は、すすや灰を完全に除去して、防錆油または防錆剤などを塗布する

2 乾燥保存法と満水保存法 B

　準備作業を終えた後、**ボイラーの保存**を行います。ボイラーの保存方法には、**乾燥保存法**と**満水保存法**の2種類があります。

（1）乾燥保存法

　乾燥保存法とは、**ボイラー水を全部排出**し、**炉内を乾燥**させて保存する方法をいいます。この方法は、**休止期間が3か月程度以上の比較的**長期間にわたる場合や、凍結のおそれがある場合に採用します。

　乾燥保存法の作業手順は、次の通りです。

①ボイラー水の排出

　ボイラー水を全部排出し、内外面を清掃する

②炉内を乾燥させる

　湿気を取り除いて腐食を予防するために、**少量の燃料を燃焼させて炉内を完全に乾燥**させる

③外部との連絡配管を遮断する

　給水管や**蒸気管**から水や蒸気が侵入しないよう、外部との連絡を確実に遮断する

④吸湿剤を配置する

　空気中の湿気による腐食を防ぐため、**吸湿剤**（シリカゲル、活性アルミナなど）を容器に入れて、ボイラー内に数か所配置して密閉する

（2）満水保存法

　満水保存法は、**ボイラー水を満たしたまま保存する方法**です。**休止期間が3か月程度以内の比較的短期間の場合**に採用されます。ただし、**凍結のおそれがある場合には採用できません**。水は凍ると体積が増えて、ボイラーを破壊する危険性があるからです。

　満水保存法の留意点は、次の通りです。

①保存剤の注入

　腐食を防止するための薬剤（保存剤）を、所定の濃度になるように、ボイラーに**連続注入**するかまたは**間欠的に注入**する

②保存水の管理

　保存水（ボイラーを満たした水）を管理するため、**月に1～2回、薬剤の濃度などを測定**し、**所定の値を保つ**

用語

シリカゲル
ケイ酸からつくられる白色透明の固体。水分を吸着する。
活性アルミナ
酸化アルミニウムからつくられる多孔質の固体。水分を吸着する。

プラスワン

保存水の管理として薬剤の濃度のほか、pH（水素イオン濃度を示す指数）や鉄分の濃度も測定する。鉄分が多いと腐食が始まっている可能性がある。

第2章
ボイラーの取扱いに関する知識 ● 15日目

153

Point. 乾燥保存法と満水保存法

- 乾燥保存法
  ⇒ **休止期間**３か月程度**以上**の比較的**長期間**の場合に採用
- 満水保存法
  ⇒ **休止期間**３か月程度**以内**の比較的**短期間**の場合に採用
- **凍結のおそれ**がある場合は、乾燥保存法を採用

確 認 テ ス ト

Key Point			できたら チェック ☑
ボイラーを保存する前の準備	☐	1	ボイラーの燃焼側および煙道は、すすや灰を完全に除去して、防錆油または防錆剤などを塗布する。
乾燥保存法と満水保存法	☐	2	乾燥保存法は、休止期間が３か月程度以内の比較的短期間休止する場合に採用される。
	☐	3	乾燥保存法では、ボイラー水を全部排出して、内外面を清掃した後、少量の燃料を燃焼させ完全に乾燥させる。
	☐	4	満水保存法は、休止期間が３か月程度以上の比較的長期間休止する場合に採用される。
	☐	5	満水保存法は、凍結のおそれがある場合に採用される。
	☐	6	満水保存法では、保存剤を所定の濃度になるようボイラーに連続注入するかまたは間欠的に注入する。
	☐	7	満水保存法では、月に１〜２回、保存水の薬剤の濃度などを測定し、所定の値を保つよう管理する。

解答・解説

1.○ すすや灰が残っていると、湿気を含んで腐食を起こしやすくなる。 **2.**× 乾燥保存法は、３か月程度以上の比較的長期間の休止の場合に採用される。短期間の休止で採用するのは満水保存法。 **3.**○ 湿気を取り除いて腐食を予防するため、少量の燃料を燃焼させて炉内を完全に乾燥させる。 **4.**× 満水保存法は３か月程度以内の比較的短期間の休止の場合に採用される。長期間の休止で採用するのは乾燥保存法。 **5.**× 保存水が凍結して体積が増えるとボイラーを破壊する危険性があるため採用できない。凍結のおそれがある場合は乾燥保存法を採用する。 **6.**○ **7.**○ 保存水の薬剤（保存剤）の濃度や、pH、鉄分の濃度なども測定する。

15日目
Lesson.12

ボイラーの水管理
（1）ボイラー用水

> このレッスンでは、ボイラーの水管理に関係する用語、ボイラー水中の不純物およびボイラーの内面腐食について学習します。試験では、不純物の種類、腐食が生じる原因とその抑制などが頻出です。理論的な内容なのでじっくり理解しましょう。

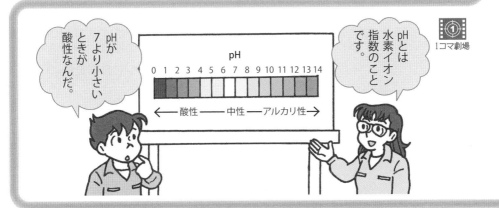

1 水管理に関係する用語　　A

　水管理に関係する重要な用語をまとめておきましょう。

（1）pH（水素イオン指数）

　水（水溶液）の性質が**酸性**であるか**アルカリ性**であるかは、水中の水素イオン（H^+）と水酸化物イオン（OH^-）の量によって定まり、**水素イオン**のほうが多ければ**酸性**、**水酸化物イオン**のほうが多ければアルカリ性となります。また、水素イオンと水酸化物イオンは1対1で結びついて**水**（H_2O）になるので、この両イオンがまったく同じ量のときはすべて水となり、**中性**を示します。水素イオン（酸）と水酸化物イオン（アルカリ）が結びついて水（H_2O）と
えん
塩を生じる反応を中和といいます。

　pH（ピーエイチ、ペーハー）は**水素イオン指数**（水素イオンの濃度を示す指数）であり、常温（25℃）で**pHの値が7**であればその水溶液は**中性**、**7未満であれば酸性**、**7を超えるものはアルカリ性**ということになります。

> 中和によってH^+とOH^-がすべてなくなれば、中性になります。

🧪 **重要**
pH指示薬
酸性、アルカリ性を確かめる試薬。主な試薬の色調が変わるpHの範囲（変色域）は次の通り。
- メチルレッド
  赤 4.4〜6.2 黄
- フェノールフタレイン
  無色 8.2〜10.0 赤

水酸化物
OH⁻（水酸化物イオン）を含む化合物。
炭酸塩
$CO_3{}^{2-}$（炭酸イオン）を含む化合物。
炭酸水素塩
$HCO_3{}^{-}$（炭酸水素イオン）を含む化合物。

🔧 プラスワン

マグネシウム硬度も水中のマグネシウムイオン（Mg^{2+}）の量を、これに対応する炭酸カルシウムの量に換算して試料1L中のmg数で表す。
なおカルシウム硬度とマグネシウム硬度の合計を、「全硬度」という。

水中に溶けている酸素や二酸化炭素は不純物なんだ。

（2）酸消費量

　酸消費量とは、**水中に含まれる水酸化物、炭酸塩、炭酸水素塩などのアルカリ分の量を示すもの**で、アルカリ度ともいいます。ボイラー水は、**酸による腐食を防止するためアルカリ性**で管理しており、このアルカリ性の強さ（アルカリ度）を調べるときに酸消費量を使います。酸消費量には指標として酸消費量（pH8.3）と酸消費量（pH4.8）の2種類があり、それぞれ**アルカリ分をpH8.3、pH4.8まで下げる（中和する）ために必要とされる酸の消費量**によってアルカリ度を表します。

（3）硬度

　水の硬度とは、**水中に含まれるミネラル類（カルシウムやマグネシウム）の含有量**を示す指標をいいます。たとえばカルシウム硬度は、水中のカルシウムイオン（Ca^{2+}）の量を、これに対応する**炭酸カルシウムの量に換算**して試料**1L中のmg数**で表します。

2 ボイラー水中の不純物　　　A

　ボイラー水中の不純物は、**溶存気体**と**全蒸発残留物**に大きく分けられます。

（1）溶存気体

　水中に溶けて存在している**酸素（O_2）や二酸化炭素（CO_2）**などの気体を、溶存気体といいます。給水中に含まれている溶存気体のO_2やCO_2は、いずれも**鋼材を腐食する原因**となります。

> **Point** 溶存気体
> 給水中に含まれる溶存気体のO_2やCO_2は、鋼材の腐食の原因となる

（2）全蒸発残留物

　全蒸発残留物とは、水中の**溶解性蒸発残留物**と**懸濁物**の

総称であり、**溶解性蒸発残留物と懸濁物の合計量**によって**全蒸発残留物の量**を表します。全蒸発残留物はボイラー内で濃縮され、**スケール**や**スラッジ**となって腐食や伝熱管の過熱の原因となります。

①溶解性蒸発残留物

溶解性蒸発残留物とは、普段は**ボイラー水に溶けている不純物**であって、ボイラー水が蒸発した後に**スケール**や**スラッジ**などの固形物として残るものをいいます。

1) スケール

スケールとは、給水中の**溶解性蒸発残留物**がボイラー内で濃縮され、**ボイラー水が蒸発した後にドラムや管などの伝熱面に固着（付着）**したものをいいます。スケールの**熱伝導率**は、炭素鋼（鉄と炭素の合金）と比べても**著しく低**いので、スケールが固着すると、伝熱管の過熱を招いて**ボイラーの熱効率を低下**させます。

2) スラッジ

スラッジは、給水中の**溶解性蒸発残留物**がボイラー内で濃縮されて**ドラムの底部**などにたまった**軟質沈殿物**です。ボイラーの故障を招くので、吹出しによって排出します。

②懸濁物

懸濁物には、**りん酸カルシウム**などの**不溶物質**、微細な**じんあい**、**エマルジョン化された鉱物油**などがあります。溶解性蒸発残留物とは異なり、水に溶けない物質です。

Point 懸濁物

懸濁物には、りん酸カルシウムなどの不溶物質や、微細なじんあい、エマルジョン化された鉱物油などがある

🔧 プラスワン

スケールやスラッジは、ボイラーに連結する管やコックなどを詰まらせる原因となる。また、水管の内面に付着して水の循環を悪くする。

溶解性蒸発残留物や油脂分（懸濁物）がキャリオーバの原因となることについて▶P.125

熱伝導率について▶P.40
熱効率について▶P.26

🔧 プラスワン

水酸化マグネシウムや炭酸カルシウムなどがスラッジになりやすい。

⚙️ 用語

じんあい
ちり、ほこりのこと。
エマルジョン化
普通は混じらない水と油を混ぜ合わせて乳化すること。

3 ボイラーの内面腐食　　　A

(1) 一般的な腐食の原因

　腐食（錆び）は、一般に電気化学的作用（**イオン化**）によって生じます。鉄が錆びる過程の一例を、イオンの式で表してみましょう。

①水中で**鉄がイオン化**して、**鉄イオン**（Fe^{2+}）と**電子**（e^-）に分かれる

　$Fe \rightarrow Fe^{2+} + 2e^-$

②水中の**溶存気体である酸素**（O_2）が**電子**（e^-）をとらえて**水酸化物イオン**（OH^-）に変化する

　$1/2 O_2 + H_2O + 2e^- \rightarrow 2OH^-$

③**鉄イオン**（Fe^{2+}）と**水酸化物イオン**（OH^-）が反応して**水酸化鉄**（Ⅱ）（$Fe(OH)_2$）を生成する

　$Fe^{2+} + 2OH^- \rightarrow Fe(OH)_2$

　この**水酸化鉄**（Ⅱ）が、さらに溶存気体の酸素（O_2）と結びつき、**錆びの主成分**である**水酸化鉄**（Ⅲ）（$Fe(OH)_3$）となります。

(2) 腐食の抑制

　腐食を抑制するには、ボイラー水の酸消費量（◑P.156）を調整して、ボイラー水のpHを適度なアルカリ性に保つようにします。

> **Point** 腐食の原因と抑制
> ● 腐食は、一般に電気化学的作用により生じる
> ● ボイラー水の酸消費量を調整する（適度なアルカリ性に保つ）ことによって、腐食を抑制する

(3) 内面腐食とは

　ボイラー水や蒸気に触れる部分で生じる腐食を**内面腐食**といいます。水の化学的処理を適切に行わずに給水したり酸洗浄後の処理（◑P.148）が不適切な場合、休止中の保存方法（◑P.152）が不適切な場合などに生じます。

溶存気体のO_2が電子（e^-）をとらえることにより、鉄のイオン化（①の反応）が進行するわけです。

溶存気体のO_2が鋼材の腐食の原因となることについて◑P.156

🤪 ひっかけ注意！
腐食を抑制するにはボイラー水のpHをアルカリ性に調整する。酸性ではない。

🔧 プラスワン
ボイラー外面の空気や燃焼ガスに触れる部分で生じる腐食は外面腐食という。

（4）アルカリ腐食

ボイラー水はpH10〜11程度のときが**適度なアルカリ性**とされ、鉄の腐食量が最も少なくなります。ところがこれ以上アルカリ度が上昇すると、**高温のボイラー水中で濃縮した高濃度アルカリ（水酸化ナトリウム）が鋼材と反応して鋼材を溶解させる現象が生じます。これをアルカリ腐食**といいます。

> **Point** アルカリ腐食
> **アルカリ腐食は、高温のボイラー水中で濃縮した水酸化ナトリウム**が鋼材と反応して生じる

（5）腐食による劣化の形態

腐食による劣化の形態は、**全面腐食**と**局部腐食**に大きく分けられます。

①全面腐食

全面腐食とは、金属の**表面全体**にほぼ一様に腐食が生じることをいいます。

②局部腐食

局部腐食とは金属に**部分的な腐食**が生じることをいい、**ピッチング（孔食）やグルービング**といった形態がみられます。ピッチングとは、下図のように金属の表面に**深い穴が開くように生じる**局部腐食をいいます。グルービングは**溝状につながって生じる**局部腐食です。

■ピッチング

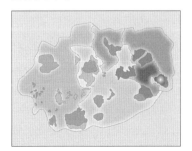

■グルービング

内面腐食は酸だけでなく、アルカリ腐食によっても生じることがあるんだね。

🦉**ひっかけ注意！**
アルカリ腐食の原因は水酸化ナトリウムである。水酸化カルシウムではない。

プラスワン
ピッチングは点々と生じるので「点食」とも呼ばれる。

Key Point			できたら チェック ☑
水管理に関係する用語	☐	1	水溶液が酸性かアルカリ性かは、水中の水素イオンと水酸化物イオンの量によって定まり、常温（25℃）でpHの値が7未満であれば酸性、7を超えるとアルカリ性であることがわかる。
	☐	2	酸消費量は、水中に含まれる酸化物、炭酸塩、炭酸水素塩などの酸性分の量を示すものである。
ボイラー水中の不純物	☐	3	給水中に含まれる溶存気体のO_2やCO_2は、鋼材の腐食原因となる。
	☐	4	全蒸発残留物の量は、水中の溶解性蒸発残留物および懸濁物の合計量である。
	☐	5	スケールの熱伝導率は、炭素鋼の熱伝導率より著しく大きい。
	☐	6	スラッジは、溶解性蒸発残留物が濃縮され、ドラム底部などに沈積した軟質沈殿物である。
	☐	7	懸濁物には、りん酸カルシウムなどの不溶物質や、微細なじんあい、エマルジョン化された鉱物油などがある。
ボイラーの内面腐食	☐	8	腐食は、一般に電気化学的作用により生じる。
	☐	9	腐食は、ボイラー水のpHを酸性に調整することによって抑制する。
	☐	10	アルカリ腐食は、高温のボイラー水中で濃縮した水酸化カルシウムが鋼材と反応して生じる。
	☐	11	全面腐食には、ピッチングやグルービングなどの形態がある。

解答・解説

1.○ 水素イオン（H^+）と水酸化物イオン（OH^-）は結びついて水（H_2O）となるが、水素イオンのほうが量が多ければその水溶液は酸性を示し、水酸化物イオンのほうが多ければアルカリ性を示すことになる。 2.× 酸消費量とは、水中に含まれる水酸化物、炭酸塩、炭酸水素塩などのアルカリ分の量を示すものである。設問は「酸化物」「酸性分」としている点が誤り。 3.○ 4.○ 5.× スケールの熱伝導率は炭素鋼と比べると著しく低い。このためスケールが固着すると、伝熱管の過熱を招いてボイラーの熱効率を低下させてしまう。 6.○ 沈積（ちんせき）とは、底に沈んでたまるという意味。 7.○ 8.○ 腐食（錆び）は一般に電気化学的作用（イオン化）によって生じる。 9.× ボイラー水の酸消費量を調整し、pHを適度なアルカリ性に保つことによって腐食を抑制する。酸性に調整するというのは誤り。 10.× アルカリ腐食は、水酸化カルシウムではなく、水酸化ナトリウムが鋼材と反応して生じる。 11.× ピッチングもグルービングも局部腐食の形態である。全面腐食というのは誤り。

ワンポイント アドバイス

ボイラー水中の不純物ではスラッジ、ボイラーの内面腐食では腐食の抑制、アルカリ腐食、局部腐食が特に重要である。

16日目
Lesson.13
ボイラーの水管理
（2）補給水処理

このレッスンでは、ボイラーの運転中に補給する水（補給水）の処理として、主に溶解性蒸発残留物の除去方法について学習します。このうち試験に出題されるのは、ほとんどがイオン交換法の1つである単純軟化法に関する問題です。

1 補給水処理の方法　　C

　ボイラーは運転中に水が蒸気となって出ていくため、水の補給を行いますが、このような運転中の給水（補給水）が水質基準に適合するよう、**懸濁物**や**溶解性蒸発残留物**を除去する必要があります。これを**補給水処理**といいます。特に、**溶解性蒸発残留物の除去方法**が重要です。

■溶解性蒸発残留物の除去方法

　イオン交換法は、**イオン交換樹脂**を使って、補給水中の不要なイオンを除去する方法です。このうち**単純軟化法**が最も広く普及しています。一方、**膜処理法（逆浸透法）**では、**半透膜**を使って**純水**をつくります。

プラスワン

懸濁物は、水に浮いている物や混合している物を除去するほか、凝集剤で固まりにしてから沈殿分離したり、ろ過装置を用いたりして除去します。

試験対策としては単純軟化法が最も重要です。ほかは名前だけを覚えておきましょう。

(1) 単純軟化法とは

水の硬度ついて
▶P.156

　単純軟化法は、**イオン交換法**の一種で、給水（補給水）の硬度成分（**カルシウムとマグネシウム**）を除去する最も簡単な方法であり、低圧ボイラーに広く普及しています。軟化とは、**水の硬度を下げること**をいい、軟化された水を**軟化水**といいます。単純軟化法による**軟化装置**は、下の図のように、強酸性陽イオン交換樹脂を充てんした**Na塔**と呼ばれる装置に給水を通過させて、**給水中の硬度成分を、強酸性陽イオン交換樹脂のナトリウムと置き換える**ことによって除去します（正確にはイオンの交換をする）。

用語
陽イオン
＋（プラス）イオンのこと。
- カルシウムイオン
  Ca^{2+}
- マグネシウムイオン
  Mg^{2+}
- ナトリウムイオン
  Na^+

以上すべて陽イオンである。

ひっかけ注意！
単純軟化法は給水中のカルシウムイオンとマグネシウムイオンを除去できるが、シリカや塩素イオンなどは除去することができない。

■ 単純軟化法による軟化装置の概略

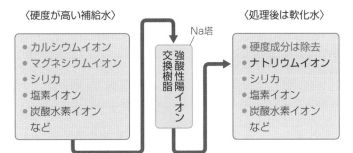

〈硬度が高い補給水〉

- カルシウムイオン
- マグネシウムイオン
- シリカ
- 塩素イオン
- 炭酸水素イオン
など

Na塔
交換樹脂　強酸性陽イオン

〈処理後は軟化水〉

- 硬度成分は除去
- **ナトリウムイオン**
- シリカ
- 塩素イオン
- 炭酸水素イオン
など

(2) 貫流点と再生

　軟化装置の**処理水量が一定量以上**になると、強酸性陽イオン交換樹脂に蓄積された硬度成分が飽和状態となり、イオン交換ができなくなって残留硬度（**補給水に残る硬度成分**）が著しく増加します。このときを貫流点といいます。

> **Point** 貫流点
> **軟化装置による処理水の残留硬度は、貫流点を超えると、著しく増加してくる**

残留硬度が貫流点に達したら、通水を止めて、「再生」の操作（▶P.163）を行います。

　強酸性陽イオン交換樹脂のイオン交換能力が低下してきたときは、一般に食塩水を樹脂に流すことによって**イオン**

交換能力を回復させます。これを再生といいます。食塩水は塩化ナトリウム（NaCl）の水溶液なので、この中に含まれるナトリウムイオン（Na$^+$）をイオン交換樹脂に吸着させることで、樹脂のイオン交換能力を回復します。

> **Point.** 強酸性陽イオン交換樹脂の再生
>
> 軟化装置の強酸性陽イオン交換樹脂の交換能力が低下した場合は、一般に食塩水によって再生を行う

> 硬度成分との交換に必要なナトリウムイオンの量を、食塩水を流すことによって増やすというわけです。

（3）樹脂の洗浄と補充

軟化装置の強酸性陽イオン交換樹脂は、1年に1回程度鉄分による汚染などを調査し、樹脂の洗浄（鉄分を酸洗浄する）や樹脂の補充を行います。

> 🔧 **プラスワン**
>
> 洗浄しても交換能力が回復しない場合、樹脂の補充を行う。

確　認　テ　ス　ト

Key Point			できたら チェック ☑
補給水処理の方法	☐	1	溶解性蒸発残留物を除去する方法のうち、逆浸透法を利用し、半透膜を使って純水をつくる方法を、単純軟化法という。
単純軟化法による補給水の軟化装置	☐	2	単純軟化法による軟化装置は、強酸性陽イオン交換樹脂を充てんしたNa塔に給水を通過させて給水中の硬度成分を取り除くものである。
	☐	3	単純軟化法による軟化装置は、給水中のシリカや塩素イオンを除去することができる。
	☐	4	単純軟化法による軟化装置の処理水の残留硬度は、貫流点を超えると著しく増加してくる。
	☐	5	単純軟化法による軟化装置の強酸性陽イオン交換樹脂の交換能力が低下した場合は、一般に塩酸を用いて再生を行う。
	☐	6	単純軟化法による軟化装置の強酸性陽イオン交換樹脂は、1年に1回程度、鉄分による汚染などを調査し、樹脂の洗浄や補充を行う。

解答・解説

1.× これは単純軟化法ではなく、膜処理法の説明である。　2.○ 強酸性陽イオン交換樹脂に給水を通過させることによって、給水中の硬度成分を樹脂のナトリウムと置換させる。　3.× 単純軟化法による軟化装置は給水中の硬度成分（カルシウムイオンとマグネシウムイオン）を除去するが、シリカや塩素イオンなどは除去できない。　4.○　5.× 交換能力が低下した強酸性陽イオン交換樹脂の再生には、ナトリウムイオン（Na$^+$）を含んだ食塩水（塩化ナトリウム〔NaCl〕の水溶液）を用いる。塩酸（HCl）は誤り。　6.○

16日目
Lesson.14

ボイラーの水管理
(3) ボイラー系統内処理

ボイラー系統内処理として、溶存気体の除去（脱気）と、清缶剤を用いて行う処理について学習します。試験では、清缶剤の作用（使用目的）のほか、使用目的ごとに清缶剤として用いる薬剤の種類がよく出題されています。

1 ボイラー系統内処理　　C

🔧プラスワン

補給水処理は、ボイラーの外で行うので「ボイラー外処理」とも呼ばれる。

　前のレッスンで学習した**補給水処理**は、ボイラーに入る前の給水タンクの手前で行われる処理です。これに対し、給水タンク以降に設けられた装置やボイラー本体内において行われる水処理を、ボイラー系統内処理といいます。

　ボイラー系統内処理は、溶存気体を除去する**脱気**という処理と、**清缶剤**と呼ばれる各種の薬剤を用いて行う処理とに大きく分けられます。

■補給水処理とボイラー系統内処理

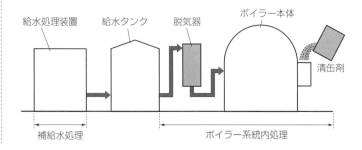

2 溶存気体の除去（脱気） C

溶存気体である**酸素**（O_2）や**二酸化炭素**（CO_2）が鋼材を腐食させる原因となる不純物であることは、すでに学習した通りです（▶P.156）。こうした**溶存気体を給水中から除去する**ことを脱気といいます。脱気する方法は、装置を使用する**物理的脱気法**と、脱酸素剤を使用して化学反応を起こすことによって酸素を除去する**化学的脱気法**に分けられます。物理的脱気法はさらに次のように分類できます。

■ 物理的脱気法の分類

加熱脱気法	給水を**加熱**することによって脱気する
真空脱気法	給水を**真空状態**におくことで脱気する
膜脱気法	**気体透過膜**を使用することで脱気する

　脱気のために使用する装置を**脱気器**といいます。たとえば真空脱気法による脱気器（**真空脱気器**）では、その内部を真空にすることにより、給水中に溶けている酸素などの気体を膨張させ、気泡に変化させて水中から除去します。

3 清缶剤 A

　清缶剤とは、水質を原因とする腐食やスケールの付着、キャリオーバなどの障害を防ぐために、ボイラー水または給水に直接添加する薬剤をいいます。清缶剤として用いられる薬剤には多くの種類があり、その主な**作用（使用目的）**は次の(1)～(5)に分類することができます。主な作用ごとに、使用する清缶剤の種類をみていきましょう。

(1) pHおよび酸消費量の調整

　pH（▶P.155）と酸消費量（▶P.156）を**調整**することは、ボイラーの腐食やスケールの付着を防ぐために非常に重要です。ボイラー水の**pHを適度な**アルカリ性**に保つ**ために用いる清缶剤としては、酸消費量（アルカリ度）を**上昇**さ

第2章 ボイラーの取扱いに関する知識 ● 16 日目

🔧 用語
気体透過膜
酸素などの気体分子のみを通させる性質をもつ高分子膜。

溶解性蒸発残留物等がキャリオーバの発生原因となることについて ▶P.125

ボイラー水は酸による腐食を防止するためアルカリ性で管理します。

プラスワン

低圧ボイラーでは、pHをある程度高く調整することで水中のシリカを可溶性の化合物に変えることもできる。

試験対策としては酸消費量付与剤が重要です。

スケールおよびスラッジについて
▶P.157

せる**酸消費量付与剤**と、酸消費量（アルカリ度）を**低下**させる**酸消費量上昇抑制剤**があります。低圧ボイラーでは、酸消費量付与剤として**水酸化ナトリウム**、**炭酸ナトリウム**などを用い、酸消費量上昇抑制剤には**りん酸ナトリウム**、**アンモニア**などを用います。

> **Point** pHおよび酸消費量の調整
> 低圧ボイラーでは酸消費量付与剤として、水酸化ナトリウムや炭酸ナトリウムなどが用いられる

（2）硬度成分の軟化

　ボイラー水中に**硬度成分**（カルシウムとマグネシウム）が多くなると、スケールとなって伝熱面に固着し、障害を招きます。そこで**硬度成分を軟化**して、不溶性の化合物である**スラッジ**に変えることによってスケールの付着を防止します。このような作用を果たす清缶材は軟化剤といい、炭酸ナトリウム、りん酸ナトリウムなどが用いられます。

> **Point** 軟化剤
> ● 軟化剤は、ボイラー水中の硬度成分を、不溶性の化合物（スラッジ）に変えるための薬剤である
> ● 軟化剤には、炭酸ナトリウム、りん酸ナトリウムなどがある

（3）スラッジの調整

　ボイラー内で軟化して生じた泥状のスラッジ（沈殿物）がたい積してくると、伝熱面に焼き付いて**スケール**になることがあります。これを防ぐため、**沈殿物の結晶の成長を防止する薬剤**（スラッジ調整剤）として、タンニンが用いられます。

> **Point** スラッジ調整剤
> スラッジ調整剤は、ボイラー内で軟化により生じた泥状の沈殿物の結晶の成長を防止するための薬剤である

プラスワン

スラッジはたい積しないよう、吹出しによってボイラー外へ排出する。

用語

タンニン
特定の樹木から採取される植物成分で、低圧ボイラーにおけるスラッジの調整のほか脱酸素剤としても用いられる。

(4) 溶存酸素の除去

　ボイラー水中の**溶存気体**である**酸素**（溶存酸素という）**を除去する**ための薬剤を、脱酸素剤といいます。化学反応により酸素を消費することによって鋼材の腐食を防ぐものであり、タンニン、亜硫酸ナトリウム、ヒドラジンなどが用いられます。

> **Point** 脱酸素剤
> - 脱酸素剤は、ボイラー水中の酸素を除去するための薬剤である
> - 脱酸素剤には、タンニン、亜硫酸ナトリウム、ヒドラジンなどがある

(5) 給水・復水系統の防食

　給水や復水系統の**配管**が、酸素や二酸化炭素によって腐食することを防ぐため、管の内面に被膜を形成する**被膜性防食剤**を使用します。また二酸化炭素が水に溶けるとpHが下がる（●P.155）ので、防食のため**pH調節剤**を使用します。

　ここであらためて、清缶剤の主な作用（使用目的）と、その作用ごとに清缶剤として用いる主な薬剤を、表にしてまとめておきましょう。

■ 清缶剤の主な作用と使用する薬剤

	主な作用（清缶剤）	主な薬剤
(1)	pHおよび酸消費量の調整 （酸消費量付与剤）	● 水酸化ナトリウム ● 炭酸ナトリウム
(2)	硬度成分の軟化 （軟化剤）	● 炭酸ナトリウム ● りん酸ナトリウム
(3)	スラッジの調整 （スラッジ調整剤）	● タンニン
(4)	溶存酸素の除去 （脱酸素剤）	● タンニン ● 亜硫酸ナトリウム ● ヒドラジン
(5)	給水・復水系統の 配管の防食	● 被膜性防食剤 ● pH調節剤

脱気器（●P.165）のほかに清缶剤でも脱気するんだ。

用語

ヒドラジン
無色透明の液体で、脱気により窒素と水しか生成せず、蒸発残留物を増やさないので、高圧ボイラーの脱酸素剤に用いられる。

(5) については、最近ほとんど出題されていません。

ひっかけ注意！
伝熱面にすすが付着することを防ぐのは清缶剤の作用ではなく、スートブローによるものである。
●P.117

プラスワン
清缶剤として用いる薬剤にはナトリウムの化合物が多く、カルシウムの化合物は用いられない。

第2章　ボイラーの取扱いに関する知識　● 16 日目

確 認 テ ス ト

Key Point			できたら チェック ☑
ボイラー系統内処理	☐	1	ボイラー系統内処理には、脱気器を用いて行う処理と、清缶剤を用いて行う処理がある。
溶存気体の除去（脱気）	☐	2	脱気とは、溶存気体である酸素（O_2）や二酸化炭素（CO_2）を給水中から除去することをいう。
清缶剤	☐	3	ボイラーの伝熱面へのすすの付着を防ぐことは、清缶剤の使用目的の1つである。
	☐	4	酸消費量を適度に保つことによって腐食を抑制することは、清缶剤の使用目的の1つである。
	☐	5	低圧ボイラーでは、酸消費量付与剤として、水酸化ナトリウムや炭酸ナトリウムが用いられる。
	☐	6	軟化剤は、ボイラー水中の硬度成分を、不溶性の化合物（スラッジ）に変えるための薬剤である。
	☐	7	軟化剤には、炭酸カルシウム、りん酸ナトリウムなどがある。
	☐	8	スラッジ調整剤は、ボイラー内で軟化により生じた泥状沈殿物の結晶の成長を防止するための薬剤である。
	☐	9	脱酸素剤は、ボイラー水中の酸素を除去するための薬剤である。
	☐	10	脱酸素剤には、タンニン、アンモニア、硫酸ナトリウムなどがある。

解答・解説

1.○　2.○　3.× 伝熱面へのすすの付着を防ぐことは、スートブローの目的であり、清缶剤の使用目的には含まれない。4.○　5.○ 酸消費量付与剤は、酸消費量（アルカリ度）を上昇させるときに用いる清缶剤。
6.○　7.× 軟化剤には炭酸ナトリウム、りん酸ナトリウムなどが用いられる。炭酸カルシウムは誤り。
8.○ スラッジ調整剤は、排出されていないスラッジ（泥状沈殿物）がたい積し、伝熱面に焼き付いてスケールになることを防止する。9.○　10.× 脱酸素剤には、タンニン、亜硫酸ナトリウム、ヒドラジンなどが用いられる。アンモニアと硫酸ナトリウムは誤り。

ワンポイント アドバイス

清缶剤の作用（使用目的）として誤っているものを選ばせる問題や、使用目的ごとに用いられる薬剤（酸消費量付与剤、軟化剤、脱酸素剤など）として誤っているものを選ばせる問題がよく出題される。

過去問にチャレンジ 1

問題　ボイラーの点火前の点検・準備に関するAからDまでの記述で、正しいもののみをすべて挙げた組合せは、次のうちどれか。

A　水面計によってボイラー水位が高いことを確認したときは、吹出しを行って常用水位に調整する。

B　水位を上下して水位検出器の機能を試験し、設定された水位の上限において、正確に給水ポンプが起動することを確認する。

C　験水コックがある場合には、水部にあるコックから水が出ないことを確認する。

D　煙道の各ダンパを全開にして、プレパージを行う。

(1)　A，B，D
(2)　A，C
(3)　A，C，D
(4)　A，D
(5)　B，D

解答・解説　　　　　　　　　　　　　　　　　　　　　　　▶ Lesson 1

A、Dの2つが正しい記述です。

Bの水位検出器は、水位を検出して給水量を操作する装置であり、検出方式の違いによってフロート式、電極式に分かれますが、いずれの方式でも、ボイラー点火前の点検の際には、水位を上下することによって水位検出器の機能を試験し、給水ポンプが設定された水位の上限で停止し、下限で起動することを確認します。したがって、Bは「水位を上下して水位検出器の機能を試験し、給水ポンプが設定水位の上限において正確に停止し、下限において起動することを確認する。」が正しい記述となります。

また、Cの験水コックは、コックを開いて水が出た位置に水面があるということを確認する水面測定装置なので（▶P.60）、Cは「験水コックがある場合には、水部にあるコックを開けて、水が噴き出すことを確認する。」が正しい記述となります。

正解 (4)

問題 ボイラーのスートブローについて、誤っているものは次のうちどれか。

(1) スートブローは、主としてボイラーの水管外面などに付着するすすの除去を目的として行う。

(2) スートブローは、燃焼量の低い状態で行うと、火を消すおそれがある。

(3) スートブローは、圧力および温度が低く、多少のドレンを含む蒸気を使用する方がボイラーへの損傷が少ない。

(4) スートブロー中は、ドレン弁を少し開けておくのが良い。

(5) スートブローの回数は、燃料の種類、負荷の程度、蒸気温度などに応じて決める。

解答・解説　　　　　　　　　　　　　　　　　　　　　　　▶ Lesson 2

(1)(2)(4)(5)は、正しい記述です。

ボイラーを長く運転していると、ボイラーの外部伝熱面に付着するすすの量が増加してきます。すすが付着すると、熱伝達が悪くなり、ボイラー効率が低下するため、付着したすすに蒸気または圧縮空気を吹き付けて伝熱面を清掃します。これをスートブローといいます。

ドレンとは、蒸気が温度低下によって水（水滴）に変化したものです。

スートブロワ（すす吹き器）から出る蒸気や圧縮空気にドレンが含まれていると、吹き出すドレンの衝撃で伝熱面に穴が開いたり腐食を起こしたりするので、十分にドレンを抜いた乾燥した蒸気・圧縮空気を使用する必要があります。

したがって、(3)は、「スートブローの蒸気には、ドレンを抜いた乾燥したものを用いる。」が正しい記述となります。

正解 (3)

過去問にチャレンジ 3

問題 ボイラーの内面清掃の目的として、適切でないものは次のうちどれか。

(1) すすの付着による効率の低下を防止する。

(2) スケールやスラッジによる過熱の原因を取り除き、腐食や損傷を防止する。

(3) スケールやスラッジによるボイラー効率の低下を防止する。

(4) 穴や管の閉塞による安全装置、自動制御装置などの機能障害を防止する。

(5) ボイラー水の循環障害を防止する。

解答・解説　　　　　　　　　　　　　　　　　　　　　　　● Lesson 10

ボイラーの内面清掃とは、伝熱管の内面（ボイラー水側）の清掃のことであり、伝熱管の内面に固着した不純物（スケール）や底部に沈殿した不純物（スラッジ）の除去を目的としています。具体的には、次の通りです。

①スケールやスラッジによるボイラー効率の低下を防ぐ →肢(3)

②スケールやスラッジによる過熱の原因を取り除き、腐食や損傷を防ぐ →肢(2)

③穴や管の閉塞による安全装置、自動制御装置などの機能障害を防ぐ →肢(4)

④ボイラー水の循環障害を防ぐ →肢(5)

⑤スケールの付着、腐食の状態などから水管理の良否を判断する

これに対して、(1)のすすは、ボイラーの外部伝熱面に付着するものなので、これを除去するのは内面清掃ではなく、**外面清掃**の目的になります（水管の外面の汚れは通常、スートブローによって除去しますが、除去できない範囲についてはボイラー停止時に外面清掃を行い、すすや灰を除去します）。

したがって、(2)(3)(4)(5)は内面清掃の目的として適切ですが、(1)は適切ではありません。

正解（1）

過去問にチャレンジ 4

問題 ボイラーの水管理について、誤っているものは次のうちどれか。

(1) 水溶液が酸性かアルカリ性かは、水中の水素イオンと水酸化物イオンの量により定まる。

(2) 常温（25℃）でpHが7未満は酸性、7は中性である。

(3) 酸消費量は、水中に含まれる水酸化物、炭酸塩、炭酸水素塩などのアルカリ分の量を示すものである。

(4) 酸消費量（pH4.8）を滴定する場合は、フェノールフタレイン溶液を指示薬として用いる。

(5) 全硬度は、水中のカルシウムイオンおよびマグネシウムイオンの量を、これに対応する炭酸カルシウムの量に換算し、試料1リットル中のmg数で表す。

解答・解説 ▶ Lesson 12

(1)(2)(3)(5)は、正しい記述です。

水溶液の酸性、中性、アルカリ性を確かめるときに用いるフェノールフタレイン溶液などの試薬をpH指示薬といいます。水溶液のpH値によって色調が変化し、色調が変化するpHの範囲を変色域といいます。フェノールフタレイン溶液の場合、変色域はpH8.2〜10.0とされており、pH8.2以下で無色、pH10.0以上で赤色を呈します。このため酸消費量（pH4.8）を滴定（測定）する場合、pH4.8はフェノールフタレイン溶液の変色域から離れているため、滴定することができません。酸消費量（pH4.8）を滴定する場合は、変色域がpH4.4〜6.2とされているメチルレッド（pH4.4以下で赤色、pH6.2以上で黄色）というpH指示薬を用います。この指示薬ならば変色域の範囲内にpH4.8が含まれているので、滴定が可能です。

なお、フェノールフタレイン溶液は、酸消費量（pH8.3）を滴定する場合に用います。

正解（4）

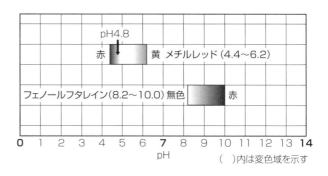

燃料および燃焼

に関する知識

この章では、ボイラーの燃料である液体燃料
（主に重油）、気体燃料（都市ガスなど）、固
体燃料（主に石炭）について、それぞれの特
徴をまず理解します。次に、燃料ごとに異な
る燃焼方式、燃焼設備について学んだ後、燃
焼室と通風について学習します。燃焼室のと
ころでは理論的な話も出てきます。燃料が重
油である場合と、都市ガスや石炭を燃料とす
る場合ではどこが違うのかということに着目
すると、理解が深まります。

17日目

Lesson. 1 ボイラーの燃料

燃料の組成を調べる燃料の分析のほか、燃焼に関して着火温度（発火点）と引火点、発熱量について学習します。燃料の種類によってどのような分析方法を用いるのか、着火温度と引火点の違い、高発熱量と低発熱量の違いなどが重要です。

いろんな燃料がありますね。

それぞれ、分析方法も違うのよ。

液体燃料（重油など）

気体燃料（都市ガスなど）

固体燃料（石炭など）

1コマ劇場

1 燃料の分析 　　　　A

ボイラーに用いられる**燃料**には、**重油**などの液体燃料のほか、**都市ガス**などの気体燃料や、**石炭**などの固体燃料があります。燃料の分析とは、これらの**燃料の組成**（物質を成り立たせている成分）を調べるために行うものであり、**元素分析、成分分析、工業分析**の3つがあります。分析の方法は、**日本産業規格**（JIS）に準拠します。

（1）元素分析

通常、**液体燃料**と**固体燃料**には元素分析が用いられます。液体燃料、固体燃料の組成である**炭素、水素、窒素**および**硫黄**を測定し、100からこれらの成分を差し引いた値を酸素として扱います。各成分は質量（%）で表します。

（2）成分分析

気体燃料には成分分析を用います。気体燃料に含まれている**メタン、エタン**などの成分を測定するもので、各成分は体積（%）で表されます。

それぞれの燃料の特徴については、後のレッスンで詳しく学習していきます。

🔧 用語

メタン、エタン
いずれも炭素と水素からなる化合物で、可燃性のガスとして存在する。

（3）工業分析

　石炭などの**固体燃料**については**工業分析**もよく用いられます。分析に使う**固体燃料**を室温の空気中に放置して乾燥させ（これを**気乾試料**という）、その**水分**、**灰分**、**揮発分**を測定し、残りを**固定炭素**として質量（%）で表します。

水分 （%）	灰分 （%）	揮発分 （%）	固定炭素 （%）
← 測定する成分 →			残り

　式で表すと、次のようになります。

固定炭素 = 100 -（水分 + 灰分 + 揮発分）〔単位：質量%〕

> **Point.. 工業分析**
>
> 燃料の**工業分析**は、**固体燃料**を**気乾試料**として**水分**、**灰分**および**揮発分**を測定し、残りを**固定炭素**として質量（%）で表す

2　着火温度　　B

　物質が酸素と結び付く反応を**酸化反応**といい、このうち熱と光が発生するものを特に**燃焼**といいます。物質が燃焼するには、**可燃物**（燃料など）、**酸素供給体**（空気など）、**熱源**（点火源など）が同時に存在する必要があり、通常、可燃物を燃焼させるときは火炎などの点火源を用います。

　ところが空気中で可燃物を**加熱**した場合、点火源を与えなくても、可燃物そのものが着火（発火）して燃え始めることがあります。このように、**燃料（可燃物）を空気中で加熱し、他から点火しないで自然に燃え始めるときの最低の温度**を**着火温度**（**発火点**）といいます。

　着火温度は、燃料が加熱されて**酸化反応**によって発生する熱量と、外気に放散される熱量との平衡（つり合い）によって決まります。

点火源は不要でも着火温度まで加熱するための熱源は必要です。

プラスワン
酸化反応は熱を生じる発熱反応。

3 引火点 A

　液体燃料などの可燃性の液体は、液体そのものが燃焼するわけではなく、液体から蒸発した可燃性蒸気が空気中の酸素と結び付いて燃焼します。つまり、可燃性蒸気と空気との**混合気体**が燃焼するのですが、混合気体は可燃性蒸気の濃度が薄すぎても濃すぎても燃焼できず、一定範囲内の濃度のときにだけ燃焼します。そして、**混合気体が燃え出すのに十分な濃度の可燃性蒸気が液面上に発生したとき**、小火炎など(点火源)を近付けると、瞬間的に光を放って燃え始めます。これを引火といい、**燃え始めるときの最低の温度**(可燃性液体の液温)を引火点といいます。

■ 液体燃料の引火

加熱する　　　　　　液温≧引火点

①液体燃料　　　　②可燃性蒸気が　　　③燃え出すのに十分
　(可燃性液体)　　　 発生　　　　　　　 な濃度の蒸気発生
　　　　　　　　　　　　　　　　　　　　 ＋点火源⇒引火

重要
混合気体

可燃性蒸気
＋
空気
⇩
混合気体

ひっかけ注意!
引火点と着火温度を間違えないよう注意しよう。

可燃性蒸気のことを、試験では単に「蒸気」と表記している場合があります。

4 発熱量　　　　　　　　　　　A

(1) 発熱量とは

　燃料を完全燃焼させたときに発生する熱量を、発熱量といいます。完全燃焼せず未燃分が残っていると、その燃料の正確な発熱量を知ることはできません。

　発熱量は、その燃料の**単位量当たりの熱量**で表します。この場合、熱量の単位には**MJ**（メガジュール）を用います。**液体燃料**と**固体燃料**は通常、単位量として**質量**〔kg〕を用いるので、発熱量は〔MJ/kg〕という単位で表されます。一方、**気体燃料**は通常、単位量として**体積**〔m^3_N〕を用いるので、発熱量は〔MJ/m^3_N〕という単位になります。

(2) 高発熱量と低発熱量

　発熱量は、同一の燃料について、**高発熱量**と**低発熱量**の2通りの表し方があります。

①高発熱量（総発熱量）

　燃料が燃焼した場合、その燃料中に含まれていた水分や水素から生じた蒸気（水蒸気）は、気体のまま排出されることもあれば、**潜熱**を放出して蒸気から水（液体）に戻ることもあります。高発熱量とは**蒸気が水に戻るとき放出する潜熱を含んだ発熱量**をいい、総発熱量とも呼ばれます。

②低発熱量（真発熱量）

　ボイラーでは通常、燃料中の水分や水素から生じた蒸気（水蒸気）は気体のまま排出されるので、ボイラー効率の算定には潜熱を含まない発熱量を用います。このように、**高発熱量から水蒸気の潜熱を差し引いた発熱量**を低発熱量といいます（真発熱量とも呼ぶ）。高発熱量と低発熱量の差は燃料に含まれる**水分と水素の割合**によって定まります。

1 MJとは、1 kJのさらに1,000倍の大きさ。つまり1 MJ＝100万J。熱量の単位について ▶P.39

用語

〔m^3_N〕
ノルマル立方メートルと読む。温度0℃で標準大気圧における体積を表す単位。標準大気圧について ▶P.43

潜熱
状態変化に使用される熱（▶P.45）。気体から液体に状態変化する場合は熱エネルギーが余るので潜熱が放出される。

ボイラー効率の算定に低発熱量を用いることについて ▶P.49

Point 高発熱量と低発熱量
高発熱量と低発熱量の差は、水蒸気の潜熱を含むか否かであり、燃料に含まれる水分と水素の割合によって定まる

確 認 テ ス ト

Key Point			できたら チェック ☑
燃料の分析	☐	1	燃料の組成を示すとき、通常、液体燃料と固体燃料には元素分析が、気体燃料には成分分析が用いられる。
	☐	2	日本産業規格による燃料の工業分析は、固体燃料を気乾試料として、水分、灰分および硫黄分を測定し、残りを固定炭素として質量〔%〕で表す。
着火温度	☐	3	燃料を空気中で加熱し、他から点火しないで自然に燃え始める最低の温度を着火温度という。
	☐	4	着火温度は、燃料が加熱されて中和反応により発生する熱量と、外気に放散される熱量との平衡によって決まる。
引火点	☐	5	液体燃料を加熱すると蒸気が発生し、これに小火炎を近付けたとき、瞬間的に光を放って燃え始める最低の温度を引火点という。
発熱量	☐	6	発熱量とは、燃料を完全燃焼させたときに発生する熱量をいう。
	☐	7	液体燃料と固体燃料の発熱量の単位は、通常、MJ/m^3_Nで表す。
	☐	8	高発熱量は、水蒸気の潜熱を含む発熱量であり、総発熱量ともいう。
	☐	9	低発熱量は、高発熱量から水蒸気の潜熱を差し引いた発熱量であり、真発熱量ともいう。
	☐	10	高発熱量と低発熱量の差は、燃料に含まれる炭素の割合によって定まる。

解答・解説

1.○　2.× 工業分析では、固体燃料の水分、灰分および揮発分を測定し、残りを固定炭素とする。硫黄分は測定しない。　3.○　4.× 中和反応ではなく、酸化反応によって発生する熱量である。　5.○　6.○　7.× 液体燃料および固体燃料は、発熱量の単位としてMJ/kgを用いる。MJ/m^3_Nを用いるのは気体燃料である。　8.○　9.○　10.× 高発熱量と低発熱量の差は、水蒸気の潜熱を含むか含まないかの違いであり、燃料に含まれる水分と水素（どちらも水蒸気を発生させるもと）の割合によって定まる。

ワンポイント アドバイス

試験では、工業分析、着火温度および引火点について、空所補充の形式で出題されている。本文の記述を確実に理解し、頭に入れておこう。

17日目

Lesson. 2

液体燃料の特徴
（1）重油の性質

このレッスンでは、ボイラーの液体燃料として最も広く使用されている重油について、その性質を学習します。試験では、重油の粘度、密度、引火点、発熱量のほか、比熱について出題されています。A重油、B重油、C重油の違いを理解しましょう。

1コマ劇場

A重油のほうがさらっとした感じですね。

これは重油よ。

1 液体燃料の種類   B

　ボイラーの液体燃料として、一部では**灯油**や**軽油**が使用されていますが、最も広く使用されているのは**重油**です。重油とは、原油を蒸留する過程でガソリンや灯油、軽油を取り出した後に残る石油製品であり、形状は褐色または暗褐色の粘性（ねばりけ）のある液体です。

　日本産業規格（JIS）では、粘度（流れにくさの度合）の低い順から、重油を**A重油**、**B重油**、**C重油**の3種類に分類しています。A重油は最も**粘度が低い**重油で、発熱量が高いので、**高品質**の燃料とされています。一方、C重油は最も**粘度が高く**、発熱量が低い上、硫黄分が多いことから**低品質**の燃料とされています。

用語

灯油
原油を精製する過程で得られるケロシンという成分からつくられる石油製品。
軽油
原油からつくられる石油製品で、硫黄の含有量が多いことと液体の色以外は灯油とほぼ同様の性質を示す。

A重油	B重油	C重油

←粘度が低い　　　　　　　　　　　　　　　　　　粘度が高い→

179

2 重油の性質　A

　重油の主な性質を、A重油〜C重油ごとに表にまとめてみましょう。

■重油の主な性質（日本産業規格による重油の分類より）

	動粘度〔㎟/s〕	密度〔g/㎤〕	引火点〔℃〕	低発熱量〔MJ/kg〕
A重油	20以下	0.86	60以上	42.73
B重油	50以下	0.89	60以上	42.40
C重油	250以下〜1,000以下	0.93	70以上	40.92

　上の表の性質その他について、見ていきましょう。

（1）粘度（動粘度）

　日本産業規格では、上の表のように**動粘度**（粘度を密度で割った値）によって**液体の流れにくさ**の度合を表しています。上の表を見ると、A重油に比べてB重油、C重油と粘度が高くなっていくことがわかります。粘度が高いと、バーナの噴霧状態などに悪影響を及ぼすため、できるだけ粘度を低くする必要があります。

　一般に、流体（液体や気体）は温度が高くなるにつれて粘度が低下していきます。**重油の粘度も温度が上昇すると低くなる**ので、B重油やC重油などの粘度の高い重油は、噴霧に適した粘度にするため、加熱してから使用することとされています。これに対し、A重油や軽油は一般に加熱を必要としません。

Point 重油の粘度

重油の粘度は、温度が上昇すると低くなる

（2）密度

　密度とは、物質の**単位体積当たりの質量**（重さ）をいいます。密度を式で表すと、次の通りです。

$$密度〔g/cm^3〕= \frac{質量〔g〕}{体積〔cm^3〕} \quad \cdots ①$$

重油の密度は、15℃のとき0.84〜0.96〔g/cm³〕とされています。しかし、温度が上昇すると重油の体積は膨張して大きくなるため、式①より密度が減少することがわかります。つまり、**重油の密度は、温度が上がると減少する**ということです。

Point..重油の密度
重油の密度は、温度が上昇すると減少する

プラスワン
分母（体積）だけが大きくなった場合、分数の値（密度）は小さくなる。

（3）引火点

重油の引火点（●P.176）は、日本産業規格ではA重油とB重油が60℃以上、C重油が70℃以上とされており、一般には、**密度の小さい重油ほど引火点が低く**なります。また、引火点が低いということは、低い液温で引火できるということであり、高品質な重油であるといえます。

Point..重油の引火点
密度の小さい重油は、密度の大きい重油より一般に引火点が低い

プラスワン
日本産業規格において、重油の引火点は60〜70℃とされているが、実際の引火点は平均で100℃前後である。

（4）発熱量（低発熱量）

日本産業規格では、**低発熱量**（●P.177）によって重油の**発熱量（単位質量当たりの発熱量〔MJ/kg〕）**を表します。前ページの表より、**密度の小さい重油のほうが密度の大きい重油よりも単位質量当たりの発熱量が大きい**ことがわかります。

（5）比熱

比熱とは、物質1kgの温度を1℃（1K）上昇させるのに必要な熱量をいいます。一般に、**流体の比熱はその温度および密度によって変化します**。重油の比熱も同様です。

Point..重油の比熱
重油の比熱は、温度および密度によって変わる

液体燃料の発熱量は単位質量当たりで表すので、単位は〔MJ/kg〕となります。●P.177

比熱について ●P.39

これまで学習した内容を、まとめておきましょう。

	A重油	B重油	C重油
品　質	高品質	→	低品質
粘　度	低い	→	高い
密　度	小さい	→	大きい
引火点	低い	→	高い
発熱量*	大きい	→	小さい

＊単位質量当たりの低発熱量〔MJ/kg〕

確 認 テ ス ト

Key Point			できたら チェック ☑
液体燃料の種類	☐	1	日本産業規格では、重油を粘度の高い順に、A重油、B重油、C重油の3種類に分類している。
重油の性質	☐	2	重油の粘度は、温度が上昇すると低くなる。
	☐	3	重油の密度は、温度が上昇すると減少する。
	☐	4	密度の小さい重油は、密度の大きい重油より一般に引火点が高い。
	☐	5	密度の大きい重油は、密度の小さい重油より単位質量当たりの発熱量が小さい。
	☐	6	C重油は、A重油より単位質量当たりの発熱量が大きい。
	☐	7	重油の比熱は、温度および密度によって変わる。
	☐	8	重油が低温になって凝固するときの最低温度を凝固点という。

解答・解説

1．× 粘度の高い順ではなく、低い順にA重油、B重油、C重油としている。　2．○ 重油は、温度が上昇するにつれて粘度が低くなり、さらさらの状態に近付いていく。　3．○ 温度が上昇すると、重油が膨張して体積が大きくなるからである。　4．× 一般に、密度の小さい重油ほど引火点は低くなる。　5．○　6．× A重油のほうが密度が小さいので、単位質量当たりの発熱量が大きい。7．○　8．× 最低温度ではなく、最高温度。

ワンポイント アドバイス

重油の性質については、「○○のほうが大きい」「○○のほうが低い」といった出題が多いので混乱しないように。A重油がなぜ燃料として高品質なのかという理由を考えながら、このページの上のまとめ表を頭に入れておくとよい。

18日目

Lesson. 3

液体燃料の特徴
（2）重油の成分による障害

🔥 このレッスンでは、重油に含まれる成分が原因となって起こる障害について学習します。重油に含まれる水分が多い場合や、重油の中で形成されたスラッジによって起こる障害、灰分、硫黄分、残留炭素分による障害などが出題されています。

1 水分およびスラッジによる障害　A

　重油に含まれる**水分**や**スラッジ**の量は、固体燃料と比べると極めて少ないといえますが、重油の精製過程、輸送中または貯蔵中などに**多量の水分が混入**した場合には、水分そのものまたは貯蔵中に形成されたスラッジが次のような障害の原因になることがあります。

スラッジについて
▶P.157

（1）水分による障害

　重油に含まれる水分が多いと、バーナから**重油と水分が交互に噴出**し、火炎が切れ切れとなって、不安定な燃焼になります。これを**いきづき燃焼**といいます。また、重油に含まれる水分は、加熱されて蒸気になるとそのまま排出されるので、水分の蒸発に使われた熱量は損失（熱損失）になり、**ボイラー効率を低下**させます。

　さらに、重油に含まれる水分が多いと、燃料油タンク内で、重油に含まれる各種の不純物が分離して**水と反応**し、重油に溶けずに沈殿して**スラッジ**を形成します。

🔩 用語

いきづき燃焼
噴霧の状態にむらができることによって生じる振動燃焼。

ボイラー効率について ▶P.48

なお、重油などの燃料油を**加熱する温度が高すぎ**たり、燃料油の性状に異常がある場合、管内で**燃料油が気化**して供給がスムーズに行われなくなる現象を、ベーパロックといいます。これも重油を燃料に使用した場合に起こる障害の１つですが、重油に含まれる水分が多いことを原因とするものではありません。

(2) スラッジによる障害

重油の貯蔵中にできた**スラッジ**は、徐々にバーナの先端まで流れていき、その途中で**弁、ろ過器（油ストレーナ）、バーナチップ**などを閉そくさせ、ボイラーを失火させる危険があります。また**ポンプ、流量計**（P.61）、**バーナチップ**などを摩耗させてしまいます。

2 灰分、硫黄分、残留炭素分による障害 B

(1) 灰分による障害

灰分とは燃料が**完全燃焼**した後に残留する不燃性物質のことをいいます。固体燃料と比べると極めて少ないものの、重油にもわずかながら灰分が含まれており、ボイラーの**伝熱面に薄い膜状に付着**して、伝熱を阻害します。

左欄外:

重油の加熱温度による弊害について
▶P.196

😲 **ひっかけ注意！**
重油に含まれる水分の多いことがベーパロックを起こす原因であるとする記述は×。

⚙ **用語**
油ストレーナ
燃料油に含まれている不純物を取り除くためのろ過器。
バーナチップ
燃料を噴霧するためにバーナの先端箇所に取り付ける部品。

灰分が工業分析の測定成分とされていることについて
▶P.175

Point.. 灰分による障害

灰分は、ボイラーの伝熱面に付着し、伝熱を阻害する

また、バナジウムという金属元素を多く含む重油を使用すると、重油に含まれている**灰分**が高温燃焼中にボイラーの**伝熱管に溶けた状態で付着**し、管を激しく**腐食**します。このような現象を、高温腐食といいます。

(2) 硫黄分による障害

硫黄分は、**低品質**の重油ほど含有量が多くなります。

重油に含まれる**硫黄分**は、重油の燃焼中に酸素と結び付いて二酸化硫黄（SO_2）となり、その一部がさらに酸素と結び付いて三酸化硫黄（SO_3）となります。**二酸化硫黄**は一般に**亜硫酸ガス**と呼ばれ、三酸化硫黄とともに**大気汚染**の原因となります。

また、三酸化硫黄は燃焼ガス中の水蒸気（H_2O）と結び付いて**硫酸**（H_2SO_4）の蒸気（硫酸ガス）となり、これがエコノマイザや空気予熱器などの低温部分に接触すると、液体の硫酸となってこれらの**伝熱面を腐食**します。この現象を低温腐食といいます。

Point.. 硫黄分による障害

硫黄分は、ボイラーの低温伝熱面に低温腐食を起こす

---

(3) 残留炭素分による障害

残留炭素とは、重油などの石油類を高温で加熱したときに、燃え切らずに残った**炭化物**をいいます。残留炭素は、ばいじんとなって煙突から排出され、**大気汚染**の原因となります。重油に含まれる**残留炭素分**が多いほど、**ばいじんの量は増加**することになります。

Point.. 残留炭素分による障害

残留炭素分が多いほど、ばいじん量が増加する

プラスワン

バナジウムは原油中に化合物として存在し、原油の精製過程において重油に含まれてくる。高温腐食のうち、バナジウムを原因とするものをバナジウムアタックともいう。

プラスワン

燃焼ガス中の酸素の濃度を下げることでSO_2からSO_3への反応を抑制できる。

燃料の硫黄分によってエコノマイザに低温腐食が起こることについて
▶P.85

用語

炭化物
炭素と他の物質との化合物。
ばいじん
燃料などが燃焼することに伴って発生する粒子状の物質。

■ 灰分などの含有量（日本産業規格による重油の分類より）

	灰分〔質量%〕	硫黄分〔質量%〕	残留炭素分〔質量%〕
A重油	0.05以下	0.5以下*	4以下
B重油	0.05以下	3.0以下	8以下
C重油	0.1以下	3.5以下	−

＊種類によっては2.0以下

確 認 テ ス ト

Key Point	できたら チェック ☑	
水分および スラッジによる 障害	☐ 1	重油に含まれる水分が多いと、いきづき燃焼を起こす。
	☐ 2	重油に含まれる水分が多いと、熱損失を招く。
	☐ 3	重油に含まれる水分が多いと、バーナ管内でベーパロックを起こす。
	☐ 4	重油に含まれるスラッジは、ポンプ、流量計、バーナチップなどを摩耗させる。
	☐ 5	重油に含まれるスラッジは、弁、ろ過器、バーナチップなどを閉そくさせる。
灰分、硫黄分、 残留炭素分に よる障害	☐ 6	重油に含まれる灰分は、ボイラーの伝熱面に付着し伝熱を阻害する。
	☐ 7	重油に含まれる硫黄分は、ボイラーの伝熱面に高温腐食を起こす。
	☐ 8	重油に含まれる残留炭素分が多いほど、ばいじん量は増加する。

解答・解説

1.○ いきづき燃焼とは、バーナから重油と水分が交互に噴出することで火炎がきれぎれとなった不安定な燃焼をいう。 2.○ 重油に含まれる水分は、加熱されて蒸気になるとそのまま排出されるので、この蒸発に使われた熱量は損失（熱損失）となる。 3.× ベーパロックとは、燃料油を加熱する温度が高すぎた場合などに管内で燃料油が気化して供給がスムーズに行われなくなる現象をいう。水分が多いことはベーパロックの原因ではない。 4.○ 5.○ 6.○ 灰分は、ボイラーの伝熱面に薄い膜状に付着して伝熱を阻害する。 7.× 重油に含まれる硫黄分は、ボイラーの低温伝熱面に低温腐食を起こす。なお、バナジウムを多く含む重油を使用した場合には、灰分が伝熱面に溶けた状態で付着し高温腐食を起こす。 8.○ 残留炭素とは、石油類を高温で加熱したときに燃え切らずに残った炭化物をいう。これに対して、灰分は完全燃焼した後に残留する物質である。残留炭素と灰分を混同しないこと。

ワンポイント アドバイス

重油に含まれる水分が多い場合に起こる障害は、いきづき燃焼、熱損失、スラッジの形成であり、ベーパロックは誤り。また、硫黄分によって起こる腐食は低温腐食である。

18日目

Lesson. 4 気体燃料の特徴

ボイラーに一般的に使用されている気体燃料の種類と、液体燃料や固体燃料と比較した気体燃料の特徴について学習します。気体燃料が「クリーンな燃料」と呼ばれる理由を考えながら、理解していきましょう。

でも燃料費が…

CO_2、NO_x
少量

気体燃料って、クリーンな燃料なんですね。

1コマ劇場

都市ガス

ガスだきボイラー

排ガス

SO_x
排出せず

1 気体燃料の種類　　A

気体燃料のうち、ボイラーに一般的に使用されているものとして、次の(1)〜(3)が重要です。

(1) 都市ガス（天然ガス）

都市ガスのほとんどは、**天然ガス**を原料としています。天然ガスとは、地下から産出されるガスのうち**炭化水素**を主成分とする可燃性のガスをいい、メタンを主成分とする**乾性ガス**と、メタンのほか**エタン**、**プロパン**、**ブタン**などを含む**湿性ガス**に分けられます。天然ガス（湿性ガス）を産地で精製してから、−162℃に冷却して液化したものが液化天然ガス（LNG）で、都市ガスはこれが主流です。

Point. 都市ガス（天然ガス）

● 都市ガスは、一般に天然ガスを原料としている
● 液化天然ガス（LNG）は、天然ガスを産地で精製した後、−162℃に冷却して液化したものである

用語

炭化水素
炭素（C）と水素（H）の化合物。次の気体はすべて炭化水素。
● メタン（CH_4）
● エタン（C_2H_6）
● プロパン（C_3H_8）
● ブタン（C_4H_{10}）

プラスワン

天然ガスのうち液化できるのは湿性ガスで、乾性ガスは液化できない。

LNGとLPG
L：Liquefied
　「液化」
N：Natural「天然」
G：Gas「気体」
P：petroleum
　「石油」

ひっかけ注意！
LNGは空気よりも軽
い。一方、LPGは空
気より重い。

用語
コークス
石炭を高熱で蒸し焼
きしてできる、火力
の強い固体燃料。

（2）液化石油ガス（LPG）

　液化石油ガス（LPG）とは、気体の石油ガス（プロパン
やブタンなど）に圧力を加えて液化したものをいいます。
LPGの特徴として、**都市ガスに比べて発熱量が大きいこと**
と、**空気よりも重いこと**などが重要です。また液体燃料を
使用する場合、パイロットバーナと呼ばれる点火用バーナ
をよく用いますが、この**パイロットバーナの燃料**として、
液化石油ガス（LPG）が多く使用されています。

> **Point** 液化石油ガス（LPG）
> ● **LPGは、都市ガスと比べて発熱量が大きい**
> ● **液体燃料ボイラーのパイロットバーナの燃料は、LPGを使用**
> 　**することが多い**

（3）副生ガス

　副生ガスとは、**製鉄所の溶鉱炉から排出する高炉ガス**、
コークスをつくるとき排出する**コークス炉ガス**、**石油工場**
で石油類を分解するとき発生する**オフガス**など、副次的に
生まれるガスのことをいいます。副生ガスは、特定の区域
（エリア）や特定の工場で、発熱量の大きい有用なガスと
して使用されています。

> **Point** 副生ガス
> 特定エリアや工場で使用される気体燃料として、製鉄所や石油
> 工場の副生ガスがある

2 気体燃料の特徴　　　　　　　　A

　気体燃料の特徴を、液体燃料、固体燃料と比較しながら
まとめておきましょう。

（1）成分中の水素の比率が高い

　気体燃料はメタンなどの炭化水素を主成分としており、
メタンの分子式（CH_4）からも**成分中の炭素（C）**に対す

る水素（H）の比率が高いことがわかります。このため、同じ熱量を発生させた場合、固体燃料や液体燃料と比べて二酸化炭素（CO_2）の排出量が少なくなり（石炭と比べて約60％、液体燃料と比べて約75％）、温室効果ガスの削減に有効です。

> **Point.. 気体燃料の特徴①**
> 気体燃料は、石炭や液体燃料と比べて成分中の炭素に対する水素の比率が高く、CO_2の排出量が少ない

（2）硫黄分、窒素分、灰分が少ない

気体燃料は硫黄分、窒素分が非常に少ないので、燃焼に伴って発生するばい煙（硫黄酸化物SO_x、窒素酸化物NO_xその他の有害物質）の排出量が液体燃料と比べて少なく、特に都市ガスはSO_xを排出しません。このため、公害防止の観点からも有利です。

> **Point.. 気体燃料の特徴②**
> 都市ガスは、液体燃料に比べて窒素酸化物NO_xの排出量が少なく、硫黄酸化物SO_xは排出しない

また、灰分が非常に少ないので、伝熱面や火炉壁（火炉の壁面）を汚染することもほとんどありません。

> **Point.. 気体燃料の特徴③**
> 燃料中に灰分が少ないので、伝熱面や火炉壁を汚染することがほとんどない

（3）漏えいすると危険

気体燃料は、漏えいすると空気と混合して可燃性混合気をつくりやすく、爆発や火災を起こす危険性があるため、漏えいの防止に十分留意しなければなりません。

（4）燃料費が割高

ほかの燃料に比べると、発熱量当たりの燃料費は割高になります。

✎ プラスワン

炭素に対する水素の比率が高いということは、炭素の比率が低いということ。このため、炭素（C）と酸素（O）の化合物であるCO_2の排出量は少なくなる。

⚙ 用語

SO_x
燃焼により発生する二酸化硫黄（SO_2）、三酸化硫黄（SO_3）等を表す。
NO_x
燃焼により発生する一酸化窒素（NO）や二酸化窒素（NO_2）等を表す。

液体燃料の場合も液体から蒸発した可燃性蒸気と空気の混合気体が燃焼することについて
⏵P.176

第3章
燃料および燃焼に関する知識 ● **18**日目

確認テスト

Key Point			できたら チェック ☑
気体燃料の種類	☐	1	都市ガスは、一般に天然ガスを原料としている。
	☐	2	液化天然ガス（LNG）は、天然ガスを産地で精製後、－162℃に冷却して液化したものである。
	☐	3	液化石油ガス（LPG）は、空気より軽く、都市ガスに比べて発熱量が小さい。
	☐	4	液体燃料ボイラーのパイロットバーナの燃料は、LNGを使用することが多い。
	☐	5	特定エリアや特定の工場で使用される気体燃料として、製鉄所や石油工場の副生ガスがある。
気体燃料の特徴	☐	6	気体燃料は、石炭や液体燃料と比べて、成分中の炭素に対する水素の比率が高い。
	☐	7	気体燃料は、燃料中の硫黄分や灰分が少なく、公害防止上有利であり、伝熱面や火炉壁を汚染することがほとんどない。
	☐	8	都市ガスは、液体燃料に比べてNOₓやCO₂の排出量が多いが、SOₓは排出しない。
	☐	9	気体燃料は、ほかの燃料と比べて燃料費が割安である。
	☐	10	気体燃料は、漏えいすると可燃性混合気をつくりやすく、爆発の危険がある。

解答・解説

1.○ 特に液化天然ガス（LNG）が都市ガスの主流となっている。 2.○ 3.× 液化石油ガス（LPG）は、空気より重い（LNGは空気より軽い）。また、LPGは都市ガスと比べて発熱量が大きい。 4.× LNGではなく、発熱量の大きいLPGを使用することが多い。 5.○ 副生ガスとは、製鉄所の高炉ガスやコークス炉ガス、石油工場のオフガスといった副次的に生まれるガスをいう。 6.○ このため成分中の炭素の割合は低いので、二酸化炭素（CO₂）の排出量が少ない。 7.○ 硫黄分が少ないことから硫黄酸化物SOₓの排出量が少なくなり、公害防止上有利である。また灰分が少ないため伝熱面や火炉壁の汚染がほとんどない。 8.× 都市ガスなどの気体燃料は、液体燃料と比べてNOₓやCO₂の排出量が少ないので前半の記述は誤り。都市ガスがSOₓを排出しないという後半の記述は正しい。 9.× 気体燃料はほかの燃料に比べると、発熱量当たりの燃料費が割高になる。 10.○

ワンポイント アドバイス

試験では「液体燃料や固体燃料と比較した気体燃料の特徴」として出題される場合もあるが、単に「気体燃料の特徴について」とされている問題と変わりはない。

190

19日目

Lesson. 5 固体燃料（石炭）の特徴

固体燃料には、石炭、コークス（◉P.188）、木炭などがありますが、試験対策としては、最も重要な石炭について学習しておけば十分です。試験では石炭の発熱量、灰分、揮発分、固定炭素、燃料比などについて出題されています。

1コマ劇場

石炭ができるまでには、気の遠くなるほどの時間が必要だったんだ…

1 石炭化度（炭化度）　　C

　石炭は、原始の**植物**が変化したものです。植物には**炭素**のほかに**水素**や**酸素**も多く含まれていますが、植物が地中に埋まり、長い年数にわたって地熱や圧力を受けるうちに水素と酸素は減少して、ほとんど**炭素**になっていきます。これを**石炭化作用**といい、石炭化の進行度合を石炭化度といいます（単に**炭化度**という場合もある）。

　植物は石炭化が進むにつれて、褐炭→瀝青炭→無煙炭へと変化していきます。したがって、**無煙炭**が最も石炭化度の進んだ石炭ということになります。言い方を変えれば、石炭化度とは、植物が時間をかけて無煙炭に変化するまでの進行の度合を示すものといえます。

> **プラスワン**
>
> 植物、動物など生物を構成する物質のことを有機物（または有機化合物）という。有機物には必ず炭素が含まれている。

■石炭化度（炭化度）

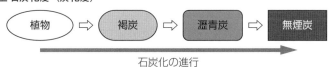

石炭化の進行

石炭の主な性質を、褐炭・瀝青炭・無煙炭ごとに表にまとめてみましょう。水分、灰分、揮発分および固定炭素は**工業分析**（◎P.175）によるものです。

■ 石炭の主な性質

	褐炭	瀝青炭	無煙炭
高発熱量〔MJ/kg〕	20～29	25～35	27～35
水分 〔質量%〕	5～15	1～5	1～5
灰分 〔質量%〕	2～25	2～20	2～20
揮発分 〔質量%〕	30～50	20～45	5～15
固定炭素〔質量%〕	30～40	45～80	70～85
燃料比	1以下	1.0～4.0	4.5～17

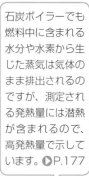

石炭ボイラーでも燃料中に含まれる水分や水素から生じた蒸気は気体のまま排出されるのですが、測定される発熱量には潜熱が含まれるので、高発熱量で示しています。◎P.177

（1）発熱量

石炭化度が進むにつれて、成分中の可燃分である炭素の割合が増えるので、石炭は一般に、**石炭化度が進んだものほど単位質量当たりの発熱量が大**きくなります。

（2）水分

石炭の水分とは、石炭の内部に吸着している水分のことをいいます。褐炭よりも石炭化度の進んだ瀝青炭や無煙炭のほうが水分の割合が少なくなります。

（3）灰分

灰分は**不燃性物質**なので（◎P.184）、割合が多くなると**発熱量が減少**します。また灰分が多かったり、固まったりすると、通風を阻害して**燃焼に悪影響**を及ぼします。

（4）揮発分

揮発分は、**石炭化度が進むほど割合が少なく**なります。なお、揮発分は**可燃成分**（◎P.175欄外）ですが、放出が急速なため酸素の供給が間に合わず、不完全燃焼を起こします。上の表からも、揮発分の割合が多いほど、発熱量は小さいことがわかります。

プラスワン

石炭を炉内で加熱すると、最初に水分が蒸発し、次に揮発分が放出されて長い炎となって燃焼した後、徐々に固定炭素が燃焼する。

（5）固定炭素

固定炭素は、**固体の炭素成分**であり、**石炭化度が進んだ**ものほど**割合が多く**なります。

> **▶ Point..石炭の特徴**
> 石炭化度が進んだものほど、固定炭素の割合が多くなる

（6）燃料比

燃料比とは、**揮発分に対する固定炭素の割合**をいいます。式で表すと次の通りです（単位はありません）。

$$燃料比 = \frac{固定炭素}{揮発分}$$

石炭化度が進んだものほど、**燃料比**は大きくなります。

石炭を燃やすと、揮発分が放出されたあとに固形炭素が残って燃焼します。これを「おき」といいます。

🔧 プラスワン

石炭化度が進むほど分母の揮発分は小さく、分子の固定炭素は大きくなるので、燃料比の値は大きくなる。

第3章
燃料および燃焼に関する知識 ● **19** 日目

確 認 テ ス ト

できたら チェック ☑

Key Point			
石炭化度 （炭化度）	☐	1	石炭化度とは、植物が時間をかけて無煙炭→瀝青炭→褐炭へと変化していく進行の度合を示すものである。
石炭の性質	☐	2	石炭の単位質量当たりの発熱量は、一般に石炭化度の進んだものほど大きい。
	☐	3	石炭に含まれる灰分が多くなると、燃焼に悪影響を及ぼす。
	☐	4	石炭に含まれる揮発分は、石炭化度の進んだものほど多くなる。
	☐	5	石炭に含まれる固定炭素は、石炭化度の進んだものほど少ない。
	☐	6	石炭の燃料比は、石炭化度の進んだものほど大きい。

解答・解説

1．✕ 石炭化度は、植物から褐炭→瀝青炭→無煙炭の順に進行する。設問は褐炭と無煙炭が逆になっている。 2．○ 石炭化度が進むにつれて成分中の可燃分である炭素の割合が増えるので、一般に石炭化度が進んだものほど単位質量当たりの発熱量は大きくなる。 3．○ 灰分が多かったり、固まったりすると、通風を阻害して燃焼に悪影響を及ぼす。 4．✕ 揮発分は、石炭化度が進むほど少なくなる。 5．✕ 固定炭素は、固体の炭素成分であり、石炭化度が進んだものほど割合が多くなる。 6．○ 燃料比は、揮発分に対する固定炭素の割合である。石炭化度が進むほど揮発分は小さく、固定炭素は大きくなるので、燃料比の値は大きくなる。

19日目

Lesson. 6

液体燃料の燃焼方式
(1) 重油燃焼の特徴

このレッスンでは重油燃焼の特徴のほか、粘度を低くするための重油の加熱、重油に含まれる硫黄分による低温腐食の抑制措置について学習します。理論的に難しい箇所もありますが、参照ページを必ず見るようにして理解を深めましょう。

重油は燃焼温度が高いのよ。

わぁ、熱い!

1コマ劇場

プラスワン

試験では「石炭燃焼と比較した重油燃焼の特徴」という問題が出されるが、これはボイラーの歴史が石炭燃料とともに始まったことによるもので、比較ということにあまりこだわる必要はない。

重油はバーナから高圧で噴出されるとき微粒化され、表面積が大きくなります。

1 重油燃焼の特徴　　A

重油の燃焼には、次のような特徴があります。

(1) 少ない過剰空気で完全燃焼できる

燃焼に必要な最小の空気量を理論空気量といいますが、実際にはこれだけでは足りないので、不足分を補う必要があります。この不足分を補う空気を過剰空気といいます。重油は油滴が非常に小さく（全体の表面積が大きくなる）、空気中の酸素と接触しやすいことから、少ない過剰空気で完全燃焼させることができます。

> **Point...重油燃焼と過剰空気**
> 重油は、少ない過剰空気で完全燃焼させることができる

(2) 負荷変動に対する応答性がよい

重油は液体燃料なので、負荷変動（蒸気使用量の変動）に対して、短時間に燃焼量を変更することで容易に対応することができます。要するに、負荷変動に対する応答性が

優れているということです。

> **Point..** 負荷変動に対する応答性
> **重油燃焼は、ボイラーの負荷変動に対して応答性が優れている**

（3）すす、ダスト等の発生が少ない

重油はすすおよびダストの発生が少なく、灰処理の必要がほとんどありません。石炭燃料と比較して、クリンカの発生が少ないことも特徴です。

（4）急着火および急停止が容易

重油は着火性がよく、また燃料を遮断すればすぐに消火できるので、急着火および急停止の操作が容易です。

（5）炉内爆発のおそれがある

重油は液体燃料なので、バーナの先端から炉内へと漏れ込むこと（油の漏れ込み）があり、点火操作などに注意しないと炉内ガス爆発を起こすおそれがあります。

（6）局部過熱や損傷を起こしやすい

重油は、**燃焼温度**（燃焼しているときの温度）が高いため、燃焼室内を**局部的に過熱**したり、**炉壁**を損傷させたりすることがあります。

2 重油の加熱　A

B重油やC重油など**粘度の高い重油**をそのまま使用すると、バーナの噴霧状態などに悪影響を及ぼすため、噴霧に適した**粘度**になるよう、**加熱**によって**粘度**を低くする必要があります。B重油は50〜60℃に、C重油は80〜105℃に加熱するのが一般的です。

> **Point..** 重油の加熱
> **粘度の高い重油は、噴霧に適した粘度にするため加熱する**
> ● B重油の加熱温度 ⇒ 50〜60℃
> ● C重油の加熱温度 ⇒ 80〜105℃

🔧 用語

ダスト
灰分を主体とする塵（ちり）のこと。
クリンカ
高温の炉内で溶融した石炭等が固まったもの。

炉内爆発の防止のため、点火前にはプレパージを行うことについて
▶P.111、112

重油の粘度と加熱について
▶P.180

第3章 燃料および燃焼に関する知識 ● 19日目

195

いきづき燃焼は、重油に水分が多く含まれている場合にも起こります。◀P.183

すすも炭化物であり、加熱温度が高すぎても低すぎても炭化物の生成につながるということです。◀P.125

硫黄分による障害について◀P.185

用語

凝結
物質が気体から液体になること。
露点
気体が凝結を始めるときの温度。
ガス式空気予熱器
空気予熱器は排ガスの余熱を利用するものが一般的で、これをガス式空気予熱器という。

ただし、次のような**障害**に注意しなければなりません。

（1）加熱温度が高すぎる場合

　加熱温度が高すぎる場合、バーナ管内で重油が気化してベーパロック（◀P.184）を起こしたり、噴霧状態が不安定になっていきづき**燃焼**となり、これによって燃焼が不完全な油滴が炭化物生成の原因になったりします。

（2）加熱温度が低すぎるとき

　加熱温度が低すぎると、粘度が高いままなので霧化不良となり、油滴が大きくなって燃焼が完了せず、すすを発生させる原因になります。

3 低温腐食の抑制措置　　　　　B

　重油に含まれる硫黄分が**酸素**や**水蒸気**（H_2O）と結び付いて気体の**硫酸**が発生し、これが低温部分に触れると液体の硫酸となって低温腐食を起こします（◀P.185）。

　低温腐食の**抑制措置**をまとめておきましょう。

①硫黄分の少ない**重油**を選択する

②**燃焼ガス中の酸素濃度を下げる**

③**エコノマイザや空気予熱器の伝熱面の温度を高く保つ**

　気体の硫酸（硫酸ガス）が凝結して液体に変化するときの温度を**硫酸露点**という（伝熱面の温度がこの露点以下になると液体の硫酸が生じる）。そこで、**給水温度を上昇させてエコノマイザの伝熱面の温度を高く保つ**ようにする。空気予熱器（◀P.86）は、空気予熱に蒸気を用いる**蒸気式空気予熱器**を併用することで、**ガス式空気予熱器の伝熱面の温度が低くなりすぎないようにする**

④**燃焼室および煙道への空気漏入を防止する**

　空気漏入による煙道ガス（**燃焼ガス・排ガス**）の温度の低下を防ぐ。また空気漏入の防止は上記②にもつながる

⑤**重油に添加剤を加えて燃焼ガスの露点を下げる**

　添加剤を用いて燃焼ガスの露点そのものを下げる

確　認　テ　ス　ト

Key Point			できたら チェック ☑
重油燃焼の特徴	☐	1	重油は、少ない過剰空気で完全燃焼させることができる。
	☐	2	重油燃焼は、ボイラーの負荷変動に対して応答性が優れている。
	☐	3	重油燃焼では、すすおよびダストの発生が多い。
	☐	4	重油を燃焼する際は、油の漏れ込み、点火操作などに注意しないと、炉内ガス爆発を起こすおそれがある。
	☐	5	重油は、燃焼温度が低いため、ボイラーの局部過熱および炉壁の損傷を起こしにくい。
重油の加熱	☐	6	粘度の高い重油は、噴霧に適した粘度にするため加熱する必要があり、C重油の加熱温度は、一般に50〜60℃である。
	☐	7	加熱温度が高すぎると、いきづき燃焼となったり、炭化物生成の原因となったりする。
	☐	8	加熱温度が低すぎると、バーナ管内でベーパロックを起こす。
	☐	9	加熱温度が低すぎると、すすが発生する。
低温腐食の抑制措置	☐	10	重油燃焼による低温腐食の抑制措置として、硫黄分の少ない重油を選択したり、燃焼ガス中の酸素濃度を上げたりすることが考えられる。
	☐	11	重油燃焼による低温腐食の抑制措置として、給水温度を上昇させて、エコノマイザの伝熱面の温度を高く保つことが考えられる。
	☐	12	重油燃焼による低温腐食の抑制措置として、重油に添加剤を加えることによって、燃焼ガスの露点を上げることが考えられる。

第3章
燃料および燃焼に関する知識 ● **19** 日目

解答・解説

1.○　2.○ 重油は液体燃料なので、負荷変動に対して短時間に燃焼量を変更することにより容易に対応できる。　3.× 重油はすすおよびダストの発生が少なく、灰処理の必要がほとんどない。　4.○　5.× 重油は燃焼温度が高いため、ボイラーの局部過熱および炉壁の損傷を起こしやすい。　6.× 前半の記述は正しいが、C重油の加熱温度は80〜105℃が一般的。50〜60℃はB重油の加熱温度である。　7.○　8.× ベーパロックは、加熱温度が高すぎたときに管内で重油が気化して起こる。　9.○ 加熱温度が低すぎると粘度が高いままなので霧化不良となり、油滴が大きくなって燃焼が完了せず、すすが発生する。　10.× 前半の記述は正しいが、燃焼ガス中の酸素濃度は上げるのではなく、下げなければならない。酸素濃度が低ければ、硫黄分が酸素と結びついて二酸化硫黄（SO_2）や三酸化硫黄（SO_3）となることを抑制できるからである。　11.○ エコノマイザの伝熱面の温度を高く保つということは、伝熱面の温度が硫酸露点以下にならないようにすることを意味する。これによって硫酸ガス（気体）が液体の硫酸になることを防ぐことができる。　12.× 燃焼ガスの露点を上げるのではなく、下げなければならない。燃焼ガスの露点（硫酸露点）が下がることは、エコノマイザや空気予熱器の伝熱面の温度が硫酸露点以下となることを防ぐことにつながるからである。

20日目
Lesson.7
液体燃料の燃焼方式
（2）液体燃料の燃焼設備

液体燃料の燃焼設備として、燃料油タンク（貯蔵タンク、サービスタンク）および油ストレーナ、油加熱器について学習します。特に貯蔵タンクとサービスタンクの貯油量、附属品の違い、貯蔵タンクの油送入管と油取出し管の取付位置が重要です。

1 燃料油タンク A

（1）燃料油タンクの分類

　燃料油タンク（液体燃料用タンク）は、タンクローリーなどにより外部から運ばれてきた大量の燃料油を受け入れるための貯蔵タンク（**ストレージタンク**）と、各燃焼設備に燃料油を円滑に供給するためのサービスタンクに分類されます。サービスタンクには、貯蔵タンクから**移送ポンプ**を用いて燃料油を送ります。

■燃料油タンクの構成例

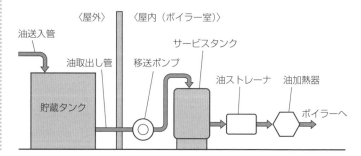

ストレージとは、「貯蔵、保管」という意味です。

✖ プラスワン

燃料油タンクを試験では単に「油タンク」と表現している場合がある。

> 👉 *Point..* 燃料油タンクの分類
>
> **燃料油タンクは、用途により貯蔵タンクとサービスタンクに分類される**

（2）貯蔵タンク

貯蔵タンク（**ストレージタンク**）は、**燃料油の受入れ**に使用するもので、大型のタンクとなるため**地上**に設置されることが多いですが、**地下**に設置される場合もあります。一度に多量の燃料油を受け入れられるよう、その**貯油量**は一般に**1週間〜1か月の使用量分**とされています。タンクは屋外・屋内のいずれに設置することもでき、工場などでは屋外設置のもの（屋外貯蔵タンク）が多くみられます。

貯蔵タンクへの燃料油の受入れに使用する油送入管は、前ページの図のように**タンクの上部**に取り付けます。またサービスタンクへの燃料油の移送に用いる油取出し管は、右図のようにタンクの**底部**から20〜30cm上方に取り付け、底部にたまったスラッジなどを取り込まないようにします。

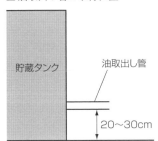

■ 油取出し管の取付位置

貯蔵タンク　　油取出し管

20〜30cm

> 👉 *Point..* 油送入管・油取出し管の取付位置
>
> **油送入管はタンクの上部に取り付け、油取出し管はタンクの底部から20〜30cm上に取り付ける**

貯蔵タンクには、液面を管理するための油面計、重油の温度と粘度を管理するための温度計などを取り付けます。

（3）サービスタンク

サービスタンクは、工場内に分散している各燃焼設備に燃料油を供給するための小容量タンクです。ただし容量が小さすぎると支障が出るため、**貯油量**は一般に**最大燃焼量の2時間分以上**とされています。

🔧 プラスワン

使用量の少ない工場や都市部などでは、地下に設置することがある。

貯蔵タンクは屋外または屋内のどちらに設置した場合でも、油送入管と油取出し管の取付位置や附属品として油面計および温度計を取り付けることに変わりはありません。

😲 ひっかけ注意！

貯蔵タンクの附属品に自動油面調節装置（▶P.200）は含まれない。

Point サービスタンクの貯油量

サービスタンクの貯油量は、一般に最大燃焼量の２時間分以上
である

　サービスタンクの附属品として**油面計**、**温度計**のほかに
自動油面調節装置などを取り付けます。自動油面調節装置
とは、油面計により液面を確認し、残油量が減少している
場合に**移送ポンプを起動**（または停止）させ、貯蔵タンク
からサービスタンクへと燃料油を自動的に補充する装置を
いいます。

Point サービスタンクの附属品

サービスタンクには、油面計、温度計、自動油面調節装置など
を取り付ける

---

2 油ストレーナと油加熱器　　　　　　　B

（1）油ストレーナ

　油ストレーナは、燃料油の中に含まれる**土砂**、**鉄錆び**、
ごみなどの**固形物を除去する**ためのろ過器です（▶P.184）。
P.198の図ではサービスタンクと油加熱器の間に設けてい
ますが、実際には貯蔵タンク以降の各所に設置されます。

Point 油ストレーナ

油ストレーナは、油中の土砂、鉄錆び、ごみなどの固形物を除
去するものである

（2）油加熱器

　油加熱器は、燃料油（重油）を**加熱**して、**噴霧に最適な**
粘度を得るための装置です。粘度の高いＢ重油、Ｃ重油に
使用されるのが一般的ですが、寒冷地など粘度が高くなる
場合はＡ重油にも使用されます。油加熱器の加熱方式には
蒸気式と**電気式**があります。

確　認　テ　ス　ト

Key Point	できたら チェック ☑
燃料油タンク	☐　1　燃料油タンクは、用途によって貯蔵タンクとサービスタンクに分類される。
	☐　2　燃料油タンクは、地下に設置する場合と地上に設置する場合とがある。
	☐　3　屋外貯蔵タンクの油取出し管はタンクの上部に、油送入管はタンクの底部から20〜30cm上方に取り付ける。
	☐　4　屋外貯蔵タンクには、自動油面調節装置を取り付ける。
	☐　5　サービスタンクの貯油量は、一般に最大燃焼量の24時間分以上とされている。
	☐　6　サービスタンクには、油面計、温度計、自動油面調節装置などを取り付ける。
油ストレーナと油加熱器	☐　7　油ストレーナは、油中の土砂、鉄錆び、ごみなどの固形物を除去するものである。
	☐　8　油加熱器は、燃料油を加熱し、噴霧に最適な粘度を得る装置である。
	☐　9　油加熱器には、ガス式と蒸気式がある。

解答・解説

1.○　2.○　貯蔵タンクは大型になるので地上に設置されることが多いが、使用量の少ない工場や都市部などでは地下に設置される場合もある。　3.× 屋外でも屋内でも貯蔵タンクの油送入管はタンクの上部に取り付け、油取出し管はタンクの底部から20〜30cm上方に取り付ける。設問は油送入管と油取出し管が逆になっている。　4.× 自動油面調節装置はサービスタンクに取り付ける装置であり、屋外貯蔵タンクなど貯蔵タンクには取り付けない。貯蔵タンクには油面計と温度計を取り付ける。　5.× サービスタンクの貯油量は、一般に最大燃焼量の2時間分以上である。24時間分以上というのは誤り。　6.○　7.○　8.○ 油加熱器は一般に粘度の高いB重油、C重油に使用される。　9.× 油加熱器の加熱方式は、蒸気式と電気式である。ガス式と蒸気式があるのは空気予熱器である（◐P.196）。

ワンポイント アドバイス

試験では貯蔵タンクの油送入管と油取出し管の取付位置や附属品について、屋外貯蔵タンクに限定したような出題がよくみられるが、これは一般に屋外設置の貯蔵タンクが多いからであって、特にこだわる必要はない。

20日目 Lesson. 8

液体燃料の燃焼方式
（3）重油バーナ

重油バーナに共通の基本事項として、霧化媒体、ターンダウン比の意味を理解したうえで各種バーナの特徴について学習します。特に圧力噴霧式バーナの噴射油量の調節方法、ガンタイプバーナの特徴などが重要です。

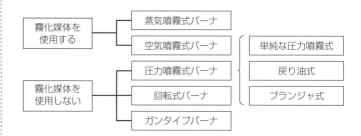

1 重油バーナの基本事項 B

（1）霧化媒体

　重油バーナは、**重油を霧状に噴き出すことによって空気との混合をよくするための装置**であり、霧状にすることを**霧化**といいます。**霧化媒体とは、重油を霧化するのに必要なエネルギーを与えてくれる蒸気または圧縮空気**のことをいいます。重油バーナは、ボイラーの起動時に霧化媒体を使用するものとしないものに大きく分けられます。

■重油バーナの種類

```
霧化媒体を      ─── 蒸気噴霧式バーナ
使用する        ─── 空気噴霧式バーナ        ─── 単純な圧力噴霧式

                ─── 圧力噴霧式バーナ        ─── 戻り油式
霧化媒体を
使用しない      ─── 回転式バーナ            ─── プランジャ式

                ─── ガンタイプバーナ
```

重要

重油の霧化
重油を霧化すると、蒸発して可燃性蒸気になりやすい。また空気との混合もよくなる。

液体燃料は、液体から蒸発した可燃性蒸気と空気との混合気体が燃焼することについて

▶P.176

(2) ターンダウン比

　ボイラーの**最大燃焼時**と**最小燃焼時**における**燃料の流量の比**を、**ターンダウン比**といいます。たとえばターンダウン比4：1の重油バーナとは、重油の流量を4分の1まで減らしても安定的に燃焼できるということを意味します。これは、燃焼（ボイラーにかかる負荷）を調整するバーナの能力を示すものであり、このためターンダウン比のことをバーナ負荷調整範囲ともいいます。バーナ負荷調整範囲が広いものは、ターンダウン比が大きい（広い）ということです。**霧化媒体を使用する**バーナ（蒸気噴霧式バーナなど）は霧化が良好に行われるため、バーナ負荷調整範囲が広く、ターンダウン比も大きく（広く）なります。

ターンダウン比を下回る流量にすると火炎は消失してしまいます。

😲 **ひっかけ注意！**

試験ではバーナ負荷調整範囲が広い（または狭い）と表現している場合もあればターンダウン比が広い（または狭い）と表現している場合もある。どちらも同じ意味として差し支えない。

2 蒸気噴霧式バーナ　　　　B

　蒸気噴霧式バーナは、燃料を**比較的高圧の蒸気**とともに噴霧するバーナです（**高圧蒸気噴霧式バーナ**ともいう）。

　右図のように、バーナの先端で燃料の**油（重油）**と**霧化媒体の蒸気**とを混合した後、ノズルから噴霧し、蒸気が膨張するエネルギーを利用して重油を**微粒化**します。霧化媒体を使用するので**バーナ負荷調整範囲（ターンダウン比）が広い**という特徴があります。

■ 高圧蒸気噴霧式バーナ

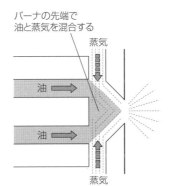

バーナの先端で油と蒸気を混合する

蒸気

油 →

油 →

蒸気

🔧 **プラスワン**

空気噴霧式バーナは燃料を霧化媒体である圧縮空気とともに噴霧するバーナである。これも霧化媒体を使用できるので、バーナ負荷調整範囲（ターンダウン比）が広い。

> **Point** (高圧) 蒸気噴霧式バーナ
>
> **(高圧) 蒸気噴霧式バーナ**は、比較的高圧の蒸気を霧化媒体として油（重油）を微粒化するもので、バーナ負荷調整範囲（ターンダウン比）が**広い**

第3章
燃料および燃焼に関する知識 ● **20**日目

3 圧力噴霧式バーナ A

(1) 圧力噴霧式バーナとその種類

圧力噴霧式バーナは**燃料の油（重油）に高圧力を加え**、これを**ノズルチップ**から激しい勢いで炉内に噴出させることによって微粒化するバーナです。霧化媒体を使用せず、バーナに入った油の全量を噴出させるので、油量が減ると油圧が急激に下がってしまいます。このため、**バーナ負荷調整範囲（ターンダウン比）が狭い**ことが特徴です。

> **Point..圧力噴霧式バーナ**
> 圧力噴霧式バーナは**油に高圧力を加え、これをノズルチップか**
> **ら炉内に噴出させて微粒化する**ものである

圧力噴霧式バーナには、上記のような**単純な圧力噴霧式**のほかに、**戻り油式、プランジャ式**のものがあります。

①戻り油式圧力噴霧バーナ

戻り油式圧力噴霧バーナは、バーナに入った油（入油）の一部を戻し（**戻り油**）、残りを炉内に噴霧します。戻り油の量を調節することによって油圧の急激な低下を抑制できるので、単純な圧力噴霧式バーナに比べて**バーナ負荷調整範囲（ターンダウン比）が広く**なります。

②プランジャ式圧力噴霧バーナ

プランジャ式圧力噴霧バーナは、**プランジャ**というピストン状の部品を抜き差しすることで油量の調整を

用語

ノズルチップ
流体を噴射する装置の先端に取り付ける部品。バーナに使用するノズルチップは「バーナチップ」とも呼ばれる。
▶P.184

油圧が下がると、霧化が悪くなって火炎がすぐに消失してしまうので、ターンダウン比が狭くなります。

■戻り油式の構造

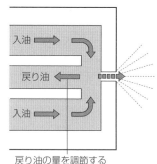

入油
戻り油
入油

戻り油の量を調節する

■プランジャ式の構造

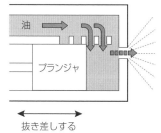

油
プランジャ

抜き差しする

行います。このため単純な圧力噴霧式バーナに比べて**バーナ負荷調整範囲（ターンダウン比）が広く**なります。

（2）圧力噴霧式バーナの噴射油量の調節方法

単純な圧力噴霧式バーナの**噴射油量を調節**するときは、次の方法によって対応します。

①バーナの数を加減する

1つのボイラーに使用するバーナの数は1本とは限らず複数本の使用も可能です。この場合、噴射油量を調節するため各バーナの噴射油量を減らすと、油圧が下がって霧化が悪化し、火炎が消失するおそれがあるので、各バーナの噴射油量はそのままにして、**使用するバーナの数を減らす**ようにします。

②バーナのノズルチップを交換する

ノズルチップ（バーナチップ）を**孔径**（油を噴出する穴の大きさ）の**小さいものと交換**すれば、油圧を下げないで噴射油量を減らすことができます。

③戻り油式圧力噴霧バーナを用いる

戻り油式圧力噴霧バーナは、戻り油の量を調節することによって、油圧を下げずに噴射油量の調節ができます。

④プランジャ式圧力噴霧バーナを用いる

プランジャ式圧力噴霧バーナは、**プランジャの抜き差し**によって、油圧を下げずに噴射油量の調節ができます。

> **Point** 圧力噴霧式バーナの噴射油量の調節方法
> ● バーナの数を加減する
> ● バーナのノズルチップを交換する
> ● 戻り油式圧力噴霧バーナを用いる
> ● プランジャ式圧力噴霧バーナを用いる

なお、**油加熱器**を使用して燃料油（重油）の加熱温度を加減することは、噴射油量の調節方法には含まれません。重油の加熱温度は重油の粘度に影響を与えますが、噴射する油量を調節するものではないからです。

🔧 プラスワン

発生蒸気量の少ない中小容量のボイラーならば1本のバーナでも足りるが、大量の蒸気を発生させる中大型ボイラーでは複数のバーナを使用する。

😲 ひっかけ注意！

「高圧蒸気の噴出量を加減する」ことは圧力噴霧式バーナの噴出油量の調節方法ではない。圧力噴霧式バーナはそもそも蒸気などの霧化媒体を使用しない。

油加熱器について
▶P.200

4 回転式バーナ B

　回転式バーナは、下図のように中空の回転軸に取り付けられた**カップの内面**で**油膜を形成**し、カップの回転で生じる**遠心力**によって、重油を微粒化するバーナです。

😲 ひっかけ注意!

カップの回転で生じる遠心力によって油を微粒化するのであり、空気を高速回転させることで微粒化するのではない。

■回転式バーナの構造

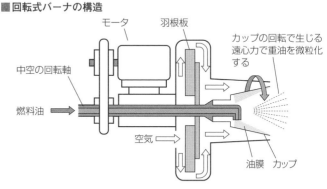

5 ガンタイプバーナ A

　ガンタイプバーナとは、**ファン**と**圧力噴霧式バーナ**とを組み合わせたバーナをいいます。**燃焼量の調節範囲**が狭く、**オンオフ動作で自動制御**を行っている小容量のボイラーに多く使用されています。

オンオフ動作による自動制御について ▶P.90

🔧 プラスワン

ガンタイプバーナはその形状が銃（ガン）に似ていることから名付けられた。

ガンタイプバーナについては、空所補充の形式でよく出題されます。

■ガンタイプバーナの構造

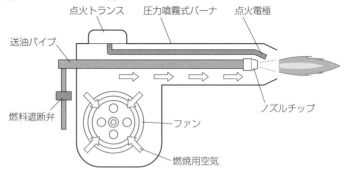

▶ *Point* ガンタイプバーナ

ガンタイプバーナは、ファンと圧力噴霧式バーナとを組み合わせたもので、燃焼量の調節範囲が狭い

確 認 テ ス ト

できたら チェック ☑

Key Point			
蒸気噴霧式バーナ	☐	1	蒸気噴霧式バーナは、比較的高圧の蒸気を霧化媒体として油を微粒化するもので、バーナ負荷調整範囲が狭い。
圧力噴霧式バーナ	☐	2	圧力噴霧式バーナは、油に高圧力を加えて、これをノズルチップから炉内に噴出させて微粒化するものである。
	☐	3	戻り油式圧力噴霧バーナは、単純な圧力噴霧式バーナに比べ、バーナ負荷調整範囲が広い。
	☐	4	圧力噴霧式バーナの噴射油量の調節方法として、バーナの数を加減することや、バーナのノズルチップを取り換えることが考えられる。
	☐	5	圧力噴霧式バーナの噴射油量の調節方法として、油加熱器を使用して燃料油の加熱温度を加減することが考えられる。
	☐	6	圧力噴霧式バーナの噴射油量の調節方法として、戻り油式またはプランジャ式の圧力噴霧バーナを用いることが考えられる。
回転式バーナ	☐	7	回転式バーナは、カップの内面で油膜を形成し、空気用ノズルからの空気を高速回転させて油を微粒化するものである。
ガンタイプバーナ	☐	8	ガンタイプバーナは、ファンと空気噴霧式バーナを組み合わせたものである。
	☐	9	ガンタイプバーナは、燃焼量の調節範囲が狭く、オンオフ動作で自動制御を行う小容量ボイラーに多く使用されている。

第3章 燃料および燃焼に関する知識 ● **20** 日目

解答・解説

1．× 前半の記述は正しいが、蒸気噴霧式バーナは蒸気を霧化媒体として使用するので、バーナ負荷調整範囲（ターンダウン比）が広い。 2．○ 圧力噴霧式バーナは霧化媒体を使用せず、燃料の油（重油）に高圧力をかけて噴出させることで微粒化する。 3．○ 単純な圧力噴霧式バーナはバーナ負荷調整範囲（ターンダウン比）が狭いが、戻り油式圧力噴霧バーナは、戻り油の量を調節することで油圧を下げずに噴射油量を調節できるので、バーナ負荷調整範囲（ターンダウン比）が広くなる。 4．○ 5．× 油加熱器で燃料油の加熱温度を加減することは、噴射油量の調節とは直接関係がない。 6．○ 戻り油式圧力噴霧バーナまたはプランジャ式圧力噴霧バーナを用いれば、油圧を下げずに噴射油量の調節ができる。 7．× 前半の記述は正しいが、回転式バーナは、カップの回転で生じる遠心力によって油を微粒化する。空気を高速回転させて微粒化するというのは誤り。 8．× ガンタイプバーナは、ファンと圧力噴霧式バーナを組み合わせたものである。空気噴霧式バーナではない。 9．○ ガンタイプバーナは燃焼量の調節範囲が狭いので、オンオフ動作によって自動制御されているものが多い。

ワンポイント アドバイス

ガンタイプバーナは、ファンと圧力噴霧式バーナを組み合わせたもので、燃焼量の調節範囲が狭いということを押さえておこう。

21日目

Lesson. 9 気体燃料の燃焼方式

このレッスンでは気体燃料の燃焼の特徴、気体燃料の燃焼方式、ガスバーナの種類について学習します。気体燃料の燃焼は液体燃料（重油）と比べてどのような特徴があるか、予混合燃焼方式と拡散燃焼方式の違いは何か、などが重要です。

1 気体燃料の燃焼の特徴 　　　　B

気体燃料の種類について ▶P.187

都市ガスをはじめとする**気体燃料の燃焼**には、重油などの液体燃料と比べて次のような特徴があります。

（1）微粒化や蒸発のプロセスなどが不要

重油などの**液体燃料**は、液体から蒸発した可燃性蒸気が空気中の酸素と結び付いて燃焼するため、まずは液体燃料を微粒化（**霧化**）して**蒸発**しやすいようにしなければなりませんが、**気体燃料**はそれ**自体**が可燃性ガスなので、このようなプロセスが不要です。また、あらかじめ**燃料を加熱**したり、**霧化媒体**を使用したりする必要もありません。

重油は粘度を下げてから使用するため加熱する必要がありましたね。 ▶P.195

> **Point** 気体燃料の燃焼の特徴①
> 気体燃料を燃焼させるうえで、液体燃料のような微粒化や蒸発のプロセスは不要である

（2）空気との混合状態を自由に設定できる

気体燃料はもともと**可燃性ガス**なので、あとは**空気との**

混合気体（可燃性混合気）をつくればよく、微粒化などの必要がない分、**混合状態を比較的自由に設定**することができます。このため、**火炎の広がり、長さなどの火炎の調節が容易**であり、**安定した燃焼**が得られます。

（3）点火・消火が容易で自動化しやすい

気体燃料は加熱や霧化媒体が不要であり、空気を供給するだけで点火でき、また、燃料を停止するだけで消火できます。このため、燃焼制御の**自動化**が容易です。

（4）ガス火炎は放射伝熱量が少ない

気体燃料（料料ガス）の燃焼で生じる火炎をガス火炎といいます。ガス火炎は、重油などの燃焼で生じる**油火炎**と比べて、火炉などの放射伝熱面での伝熱量（放射伝熱量）が少ないという特徴があります。一方、燃焼ガスに含まれる水蒸気分が多いことから、接触伝熱面（**対流伝熱面**）での**伝熱量（接触伝熱量）は多く**なります。

> **Point** 気体燃料の燃焼の特徴②
> ガス火炎は、油火炎より放射伝熱量が少なく、接触伝熱量が多い

2 気体燃料の燃焼方式 A

気体燃料の燃焼方式は、**予混合燃焼方式**と**拡散燃焼方式**に分けられます。

（1）予混合燃焼方式

予混合燃焼方式とは、あらかじめ気体燃料（燃料ガス）と空気を混合してから、この**混合気体（可燃性混合気）**をバーナに供給して燃焼させる方式をいいます。液体燃料や固体燃料ではできない**気体燃料に特有の燃焼方式**であり、バーナ内部ですでに混合気体ができあがっていることから**安定な火炎**をつくることができます。このため、燃焼量がほぼ一定のパイロットバーナ（**点火用バーナ**）に採用されることがあります。

重要

火炎の調節
特にバーナの先端部で気体燃料と空気を混合する方式を採用すると、火炎の調節が容易になる。この方式を拡散燃焼方式という。◉P.210

プラスワン

気体燃料のことを、「燃料ガス」または単に「ガス」と呼ぶ場合がある。燃焼によって生じる高温の「燃焼ガス」と混同しないこと。

放射伝熱面および接触伝熱面について◉P.13

パイロットバーナの燃料にはLPGが多く使用されることについて◉P.188

ただし下の図のように、**混合気体の噴出速度**（外向き）が**火炎の燃焼速度**（内向き）よりも遅くなった場合には、**火炎がバーナ内部に逆流**してくる危険性があります。この現象を**逆火**（フラッシュバック）といいます（正常な場合は混合気体の噴出速度と火炎の燃焼速度がつり合っているので、火炎はバーナの先端で静止して見える）。火炎が逆流できるのはバーナ内に可燃性混合気が存在するからです。

■正常な場合

■逆火（フラッシュバック）

> **Point.. 予混合燃焼方式**
>
> **予混合燃焼方式**は、気体燃料に特有の**燃焼方式**で、**安定な火炎**をつくりやすいが、**逆火を起こす危険性がある**

（2）拡散燃焼方式

拡散燃焼方式は、燃料ガスと空気をあらかじめ混合したりせず、これらを**別々にバーナから燃焼室に供給**して燃焼させる方式です。

■予混合燃焼方式と拡散燃焼方式の違い

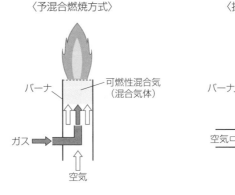

用語

火炎の燃焼速度
混合気体の中に火炎が伝わっていく速度のこと。バーナ内部へと内向きに進む。

重要

逆火（さかび）と
逆火（ぎゃっか）
フラッシュバックは逆火（さかび）と読む。一方、たき口から炉外に火炎が突然吹き出す現象はバックファイヤといい、逆火（ぎゃっか）と読む（●P.121）。

拡散燃焼方式は、バーナ内に可燃性混合気が存在していません。

　拡散燃焼方式ではバーナ内に可燃性混合気が存在しないので、**逆火（フラッシュバック）**の危険がありません。

> **Point** 拡散燃焼方式①
> 拡散燃焼方式は、ガス（燃料ガス）と空気を別々にバーナから燃焼室に供給して燃焼させる方式であり、逆火の危険がない

　また、ガス（燃料ガス）と空気を別々に供給するので、空気の流速や旋回の強さ、ガスの分散や噴射方法、保炎器の形状などによって容易に**火炎の形状（広がり・長さ）**やガスと空気の混合速度を調節し、**目的に合った火炎**を形成することができます。このため、ボイラー用ガスバーナの**ほとんどが拡散燃焼方式を採用**しています。

> **Point** 拡散燃焼方式②
> 拡散燃焼方式は、ほとんどのボイラー用ガスバーナに採用されている

3 ガスバーナ　B

　気体燃料（燃料ガス）を使用するバーナをガスバーナといいます。燃料ガスの**噴出方法**により、**センタータイプ、リングタイプ、マルチスパッド、ガンタイプ**に分類されます。これらはすべて**拡散燃焼方式**です。

（1）センタータイプガスバーナ

　センタータイプは右図のようにバーナ内の**空気流の中心にガスノズル**があり、その先端からガスを**放射状**に噴射します。拡散燃焼方式を採用した最も基本的で代表的なガスバーナといえます。

■センタータイプの構造

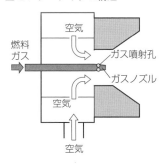

用語
保炎器
バーナの燃焼を安定させるための装置。スタビライザともいう。

プラスワン
大容量のバーナには拡散燃焼方式が採用される。予混合燃焼方式は逆火（フラッシュバック）の危険があるので採用されない。

センタータイプのガスノズルの先端には、ガス噴射孔が複数設けられています。

211

（2）リングタイプガスバーナ

リングタイプは、右図のようにリング状のバーナ管の内部に**多数のガス噴射孔**が設けられており、空気流の外側から、ガスを内側に向かって噴射することで、ガスと空気をよく混合することができます。

■リングタイプの構造

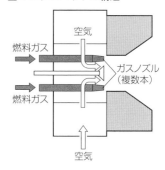

リング状のバーナ管（正面から見た図）

燃料ガス

空気

ガス噴射孔

（3）マルチスパッドガスバーナ

マルチスパッドは、右図のように、バーナの空気流の中に**複数本のガスノズル**を設けたもので、このようにガスノズルを数本に分割することによって、ガスと空気の混合を促進させています。

■マルチスパッドの構造

空気

燃料ガス

ガスノズル（複数本）

燃料ガス

空気

（4）ガンタイプガスバーナ

ガンタイプは下図のように、ガスノズル、ファン、点火装置（点火トランス、点火用電極）、燃焼安全装置のほか、負荷制御装置などを**一体化**したものです。中・小容量ボイラーに用いられます。

■ガンタイプガスバーナ

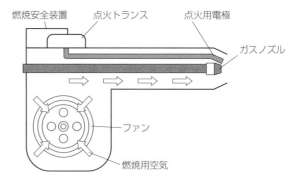

燃焼安全装置　点火トランス　点火用電極

ガスノズル

ファン

燃焼用空気

ひっかけ注意！

試験では「リング状の管の内側に多数の噴射孔があり…」と表現されている。これは右図とは異なる構造のリングタイプガスバーナであり、説明として誤っているわけではない。

重油バーナの種類にもガンタイプのものがありましたね。 ▶P.206

確　認　テ　ス　ト

Key Point			できたら チェック ☑
気体燃料の燃焼の特徴	☐	1	気体燃料を燃焼させるうえで、液体燃料のような微粒化および蒸発のプロセスは不要である。
	☐	2	気体燃料は、安定な燃焼が得られ、点火、消火が容易なので自動化しやすい。
	☐	3	ガス火炎は、油火炎に比べて、火炉での放射伝熱量が多く、接触伝熱面での伝熱量が少ない。
気体燃料の燃焼方式	☐	4	予混合燃焼方式は、あらかじめガスと空気を混合したうえでバーナに供給する方式であり、気体燃料に特有の燃焼方式である。
	☐	5	拡散燃焼方式とは、ガスと空気を別々にバーナから燃焼室に供給して燃焼させる方式をいう。
	☐	6	拡散燃焼方式は、火炎の広がり、長さなどの火炎の調節が容易である。
	☐	7	拡散燃焼方式は、安定な火炎をつくりやすいが、逆火（フラッシュバック）を起こす危険性がある。
	☐	8	ボイラー用ガスバーナは、そのほとんどが予混合燃焼方式を採用している。
ガスバーナ	☐	9	センタータイプガスバーナは、空気流の中心にガスノズルがあり、その先端からガスを放射状に噴射する。
	☐	10	リングタイプガスバーナは、空気流中に複数本のガスノズルがあり、ガスノズルを分割することでガスと空気の混合を促進する。
	☐	11	ガンタイプガスバーナは、ガスノズル、ファン、点火装置、燃焼安全装置、負荷制御装置などを一体化したもので、中・小容量ボイラーに用いられる。

解答・解説

1.○　2.○　3.× ガス火炎は、油火炎と比べて、火炉などの放射伝熱面での伝熱量（放射伝熱量）が少なく、接触伝熱面での伝熱量（接触伝熱量）が多い。設問は逆になっている。　4.○ たとえば液体燃料（重油）はバーナの先端から霧状に噴き出すことによってはじめて空気と混合するのであり、あらかじめ混合することはできない。　5.○　6.○ 拡散燃焼方式は、ガスと空気を別々に供給するので、火炎の形状（広がり・長さ）などの調節が容易であり、目的に合った火炎を形成することができる。　7.× これは拡散燃焼方式ではなく、予混合燃焼方式の説明。　8.× ボイラー用ガスバーナのほとんどは拡散燃焼方式を採用している。これに対し、予混合燃焼方式は主に点火用のパイロットバーナで採用されている。　9.○　10.× これはリングタイプガスバーナではなく、マルチスパッドガスバーナの説明である。　11.○

21日目
Lesson.10 固体燃料の燃焼方式

固体燃料の燃焼方式として、火格子燃焼、微粉炭バーナ燃焼、流動層燃焼について学習します。試験では流動層燃焼方式の特徴がよく出題されています。なお火格子燃焼と微粉炭バーナ燃焼についてはレッスン13でも別の角度から学習します。

1 火格子燃焼、微粉炭バーナ燃焼　　C

　石炭など固体燃料の主な燃焼方式として、**火格子燃焼**、**微粉炭バーナ燃焼**および**流動層燃焼**があります。

（1）火格子燃焼

最近の主流である流動層燃焼については、次の項で学習します。

一次空気（および二次空気）については、この第3章のレッスン13で学習します。

　火格子燃焼とは、多数のすき間のある**火格子**と呼ばれる部品の上に**石炭**などの固体燃料をのせ、下方から空気（**一次空気**）を吹き上げて燃焼させる方式をいいます。このうち、右図のように燃料を上方から投入するタイプを、**上込め燃焼**といいます。燃料を下方から投入する場合は**下込め燃焼**といいます。

■ 火格子燃焼（上込め燃焼）

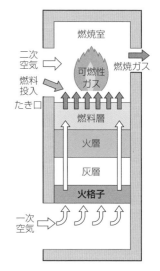

（2）微粉炭バーナ燃焼

　微粉炭バーナ燃焼とは、石炭を**微粉炭機（ミル）**と呼ばれる装置で粉砕し、**粉状の石炭（微粉炭）**にしてから空気とともにバーナ（**微粉炭バーナ**）に送り、燃焼室中で浮遊させながら燃焼する方式をいいます。「微粉炭だき」とも呼ばれ、石炭を約0.1mmのパウダー状態にして燃焼させるので、空気との接触がよく、効率のよい燃焼が可能です。主に大容量の発電用ボイラーなどで用いられています。

　ただし、微粉炭機などの**設備が大がかり**になることや、燃焼の際に発生する**ダスト**（●P.195）が多いため、高性能の**集じん装置**を必要とするなどの短所があります。

■ 微粉炭バーナ燃焼を行うための設備

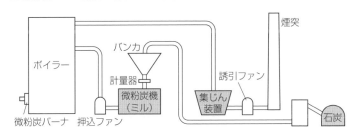

用語
集じん装置
燃焼ガスからダストなどを分離捕集する装置。

2 流動層燃焼　A

　流動層燃焼とは、**多孔板**と呼ばれる多数の穴のあいた板の上に、**粉砕した石炭**および固体粒子（石灰石、砂など）を供給し、多孔板の下方から空気を上向きに吹き上げて、石炭と固体粒子の混合物の層を**流動化**させ（流動層という）、これを激しく撹拌しながら燃焼させる方式をいいます。

■ 流動層ボイラーの構造

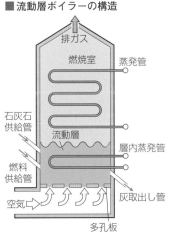

用語
流動層ボイラー
流動層燃焼を採用しているボイラー。
石灰石
炭酸カルシウムを主な成分とする岩石。

撹拌は、かき混ぜるという意味。

流動層燃焼方式の主な特徴をまとめておきましょう。

（1）低質な燃料でも使用できる

流動層内部には高温で多量の固体粒子があるため、燃料は石炭のほか、木くず、廃タイヤといった**低質な燃料**でも時間をかけて燃焼することができます。

（2）ボイラーの伝熱面積を小さくできる

燃料と固体粒子が混ざり合って撹拌されることで流動層内部での**伝熱性能**がよくなるため、ボイラーの伝熱面積を小さくすることができます。

（3）粉砕のための動力が少なくてすむ

微粉炭バーナ燃焼の場合は、石炭をパウダー状態にまで粉砕するので大きな動力が必要とされます。これに対し、**流動層燃焼**の場合は、石炭を1〜5mm程度の粒径に粉砕すれば足りるので、粉砕動力が軽減されます。

> **Point** 流動層燃焼方式の特徴①
> **流動層燃焼方式**は微粉炭バーナ燃焼方式に比べ、**石炭粒径が大きく、粉砕動力が軽減される**

（4）低温燃焼なのでNOxの発生が少ない

流動層燃焼方式では石炭灰の溶融を避けるため、P.215の下の図のように蒸発管を配置して熱を吸収し、層内温度を700〜900℃（低温燃焼）に制御しています。このため、**窒素酸化物NOx**の発生が少なくなります（NOxは一般に1,500℃以上になると発生が多くなる）。

> **Point** 流動層燃焼方式の特徴②
> **流動層燃焼方式**は、低温燃焼（700〜900℃）なので**NOxの発生が少ない**

（5）石灰石の送入により炉内脱硫ができる

流動層に**石灰石**を送入することにより、燃料中の**硫黄分**と石灰石が反応して**硫黄酸化物SOx**の排出を抑えることができます。これを**炉内脱硫**といいます。

プラスワン

燃料とともに供給する砂などの固体粒子は、流動に役立つので「流動媒体」とも呼ばれる。

重要

石炭灰の溶融
溶融とは固体の粒子が高熱で溶かされること。石炭灰が溶融すると伝熱面などに付着してさまざまな障害の原因となる。

窒素酸化物NOx、硫黄酸化物SOxについて▶P.189

🔊 Point. 流動層燃焼方式の特徴③

流動層燃焼方式は、流動層内に石灰石を送入することにより、
炉内脱硫ができる

> 脱硫とは、硫黄分
> または硫黄化合物
> を除去するという
> 意味。

（6）ばいじんの排出量が多い

　ばいじん（●P.218）の**排出量が多い**ので、集じん装置の
設置が必要です。

確　認　テ　ス　ト

できたら チェック ☑

Key Point			
火格子燃焼、微粉炭バーナ燃焼	☐	1	火格子燃焼方式では、火格子の上に石炭などの固体燃料をのせ、下方から空気を吹き上げて燃焼させる。
	☐	2	微粉炭バーナ燃焼方式では、石炭を1～5mm程度に粉砕する。
流動層燃焼	☐	3	流動層燃焼方式では、石炭以外の低質な燃料は使用できない。
	☐	4	流動層燃焼方式では、層内での伝熱性能がよいので、ボイラーの伝熱面積を小さくできる。
	☐	5	流動層燃焼方式では微粉炭バーナ燃焼方式に比べて石炭粒径が大きく、粉砕動力が軽減される。
	☐	6	流動層燃焼方式では、層内温度が1,500℃前後の高温燃焼になるので、NOxの発生が多い。
	☐	7	流動層燃焼方式では、層内に石灰石を送入することにより、炉内脱硫ができる。

解答・解説

　1.○　2.×　微粉炭バーナ燃焼方式では、石炭を約0.1mmのパウダー状態にまで粉砕する。1～5mm程度で足りるのは流動層燃焼方式の場合である。　3.×　流動層燃焼の層内には高温で多量の固体粒子（流動媒体）があり、木くず、廃タイヤなどの低質な燃料でも時間をかけて燃焼できるので、これらも燃料として使用することができる。　4.○　燃料と固体粒子（流動媒体）が混ざり合い撹拌されることによって、流動層内部での伝熱性能がよくなる。　5.○　流動層燃焼方式では、微粉炭バーナ燃焼方式のようにパウダー状態にまで石炭を粉砕する必要がないので、粉砕のための動力が少なくてすむ。　6.×　窒素酸化物NOxは1,500℃以上になると発生が多くなるが、流動層燃焼方式では層内温度700～900℃の低温燃焼に抑えているためNOxの発生が少ない。　7.○　石灰石（炭酸カルシウム）が燃料中の硫黄分と反応することによって硫黄酸化物SOxの排出を抑える。これを炉内脱硫と呼ぶ。

ワンポイント アドバイス

　このレッスンから出題されるのは、**流動層燃焼方式の特徴**を問う問題がほとんどである。

22日目

Lesson.11 大気汚染の防止

このレッスンでは、大気汚染物質のばいじん、硫黄酸化物（SOx）、窒素酸化物（NOx）について学習します。試験では、これら物質ごとの特徴や生成のプロセスのほか、特にNOxの発生を抑制する措置についてよく出題されています。

1 主な大気汚染物質　　　　　　　　　　　　A

　主な大気汚染物質として、ばいじん、硫黄酸化物SOx、窒素酸化物NOxについてまとめておきましょう。

（1）ばいじん

　ばいじんとは、**燃料を燃焼した際に発生する固体微粒子**をいい、**すす**と**ダスト**がこれに当たります。すすは、燃料が**不完全燃焼**した際に、燃料中の**炭化水素**（◎P.187）に含まれていた**炭素**が分離して、**遊離炭素**として残存したものです。ダストとは**灰分**を主体とする塵のことです。

　ばいじんの発生を抑制するには、燃焼状態を良好にして燃料の未燃分を減らすことや、灰分の少ない燃料を選択することなどが重要です。

（2）硫黄酸化物SOx

　燃料に含まれる硫黄分が、燃焼の際に酸素と結び付いて**二酸化硫黄（SO₂）**となり、その一部がさらに酸素と結び付いて**三酸化硫黄（SO₃）**となります。これらを総称して

用語

遊離炭素
炭素を含む化合物が燃焼などの化学反応を起こしたとき、その化合物から分離した炭素原子のうち、他の物質と結合せず単体のまま存在しているもの。

硫黄酸化物SO_x（ソックス）といいます。排ガス中のSO_xは大部分が二酸化硫黄（SO_2）です。SO_xは人体への影響として呼吸器系の障害などを引き起こすほか、NO_xとともに酸性雨の原因となります。SO_xの発生を抑制するには、硫黄分の少ない燃料を選択することや、排ガス中のSO_xを取り除く排煙脱硫装置を設けることなどが重要です。

（3）窒素酸化物NO_x

　一酸化窒素（**NO**）と二酸化窒素（**NO₂**）を、**窒素酸化物NO_x**（ノックス）といいます。排ガス中のNO_xは大部分が一酸化窒素（**NO**）であり、その一部が煙突から大気中に拡散する間に酸化されて**二酸化窒素（NO₂）**となります。

> **Point** 排ガス中の窒素化合物NO_x
> **排ガス中のNO_xは、大部分が一酸化窒素（NO）である**

　燃焼で生じるNO_xは、**サーマルNO_xとフューエルNO_x**の２種類に分けられます。サーマルNO_xは、**燃焼用の空気に含まれている窒素**が、高温の熱（サーマル）の影響下で酸素と反応して生じるものです。一方、フューエルNO_xは燃料（フューエル）**に含まれる窒素化合物**から酸化によって生じるものをいいます。

> **Point** サーマルNO_xとフューエルNO_x
> ● サーマルNO_x
> 　⇒ **燃焼用の空気中の窒素が酸素と反応して生じる**
> ● フューエルNO_x
> 　⇒ **燃料中の窒素化合物から酸化によって生じる**

2 NOₓの抑制措置　　A

　排ガス中のすでに発生しているNO_xを除去するためには、排煙脱硝装置を設けることが重要ですが、ここでは**NO_xの発生自体を抑制する方法**をまとめておきましょう。

🛠 プラスワン

二酸化硫黄（SO_2）が硫酸（H_2SO_4）へと変化し、これが雲や雨に吸収されて雨が酸性化することが、酸性雨の主な原因である。

第3章
燃料および燃焼に関する知識 ● **22**日目

排ガスからNO_xを除去することを「脱硝」といいます。

（1）燃焼域での酸素濃度を低くする

　サーマルNOx、フューエルNOxのいずれにしても窒素が**酸素と反応（酸化）する**ことによって生じます。そこで燃焼域（燃焼が起こっている領域）の酸素濃度を低くすることによって、NOxの発生自体を抑制します。

（2）燃焼温度を低くする

　NOxは、一般に燃焼域の温度が1,500℃以上の高温になると急速に発生し始めます（▶P.216）。そこで、**燃焼温度を低くし、特に局所的高温域が生じない**ようにします。

（3）高温燃焼域での滞留時間を短くする

　燃焼ガスが高温燃焼域に長く滞留するほどNOxを発生させる反応が進んでいきます。そこで、**高温燃焼域における滞留時間を短くする**ことでNOxの発生を減らします。

（4）窒素化合物の少ない燃料を使用する

　窒素化合物の**含有量が少ない燃料**を使用することにより、フューエルNOxの発生を減らすことができます。

（5）燃焼方法を改善する

　次のような燃焼方法によって上記(1)(2)を実現します。

①二段階燃焼法

　燃焼用空気を二段階に分けて供給する

②濃淡燃焼法

　燃料過剰と空気過剰の複数のバーナを使用する

③排ガス再循環法

　排ガスの一部を燃焼用空気に混入させる

重要

二段階燃焼法
空気を二段階に分けて供給することで、酸素濃度を低くするとともに急激な燃焼を抑えて燃焼温度の上昇を防ぐ。

濃淡燃焼法
燃料過剰の部分では酸素濃度の低下を、空気過剰の部分では燃焼温度の低下を図ることができる。

排ガス再循環法
排ガスを燃焼用空気に混入させることで燃焼温度を低下させることができる。

> **Point** NOxの発生を抑制させる方法
> - 燃焼域での酸素濃度を低くする
> - 燃焼温度を低くし、特に局所的高温域が生じないようにする
> - 高温燃焼域における燃焼ガスの滞留時間を短くする
> - 窒素化合物の少ない燃料を使用する
> - 燃焼方法を改善する
>   ⇒ 二段階燃焼法、濃淡燃焼法、排ガス再循環法

確 認 テ ス ト

Key Point	できたら チェック ☑
主な 大気汚染物質	☐ 1 燃料を燃焼させる際に発生する固体微粒子には、すすとダストがある。
	☐ 2 ダストは、燃料の燃焼により分離した炭素が遊離炭素として残存したものである。
	☐ 3 排ガス中のSOₓは、大部分がSO₂である。
	☐ 4 SOₓの人体への影響は、呼吸器系の障害などである。
	☐ 5 排ガス中のNOₓは、大部分がNO₂である。
	☐ 6 燃焼により発生するNOₓには、サーマルNOₓとフューエルNOₓがある。
	☐ 7 サーマルNOₓは、燃料中の窒素化合物から酸化によって生じる。
NOₓの抑制措置	☐ 8 燃焼域での酸素濃度を高くすることは、NOₓの発生抑制措置として適切である。
	☐ 9 燃焼温度を低くし、特に局所的高温域が生じないようにすることは、NOₓの発生抑制措置として適切である。
	☐ 10 高温燃焼域における燃焼ガスの滞留時間を長くすることは、NOₓの発生抑制措置として適切である。
	☐ 11 窒素化合物の少ない燃料を使用することは、NOₓの発生抑制措置として適切である。
	☐ 12 二段階燃焼法、濃淡燃焼法または排ガス再循環法によって燃焼させることは、NOₓの発生抑制措置として適切である。

第3章
燃料および燃焼に関する知識 ● 22日目

解答・解説

1.○ これらを「ばいじん」という。 2.× これはダストではなく、すすの説明である。ダストは灰分を主体とする塵（ちり）。 3.○ 排ガス中のSOₓは大部分が二酸化硫黄（SO₂）で、SO₂から三酸化硫黄（SO₃）に変わる割合は数%程度である。 4.○ 5.× 排ガス中のNOₓの大部分は一酸化窒素（NO）で、その一部が大気中に拡散する間に酸化されて二酸化窒素（NO₂）になる。 6.○ 7.× これはサーマルNOₓではなく、フューエルNOₓの説明。サーマルNOₓは燃焼用の空気中の窒素が酸素と反応して生じる。 8.× 酸素濃度を高くすると、窒素が酸素と反応（酸化）することを促進してしまうので不適切。 9.○ NOₓは燃焼域の温度が高温（1,500℃以上）になると急速に発生するので、燃焼温度を低くすることで抑制する。 10.× 燃焼ガスが高温燃焼域に長く滞留するほどNOₓを発生させる反応が進んでいくので不適。 11.○ フューエルNOₓの発生を減らすことができる。 12.○ 二段階燃焼法と濃淡燃焼法は、燃焼域における酸素濃度および燃焼温度の低下につながる。また、排ガス再循環法は燃焼温度の低下につながる。

22日目
Lesson.12

燃焼室
(1) 燃焼の基礎知識

燃焼の基礎知識として、燃焼を継続するための3要素、着火性、燃焼速度、空気比および熱損失について学習します。試験では、理論空気量・実際空気量と空気比の関係や、ボイラーの熱損失のうち最も大きなものを選ぶ問題などが出題されます。

1 燃焼にとって大切なこと　　　　C

　物質が燃焼するには、**可燃物**（燃料など）、**酸素供給体**（空気など）、**熱源**（点火源など）が同時に存在する必要があります（◑P.175）。さらに、点火した後も**燃焼を継続する**ためには、燃料と空気の供給のほかに、**燃焼室の温度を燃料の着火温度以上に維持する**ことが必要となります。この温度を維持できなければ燃焼は停止してしまうことから、燃焼（の継続）にとって、燃料・空気・温度の3つの要素が必要であることがわかります。

　ボイラーの燃焼にとっては、着火性（火のつきやすさ）と燃焼速度（燃焼が進行する速さ）も大切です。**一定量の燃料を完全燃焼**させるときに、**着火性がよく、燃焼速度が速い**場合は、狭い**燃焼室**でも足りることになります。

 Point...着火性と燃焼速度
> 着火性がよく、燃焼速度が速い場合は狭い燃焼室で足りる

用語

着火温度
点火源を与えなくても、可燃物（燃料）そのものが自然に着火して燃焼し始める最低の温度。
◑P.175
燃焼速度
燃料に着火してから燃え尽きるまで燃焼が進んでいく速さ。
「火炎の燃焼速度」（◑P.210）と混同しないこと。

2　空気比　　　　　　　　　　　　　B

（1）理論空気量と実際空気量

　燃料を完全燃焼させるために理論上必要とされる最小の空気量を理論空気量といいます。しかし実際には、燃料と空気が理想的な混合とならないため、理論空気量より若干多めの空気を必要とするのが一般です。これを実際空気量といい、実際空気量と理論空気量との差を過剰空気といいます。

> **Point.. 理論空気量と実際空気量**
> 実際空気量は、一般の燃焼では理論空気量より大きい

　理論空気量と実際空気量の単位は、液体燃料と固体燃料では〔m^3_N/kg〕、気体燃料では〔m^3_N/m^3_N〕を用います。

（2）空気比とは

　空気比とは、実際空気量が理論空気量の何倍になっているかを示す値であり、理論空気量をA_0、実際空気量をA、空気比をmとすると、次の関係が成り立ちます。

$$空気比\ m = \frac{実際空気量A}{理論空気量A_0}$$

この式を変形して、$A = mA_0$と表すこともできます。

> **Point.. 理論空気量、実際空気量、空気比の関係**
> 理論空気量A_0、実際空気量A、空気比mとすると、
> $$空気比\ m = \frac{実際空気量A}{理論空気量A_0} \qquad \therefore A = mA_0$$

　空気比の値が1以上であれば、実際空気量が理論空気量よりも多いことになり、完全燃焼となって燃料のすべてを燃やし切ることができます。ただし、空気比の値が大きくなるにつれ理論空気量に加えて供給される過剰空気の量が多くなることから、燃焼ガスの量（ひいては排ガスの量）が増加します。

過剰空気について ▶P.194

「m^3_N（ノルマル立方メートル）」について▶P.177

第3章　燃料および燃焼に関する知識 ● 22日目

 プラスワン

各種燃料の空気比の概略値は次の通り。
- 液体燃料 →1.05〜1.3
- 気体燃料 →1.05〜1.3
- 微粉炭 →1.15〜1.3

（3）燃焼温度と空気比

　燃料を炉内で燃焼させたときの**燃焼温度**は、**燃料の種類**や**燃焼用空気の温度**、**燃焼効率**（●P.20）のほか、空気比などの条件によって変わります。空気比は**燃焼ガスの量**に関係することから、燃焼温度の変化の要因となります。

3　熱損失　　　　　　　　　　　　　　　　Ａ

　ボイラーで発生した熱量のうち、蒸気または温水をつくるために**有効に利用されなかった熱量**のことを、熱損失といいます。ボイラーの主な熱損失をまとめてみましょう。

①排ガス熱による損失

　ボイラーで発生した**高温の燃焼ガス**は、やがて**排ガス**としてボイラー外へ排出されますが、この排ガスが保有している熱量を排ガス熱といいます。排ガス熱による損失は、一般に**ボイラーの熱損失のうちで最も大きなもの**です。

②不完全燃焼ガスによる損失

　不完全燃焼を起こしたときに生じる**未燃分のガス**による損失です。

③ボイラー周壁からの放熱損失

　ボイラー本体の壁の表面から外部に熱が放散されること（放散熱）による損失です。

④ドレン、漏出等による損失

　ドレンの排出や、**蒸気・温水の漏れ**などにより、これらの保有する熱量が放出されることで生じる損失です。

⑤燃えがら中の未燃分による損失

　石炭を燃焼した場合、灰や燃えがら（燃焼後の残留物）の中に残った未燃分による損失が生じます。

> **Point** ボイラーの熱損失
>
> **ボイラーの熱損失のうち、一般に最も大きなものは、排ガス熱による損失である**

プラスワン

不完全燃焼を起こすと、燃焼ガスの中に一酸化炭素（CO）や水素（H_2）といった未燃ガスが残る。

プラスワン

熱伝導率が小さく、密度の小さい保温材を用いることにより熱損失を小さくすることができる。

①〜⑤のほかに、重油に水分が多く含まれている場合にも熱損失が生じます。●P.183

　最大の熱損失となる**排ガス熱による損失**を**小さくする**ためには、**エコノマイザ**（▶P.85）や**空気予熱器**（▶P.86）により排ガスの**余熱を回収**することや、（燃焼ガスの量は空気比によって変わることから）なるべく**空気比を小さく**して完全燃焼を行わせることにより、燃焼ガスの量（ひいては排ガスの量）を減らすことなどが考えられます。

> 空気比を大きくしすぎると、排ガスによる損失が増大します。

確認テスト

Key Point			できたら チェック ☑
燃焼にとって大切なこと	☐	1	燃焼には、燃料、空気、温度の3つの要素が必要である。
	☐	2	着火性がよく、燃焼速度が遅いと、一定量の燃料を完全燃焼させるのに狭い燃焼室で足りる。
空気比	☐	3	実際空気量は、一般の燃焼では理論空気量より大きい。
	☐	4	理論空気量 A_0、実際空気量 A、空気比 m とすると、$A_0 = mA$ という関係が成り立つ。
	☐	5	燃焼温度は、燃料の種類や燃焼用空気の温度、燃焼効率、空気比などの条件によって変わる。
熱損失	☐	6	ボイラーの熱損失のうち、一般に最も大きなものは不完全燃焼ガスによる損失である。
	☐	7	排ガス熱による熱損失を小さくする方法として、空気比を大きくして完全燃焼させることが考えられる。

解答・解説

　1.○ 燃焼を継続するには「燃料」と「空気」を供給するとともに、燃焼室の「温度」を燃料の着火温度以上に維持することが必要。　**2.×** 着火性がよく燃焼速度が速い場合は狭い燃焼室で足りる。設問は「燃焼速度が遅いと」としている点が誤り。　**3.○** 実際の燃焼では理論空気量よりも若干多めの空気を必要とするのが一般であり、これを実際空気量という。　**4.×** $A = mA_0$ という関係が成り立つ。設問は A と A_0 が逆になっている。　**5.○** 空気比も燃焼ガスの量に関係するため、燃焼温度の変化の要因となる。　**6.×** 一般にボイラーの熱損失のうち最も大きなものは、排ガス熱による損失である。不完全燃焼ガスによる損失ではない。　**7.×** 空気比を小さくして完全燃焼を行い、燃焼ガスの量（ひいては排ガスの量）を減らすことによって排ガス熱による損失を小さくする。設問は「空気比を大きくして」としている点が誤り。

ワンポイント アドバイス

理論空気量・実際空気量・空気比の関係と、ボイラーの熱損失のうち排ガス熱による損失が最も大きいということを押さえよう。

23日目
Lesson.13 燃焼室

(2) 燃焼室が備えるべき要件

> 燃焼室が備えるべき構造上の条件と一次空気・二次空気について学習します。試験では、油・ガスだき燃焼（油だきボイラーやガスだきボイラーによる燃焼）、火格子燃焼、微粉炭燃焼における一次空気・二次空気についてよく出題されています。

1 燃焼室が備えるべき構造上の要件　C

　ボイラーの燃焼室（火炉）は、燃料と空気を混合させて安定的かつ完全な燃焼反応を行わせる場所です。このため燃焼室は、**燃料の種類**、**燃焼装置の種類**、**燃焼方法**などに適合した形状・大きさにしなければなりません。

　燃焼室が備えるべき構造上の要件のうち、重要なものをまとめておきましょう。

（1）燃料と空気の混合が有効に行えること

　燃料と**燃焼用空気**との混合が、燃焼室内で有効かつ急速に行われる構造でなければなりません。

（2）着火が容易に行えること

　燃焼室は、**燃料の着火が容易に行える構造**でなければなりません。燃料が重油の場合は、次ページの上の図のようにバーナの先端から噴霧された油が、バーナの周囲に設けられた高温のバーナタイルからの放射熱によって**気化**が促進され、着火が容易となります。

用語
バーナタイル
燃料油と空気を炉内に吹き込む開口部分をバーナスロートといい、これをつくる耐火物をバーナタイルという。

■重油バーナとバーナタイル

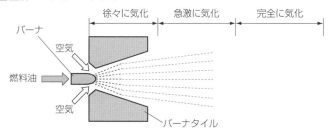

（3）炉内滞留時間を燃焼完結時間より長くできること

　燃料の燃焼は、燃焼室内で完結することが必要なので、燃焼ガスが炉内に滞留する時間（**炉内滞留時間**）を、炉内で燃焼を完結するために必要な時間（**燃焼完結時間**）よりも長くできる大きさの燃焼室でなければなりません。

（4）火炎が伝熱面や炉壁を直射しない構造であること

　火炎が伝熱面や炉壁を**直射**すると、バーナから噴射された**油滴**が付着し、**局部過熱**の原因となるため、これを避けます。また、**炉壁**は放射熱損失の少ない構造とします。

2　一次空気と二次空気　　A

（1）油・ガスだき燃焼の場合

　油・ガスだき燃焼では、燃焼用空気を一括して供給するのが通常ですが、２回に分けて供給する場合もあります。

　油・ガスだき燃焼における一次空気は、噴射された**燃料の周辺**に供給されて、初期燃焼（バーナ近くでの**着火**）を安定させます。

　二次空気は一次空気による着火の直後に供給され、**旋回または交差流**によって**燃料と空気の混合**を良好にし、**燃焼を完結**させます。

■油・ガスだきバーナの例

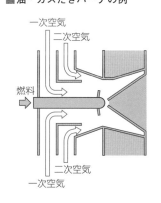

プラスワン
バーナタイルは炉内での燃焼により発生した放射熱を受けて高温になっている。

なお、燃焼ガスが高温燃焼域に滞留する時間が長くなるにつれNOₓを発生させる反応が進むことについて
▶P.220

燃焼用空気を分けて供給することはNOₓの発生を抑制することにつながります。
▶P.220

プラスワン
空気比（▶P.223）は、一次空気と二次空気の合計を実際空気量として計算する。

第3章
燃料および燃焼に関する知識 ● 23日目

> **Point**..油・ガスだき燃焼における**一次空気と二次空気**
> ● 油・ガスだき燃焼における**一次空気**は、噴射された燃料の周辺に供給され、初期燃焼を安定させる
> ● 油・ガスだき燃焼における**二次空気**は、旋回または交差流によって燃料と空気の混合を良好にして、燃焼を完結させる

（2）火格子燃焼の場合

火格子燃焼について **▶**P.214
微粉炭バーナ燃焼について **▶**P.215

■火格子燃焼の例

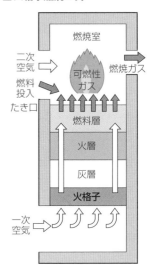

　火格子燃焼では一般に**上向き通風**といって下方から空気を吹き上げて燃焼させます。この空気が**一次空気**であり、**火格子から燃料層を通して送入**され、燃料の初期燃焼を行います。二次空気は、**燃料層の上の可燃性ガスの火炎中に送入**されて、燃焼を完結させます。

　火格子燃焼での一次空気と二次空気の割合は、一次空気が大部分を占めます。

> **Point**..火格子燃焼における**一次空気と二次空気**
> ● 火格子燃焼における**一次空気**は、一般の上向き通風では火格子から燃料層を通して送入される
> ● 火格子燃焼における**二次空気**は、燃料層上の可燃性ガスの火炎中に送入される

（3）微粉炭バーナ燃焼の場合

「可燃性ガス」を単に「可燃ガス」と表現する場合もあります。

　微粉炭バーナ燃焼においては、次ページの図のように、一次空気と**微粉炭**があらかじめ混合（**予混合**）され、空気と微粉炭の**混合気**としてバーナに供給されるのが一般的です。二次空気は、バーナの周囲から**噴出**されて、一次空気と微粉炭の混合気とともに燃焼室内に拡散されます。

■ **微粉炭バーナ燃焼の例**

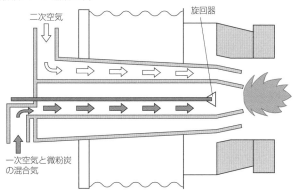

二次空気

旋回器

一次空気と微粉炭
の混合気

重要

燃焼室熱負荷
単位時間における燃焼室の単位容積当たりの発生熱量のことを燃焼室熱負荷という（単位kW/m³）。炉筒煙管ボイラーでは次の値となる。

● 油・ガスだき燃焼
　⇒400～1200kW/m³
● 微粉炭バーナ燃焼
　⇒150～200kW/m³

確認テスト

Key Point	できたら チェック ☑
燃焼室が備えるべき構造上の要件	☐ 1　燃焼室は、バーナタイルを設けるなど、着火を容易にする構造とする。
	☐ 2　燃焼室の大きさは、燃焼ガスの炉内滞留時間が燃焼完結時間より短くなるようにする。
一次空気と二次空気	☐ 3　油・ガスだき燃焼における一次空気は、噴射された燃料の周辺に供給され、初期燃焼を安定させる。
	☐ 4　油・ガスだき燃焼における二次空気は、旋回または交差流によって燃料と空気の混合を良好にして、燃焼を完結させる。
	☐ 5　火格子燃焼における一次空気と二次空気の割合は、二次空気が大部分を占める。
	☐ 6　火格子燃焼における一次空気は、一般の上向き通風では、火格子から燃料層を通して送入される。
	☐ 7　火格子燃焼における二次空気は、燃料層上の可燃性ガスの火炎中に送入される。
	☐ 8　微粉炭バーナ燃焼における二次空気は、微粉炭と予混合してバーナに送入される。

解答・解説

1.○　2.× 燃焼室は、燃焼ガスの炉内滞留時間が燃焼完結時間よりも長くなる大きさでなければならない。3.○　4.○　5.× 二次空気ではなく、一次空気が大部分を占める。　6.○　7.○　8.× 二次空気ではなく、一次空気と微粉炭を予混合して、空気と微粉炭の混合気としてバーナに供給するのが一般的。二次空気はバーナの周囲から噴出され、一次空気と微粉炭の混合気とともに燃焼室内に拡散される。

23日目
Lesson.14
通風
(1) 自然通風と人工通風

ボイラーの通風として、自然通風および人工通風について学習します。人工通風は、押込通風、誘引通風、平衡通風の3つの方式に分かれます。試験では、自然通風と3種類の人工通風のそれぞれの特徴についてよく出題されています。

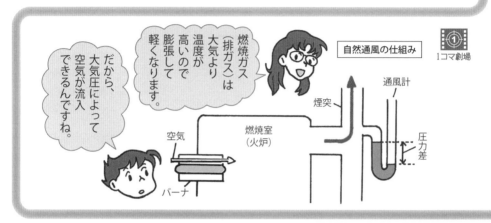

自然通風の仕組み　1コマ劇場

1 自然通風　A

(1) 通風とは

炉および煙道を通して起こる空気および燃焼ガスの流れを通風といいます。通風は、煙突によって生じる自然通風と、ファンを使用する人工通風に分けられます。

(2) 自然通風力

通風力とは、炉および煙道に通風を起こさせる圧力差のことをいいます。自然通風の場合、通風力は煙突によって生じます。これを自然通風力といい、次の式で求めます。

自然通風力〔Pa〕=(ρa − ρg)gH

ρa〔kg/㎥〕：外気の密度、 ρg〔kg/㎥〕：煙突内ガス密度
g〔9.8m/s²〕：重力加速度、 H〔m〕：煙突の高さ

上の式を見ると、**煙突の高さH**が高いほど、**自然通風力が大きくなる**ことがわかります。また、**煙突内のガス温度が高くなると**、ガス（気体）は膨張して軽くなることから

通風力を測定する通風計について ▶P.62

重要
自然通風力の単位
通風力は圧力差なので、圧力の単位であるパスカル〔Pa〕を用いるのが一般的。

煙突内ガス密度ρgが小さくなって、**自然通風力が大きく**なることがわかります。

> ┌─ *Point*..自然通風力の大きさ ─
> - 煙突の高さが高いほど、自然通風力は大きくなる
> - 煙突内のガス温度が高いほど、自然通風力は大きくなる

ρgが小さくなると、（ρa−ρg）の値が大きくなるから、自然通風力の値は大きくなりますね。

2 人工通風 　　A

人工通風には、**押込通風**、**誘引通風**、**平衡通風**の３種類があります。これらは下の図のように、ファン（**通風機**）を設置する位置などが異なります。

■ 3種類の人工通風

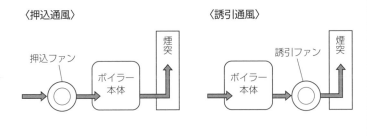

〈押込通風〉 押込ファン → ボイラー本体 → 煙突

〈誘引通風〉 ボイラー本体 → 誘引ファン → 煙突

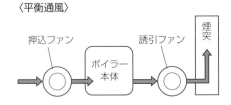

〈平衡通風〉 押込ファン → ボイラー本体 → 誘引ファン → 煙突

🔧 **プラスワン**

自然通風は通風力が小さいため小容量のボイラーでのみ採用されている。一方、人工通風は大容量でも小容量でも採用することができる。

（1）押込通風

押込通風は、**押込ファン**を用いて**燃焼用空気**をボイラーへ押し込む方式です。これによって**炉内圧力が大気圧より高く**なるので、押込通風を採用した燃焼を**加圧燃焼**といいます。一般の油・ガスだきボイラーで広く用いられている方式です。押込通風の特徴をまとめておきましょう。

加圧燃焼方式について ▶ P.13

① **燃焼効率が高い**

　押込通風では、空気流と燃料噴霧流が有効に混合するた
め、**燃焼効率が高く**なります。

② **気密が十分でないと燃焼ガスが漏れる**

　押込通風では、圧力の高い加圧燃焼となるため、炉内へ
漏れ込む空気がなく、無駄な空気を加熱しないですむので
ボイラー効率が向上します。ただし、炉内の気密が不十分
であると、**燃焼ガスが外部に漏れて**しまい、ボイラー効率
の低下を招くことがあります。

③ **大きな動力を要しない**

　押込ファンは**常温の空気**を取り扱うので、高温のガスを
取り扱う誘引通風や平衡通風と比べて、必要とされる**動力
が小さくて**すみます。

> **Point.** 押込通風の特徴
> 押込通風は、誘引通風や平衡通風と比べて、必要とされる動力
> が小さい

（2）誘引通風

　誘引通風は、煙道または煙突入口に設置した**誘引ファン**
によって**燃焼ガス**を吸い出し、煙突に放出する方式です。
誘引ファンが取り扱うのは、燃焼用空気ではなく、高温で
体積の膨張した燃焼ガスなので、**大型のファン**を使用しな
ければならず、このため**大きな動力**を要します。さらに、
すすやダスト、**腐食性物質**を含む燃焼ガスにより、ファン
の**腐食**や**摩耗**が起こりやすいという欠点があります。

> **Point.** 誘引通風の特徴
> 誘引通風では、比較的高温で体積の大きな燃焼ガスを取り扱う
> ので、大型のファンを必要とする

（3）平衡通風

　平衡通風は、**押込ファン**と**誘引ファン**を併用した方式で
す。燃焼ガスが外部に漏れないように、**炉内圧力を大気圧**

よりやや低めに調節します（●P.89）。炉内圧力が一定になるように制御されるので、**燃焼調整が容易**です。また2つのファンを併用することから、**通風抵抗の大きなボイラーでも強い通風力が得られる**という利点があります。必要とされる**動力**は押込通風より大きくなりますが（●P.232）、誘引通風よりは小さくて済みます。

> **用語**
>
> 通風抵抗
> ボイラー内と外気との圧力差が少ないことなどにより生じる障害。

確認テスト

Key Point			できたら チェック ☑
自然通風	☐	1	炉および煙道を通して起こる空気および燃焼ガスの流れを、通風という。
	☐	2	煙突によって生じる自然通風力は、煙突の高さが高くなるほど、また煙突内のガス温度が低くなるほど、大きくなる。
人工通風	☐	3	押込通風は、燃焼用空気をファンを用いて大気圧より高い圧力の炉内に押し込むものである。
	☐	4	押込通風では、空気流と燃料噴霧流が有効に混合するため、燃焼効率が高まる。
	☐	5	押込通風は、平衡通風より大きな動力を要し、気密が不十分であると、燃焼ガスが外部へ漏れ、ボイラー効率が低下する。
	☐	6	誘引通風では、比較的高温で体積の大きな燃焼ガスを取り扱うので、大型のファンを必要とする。
	☐	7	誘引通風では、温度が高く、すすやダスト、腐食性物質を含む燃焼ガスによってファンの腐食、摩耗が起こりやすい。
	☐	8	平衡通風は、押込ファンと誘引ファンを併用したもので、炉内圧力を大気圧より高く調節する。
	☐	9	平衡通風は、燃焼調整が容易で、通風抵抗の大きなボイラーでも強い通風力が得られる。

解答・解説

1.○　2.× 煙突によって生じる自然通風力は、煙突の高さが高くなるほど、また煙突内のガス温度が高くなるほど大きくなる。設問は「ガス温度が低くなるほど」としている点が誤り。　3.○　4.○　5.× 押込通風は誘引通風や平衡通風と比べて、必要とされる動力が小さい。設問は「平衡通風より大きな動力を要し」としている点が誤り。後半の記述は正しい。　6.○　7.○　8.× 前半の記述は正しいが、炉内圧力は、燃焼ガスが外部に漏れないよう、大気圧よりやや低めに調節する。なお、試験では炉内圧力を単に「炉内圧」と表現していることがある。　9.○

24日目
Lesson.15
通風
（2）ファン

このレッスンでは、ボイラーの人工通風に用いられるファンとして、多翼形ファン、後向き形ファン、ラジアル形ファンの3種類を学習します。出題頻度は少ないですが、それぞれのファンの構造や特徴について細かい点が出題されています。

① 1コマ劇場

押込ファンに使用する「多翼形ファン」よ。

これは何ですか？

1 人工通風に用いるファン　B

　ファン（通風機）は、ボイラーの人工通風（●P.231）において、**燃焼用空気**または**燃焼ガス（排ガス）**を一方から吸い込んで他方へ押し出す役割をする装置です。主な種類として**多翼形ファン、後向き形ファン、ラジアル形ファン**の3つがあります。それぞれの特徴をみておきましょう。

（1）多翼形ファン

　多翼形ファンは、下の図のように、**羽根車の外周近くに浅く幅長で前向きの羽根**を多数設けたものです。

多翼形ファンは、シロッコファンとも呼ばれ、家庭用エアコンの室内機などにも利用されています。

■多翼形ファン

浅く幅長で前向きの羽根

羽根車

回転方向

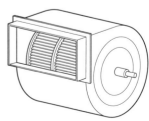

　多翼形ファンは羽根の形が簡単なので、小形かつ軽量で安価ですが、ファンの**効率が低い**ため、大きな**動力を必要**とします。**風圧**は比較的低く、0.15 ～ 2 kPa程度です。

Point 多翼形ファンの特徴

多翼形ファンは、小形で軽量であるが、効率が低いため、大きな動力を必要とする

（2）後向き形ファン

　後向き形ファンは下の図のように、羽根車の主板および側板の間に**8 ～ 24枚**の後向きの羽根を設けたものです。

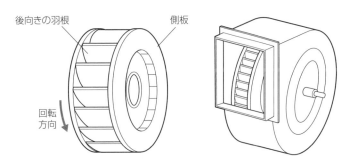

後向きの羽根　　　　側板　　　　回転方向

　後向き形ファンは構造が簡単で頑丈なため、高速運転により**2 ～ 8kPa**の高い風圧が得られるだけでなく、大形化しやすいので、**高圧大容量**のボイラーに適します。また、ファンの材料を耐熱性・耐摩耗性のものにすれば、**高温**の燃焼ガス（排ガス）を取り扱う**誘引**ファンとしても利用することができます。

Point 後向き形ファンの特徴

後向き形ファンは、高温、高圧、大容量のボイラーに適する

（3）ラジアル形ファン

　ラジアル形ファンはP.236の図のように、中央の回転軸から放射状に**6 ～ 12枚**の**プレート**を取り付けたものです。**風圧**は0.5 ～ 5kPa程度です。**十分な強度**をもたせることができる構造で、耐摩耗性・耐腐食性の材料を使用すれば

 プラスワン
多翼形ファンは、主に押込ファン（▶P.231）として利用されている。

重要
後向きの羽根
羽根を回転方向に対して後ろ側に湾曲させることによって、空気の抵抗を減らす構造になっている。

 後向き形ファンは「ターボ形ファン」とも呼ばれます。

 誘引ファンについて▶P.232

第3章　燃料および燃焼に関する知識 ● 24日目

摩耗や腐食にも強いファンになることから、**誘引**ファンとして用いられます。ただし、**大形**で**重量**が**重く**なるため、価格が高くなります。

ラジアル形ファンはプレートを取り付けることから、「プレート形ファン」とも呼ばれます。

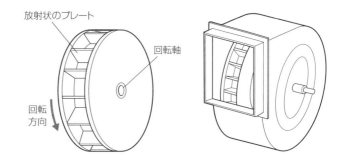

放射状のプレート

回転軸

回転方向

👈 **Point.** ラジアル形ファンの特徴

ラジアル形ファンは、強度が高く、摩耗、腐食に強いが、大形で重量が重くなる

確　認　テ　ス　ト

Key Point			できたら チェック ☑
人工通風に用いるファン	☐	1	多翼形ファンは、羽根車の外周近くに、浅く幅長で前向きの羽根を多数設けたものである。
	☐	2	多翼形ファンは、小形、軽量で、効率が高く、小さな動力で足りる。
	☐	3	後向き形ファンは、羽根車の主板および側板の間に8〜24枚の後向きの羽根を設けたもので、風圧が2〜8kPaである。
	☐	4	後向き形ファンは、高温、高圧、大容量のボイラーに適する。
	☐	5	ラジアル形ファンは、小形、軽量で強度が強いが、摩耗、腐食に弱い。

解答・解説

1.○　2.× 多翼形ファンは、小形かつ軽量であるが、ファンの効率が低いため、大きな動力が必要となる。設問は「効率が高く、小さな動力で足りる」としている点が誤り。　3.○ 風圧は、多翼形ファンが最も低く0.15〜2kPa程度、ラジアル形ファンが0.5〜5kPa、後向き形ファンが最も高い2〜8kPaである。
4.○　5.× ラジアル形ファンは、大形で重量が重い。また、強度が強いだけでなく、耐摩耗性・耐腐食性の材料を使用すれば摩耗や腐食にも強くなる。設問は「小形、軽量」「摩耗、腐食に弱い」としている点が誤り。

過去問にチャレンジ **1**

問題 重油の性質に関するAからDまでの記述で、正しいもののみをすべて
挙げた組合せは、次のうちどれか。

A 重油の密度は、温度が上昇すると増加する。

B 流動点は、重油を冷却したときに流動状態を保つことのできる最低温度
で、一般に温度は凝固点より2.5℃高い。

C 重油の実際の引火点は、一般に100℃前後である。

D 密度の小さい重油は、密度の大きい重油より単位質量当たりの発熱量が
大きい。

(1) A，B，C

(2) A，D

(3) B，C

(4) B，C，D

(5) C，D

解答・解説 ▶ Lesson 2

B、C、Dの3つが正しい記述です。

密度とは、物質の単位体積当たりの質量のことであり、次の式で表します。

$$密度〔g/cm^3〕= \frac{質量〔g〕}{体積〔cm^3〕}$$

重油の密度は、15℃のとき0.84〜0.96〔g/cm³〕とされていますが、温度が上
昇すると重油の体積は膨張して大きくなるため、上の式より密度が減少するこ
とがわかります。つまり重油の密度は、温度が上がると減少することになるの
で、Aの記述は誤りです。

なお、Bの凝固点とは、油が低温になり流動性をまったく失って凝固すると
きの最高温度のことです。一方、流動点は、流動状態を保つことのできる最低
温度であり、一般的に凝固点よりも2.5℃高い温度になります。

また、Cについて、日本産業規格では重油の引火点は60〜70℃とされていま
すが、実際の引火点は平均で100℃前後です。

正解 (4)

問題 重油燃焼によるボイラーおよび附属設備の低温腐食の抑制方法に関するＡからＤまでの記述で、誤っているもののみをすべて挙げた組合せは、次のうちどれか。

A 高空気比で燃焼させ、燃焼ガス中のSO_2からSO_3への転換率を下げる。

B 重油に添加剤を加え、燃焼ガスの露点を上げる。

C 給水温度を上昇させて、エコノマイザの伝熱面の温度を高く保つ。

D 蒸気式空気予熱器を用いて、ガス式空気予熱器の伝熱面の温度が低くなり過ぎないようにする。

(1) A，B　　(2) A，B，C　　(3) A，B，D

(4) A，D　　(5) C，D

解答・解説　　　　　　　　　　　　　　　　　⊙ Lesson 3, 6

重油に含まれる硫黄分は、重油燃焼中に酸素と化合して二酸化硫黄（SO_2）となり、その一部がさらに酸素と化合して三酸化硫黄（SO_3）となります。三酸化硫黄は、燃焼ガス中の水蒸気（H_2O）と結びついて硫酸（H_2SO_4）の蒸気（硫酸ガス）となり、これがエコノマイザや空気予熱器などの低温部分に接触すると、液体の硫酸となってこれらの伝熱面を腐食します。この現象を低温腐食といいます。主な低温腐食の抑制措置（抑制方法）は次の通りです。

①硫黄分の少ない重油を選択する

②燃焼ガス中の酸素濃度を下げる

　低空気比で燃焼させる（酸素濃度を下げる）ことで燃焼ガス中のSO_2からSO_3への転換率を下げる（空気比は、実際空気量が理論空気量の何倍かを示す値）。

③給水温度を上昇させてエコノマイザや空気予熱器の伝熱面の温度を高く保つことにより、硫酸露点（気体の硫酸が凝結して液体になる温度）以下にならないようにする。また、空気予熱器は、空気予熱に蒸気を用いる蒸気式空気予熱器を併用し、ガス式空気予熱器の伝熱面の温度が低くなりすぎないようにする。

④重油に添加剤を加えて、燃焼ガスの露点を下げる

　したがって、③よりC、Dは正しい記述です。Aは、②より「低空気比で燃焼させ、」が正しく、Bは④より「露点を下げる」が正しい記述となります。

正解 (1)

問題　ボイラーの熱損失に関し、次のうち誤っているものはどれか。

(1)　排ガス熱によるものがある。

(2)　不完全燃焼ガスによるものがある。

(3)　ボイラー周壁からの放散熱によるものがある。

(4)　ドレンや吹出しによるものは含まれない。

(5)　熱伝導率が小さく、かつ、一般に密度の小さい保温材を用いることにより熱損失を小さくできる。

解答・解説　　　　　　　　　　　　　　　　　　　　　● Lesson 12

　熱損失とは、ボイラーで発生した熱量のうち、蒸気または温水をつくるために有効に利用されなかった熱量のことをいいます。一般に、ボイラーの熱損失のうち最も大きなものは排ガス熱による損失です。ボイラーで発生した高温の燃焼ガスはやがて排ガスとしてボイラー外へ排出されますが、この排ガスが保有している熱量を排ガス熱といいます。このほかには、不完全燃焼ガスによる損失、ボイラー周壁からの放熱損失（放散熱）、ドレンの排出や吹出しによる損失などが挙げられます。

　最大の熱損失となる排ガス熱による損失を小さくするには、エコノマイザや空気予熱器によって排ガスの余熱を回収することや、燃焼ガスの量は空気比によって変わることから、なるべく空気比を小さくして完全燃焼を行わせることにより燃焼ガスの量（ひいては排ガスの量）を減らすことなどが考えられます。また、保温材（熱伝導率が小さく、かつ一般に密度の小さいもの）を用いることによって、熱損失を小さくすることも可能です。

　したがって、(1)(2)(3)(5)はいずれも正しい記述です。

　(4)は、ドレンの排出や吹出しなどによって、これらの保有する熱量が放出されることで生じる熱損失があるため、誤りです。

正解　(4)

過去問にチャレンジ 4

問題　油だきボイラーの燃焼室が具備すべき要件に関するＡからＤまでの記述で、正しいもののみをすべて挙げた組合せは、次のうちどれか。

　Ａ　燃料と燃焼用空気との混合が有効に、かつ、急速に行われる構造であること。

　Ｂ　燃焼室は、燃焼ガスの炉内滞留時間が燃焼完結時間より長くなる大きさであること。

　Ｃ　バーナタイルを設けるなど、着火を容易にする構造であること。

　Ｄ　バーナの火炎が伝熱面や炉壁を直射し、伝熱効果を高める構造であること。

(1)　Ａ，Ｂ　　　　(2)　Ａ，Ｂ，Ｃ　　　(3)　Ａ，Ｃ

(4)　Ａ，Ｃ，Ｄ　　(5)　Ｃ，Ｄ

解答・解説　　　　　　　　　　　　　　　　　　　　　　▶ Lesson 13

　ボイラーの燃焼室は、燃料と空気を混合させて安定的かつ完全な燃焼反応を行わせる場所です。燃焼室が備えるべき構造上の主な要件は、次の通りです。

①燃料と燃焼用空気との混合が、燃焼室内で有効に、かつ急速に行われる構造であること

②バーナタイルを設けるなど、着火を容易にする構造であること

　　燃料が重油の場合、バーナの先端から噴霧された油は、周囲に設けられた高温のバーナタイルからの放射熱によって気化が促進され、着火が容易となる

③炉内滞留時間を燃焼完結時間より長くできること

　　燃料の燃焼は燃焼室内で完結することが必要なので、燃焼ガスが炉内に滞留する時間（炉内滞留時間）を、炉内で燃焼を完結するために必要な時間（燃焼完結時間）よりも長くできる大きさの燃焼室でなければならない

④バーナの火炎が伝熱面や炉壁を直射しない構造であること

　　火炎が伝熱面や炉壁を直射すると、バーナから噴射された油滴がそこに付着して局部過熱の原因となるため、火炎が伝熱面や炉壁を直射しない構造にする必要がある

　以上より、Ａ、Ｂ、Ｃが正しい記述です。Ｄは「バーナの火炎が伝熱面や炉壁を直射しない構造であること。」が正しい記述となります。

正解 (2)

第**4**章

関 係 法 令

この章では、ボイラーについて規制している法令として、「労働安全衛生法」という法律とこれに基づいて定められた「ボイラー及び圧力容器安全規則」、「ボイラー構造規格」の内容について学習します。なお、ボイラーはその規模により①簡易ボイラー、②小型ボイラー、③ボイラー（①②以外のボイラー）に区分されますが、この試験では、簡易ボイラーと小型ボイラーについて出題されることはありません。

25日目
Lesson.1 各種届出と検査

ボイラーを使用するうえで法令上必要とされる届出や検査等の手続きについて学習します。試験では、手続きの内容について空所補充形式で出題されることが多く、特に、どのような場合にどの検査を受けるのかということが重要です。

 重要

ボイラーの区分
ボイラーはその規模によって小さい順に次のように区分されている。
①簡易ボイラー
②小型ボイラー
③ボイラー
①と②のボイラーについては本レッスンで学習する手続きは適用されない（①には監督官庁等による検査が義務付けられておらず、②については緩和された規定が適用される）。

1 届出・検査等の流れ　　　　C

　ボイラーを**製造**し、使用場所に**設置**し、実際に**使用**していくためには、法令上、さまざまな届出や検査等の**手続き**が必要となります。手続きの流れを見ておきましょう。

■ボイラーに関する手続きの流れ

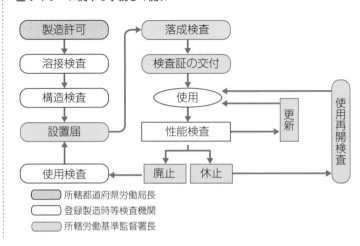

2 設置届の前に行う検査等　　B

（1）製造許可

　ボイラーを製造しようとする者は、その製造しようとするボイラーについて、あらかじめ、その事業場の所在地を管轄する**都道府県労働局長**（所轄都道府県労働局長という）の**許可**を受けなければなりません。これを製造許可といいます。

（2）溶接検査

　ボイラー（溶接によって製造するボイラーで**小型ボイラーを除く**）の**溶接**をしようとする者は、製造時に**登録製造時等検査機関の検査**を受けなければならず、この溶接検査に**合格した後**でなければ、（3）の**構造検査**を受けることができません。

（3）構造検査

　ボイラーを製造した者は、その製造されたボイラーが、**ボイラー構造規格**に適合し、安全が確保されていることを確認するため、登録製造時等検査機関の検査を受けなければなりません。これを構造検査といいます。

> **Point.** 溶接検査と構造検査
> 溶接によるボイラー（小型ボイラーを除く）については、溶接検査に合格した後でなければ構造検査を受けることができない

（4）使用検査

　次の①～③の者も、登録製造時等検査機関の検査を受けなければなりません。これを使用検査といいます。
①外国からボイラーを**輸入**した者
②構造検査または使用検査を受けた後、**1年以上**設置されなかったボイラーを設置しようとする者
③**使用を廃止**したボイラー（●P.245）を再び設置し、または使用しようとする者

●P.245

重要
手続きの内容を定める法令
本レッスンで学習する手続きの内容は、「労働安全衛生法」またはこれに基づいて制定された「ボイラー及び圧力容器安全規則」による。

用語
登録製造時等検査機関
労働安全衛生法ではボイラーを特に危険な作業を必要とする「特別特定機械等」の1つとしており、ボイラーの製造時等に、厚生労働大臣の登録を受けた者による検査を受けることを規定している。この登録を受けた者を「登録製造時等検査機関」という。
ボイラー構造規格
労働安全衛生法に基づいて、ボイラーの材料、構造、附属品などについて詳しく定めた規格。

> 登録製造時等検査機関が行うのは、
> ●溶接検査
> ●構造検査
> ●使用検査
> の3つですね。

第4章　関係法令　●25日目

3 設置届とその後の検査等　　　　　A

(1) 設置届

　ボイラーを設置しようとする**事業者**は、設置工事開始日の**30日前**までに、その事業場の所在地を管轄する**労働基準監督署長**（所轄労働基準監督署長という）に、ボイラーの設置届を提出しなければなりません。

(2) 落成検査

　ボイラーを設置した者は、次の①〜④の事項について、所轄労働基準監督署長の検査を受けなければなりません。これを落成検査といいます（ただし所轄労働基準監督署長が必要ないと認めたボイラーについては検査不要）。

> ①ボイラー
> ②ボイラー室
> ③ボイラーおよびその配管の配置状況
> ④ボイラーの据付基礎ならびに燃焼室および煙道の構造

(3) ボイラー検査証の交付と再交付

　所轄労働基準監督署長は、落成検査に**合格**したボイラー（または落成検査の必要がないと認められたボイラー）について、**ボイラー検査証を交付**します。ボイラー検査証を受けていないボイラーは使用することができません。ボイラーを設置している者がボイラー検査証を滅失または損傷した場合には、**所轄労働基準監督署長**から再交付を受ける必要があります。ボイラー検査証の**有効期間**は1年です。

(4) 更新と性能検査

　ボイラー検査証は**有効期間**を更新することができます。**更新を受けようとする者**は、落成検査と同じ事項（上記(2)の①〜④）について**性能検査**を受けなければなりません。この検査は登録性能検査機関（性能検査を行うことについて厚生労働大臣の登録を受けた者）によって行われます。性能検査に合格すると、性能検査の結果によって**1年未満**

プラスワン

設置届は構造検査や使用検査を受ける前でも提出できるが、落成検査は、構造検査または使用検査に合格した後でなければ受けることができない。

重要

移動式ボイラー
土木建築現場で使用するボイラーや蒸気機関車のボイラー等を「移動式ボイラー」という。構造検査に合格すると登録製造時等検査機関からボイラー検査証の交付を受けるなど一般のボイラーとは異なる規定が多く、試験でも「移動式ボイラーを除く」とされている場合がある。

または1年を超え**2年以内**の期間を定めて有効期間が更新されます。

> **Point.** 検査証の交付、有効期間の更新と性能検査
> ● 所轄労働基準監督署長は、落成検査に合格したボイラーまたは当該検査の必要がないと認めたボイラーについてボイラー検査証を交付する
> ● ボイラー検査証の有効期間は、性能検査に合格したボイラーについて更新される

4 ボイラーの休止および廃止　A

（1）ボイラーの使用の休止

　ボイラーを設置している者がボイラーの**使用を休止**しようとする場合に、休止しようとする期間がボイラー検査証の有効期間（更新の際に定めたものを含む）を超えるときは、有効期間中にその旨を所轄労働基準監督署長に**報告**しなければなりません（これを「休止報告」という）。

（2）使用再開検査

　使用を休止したボイラーを再び使用しようとする者は、そのボイラーについて所轄労働基準監督署長の検査を受けなければなりません。これを使用再開検査といいます。これに合格すると、所轄労働基準監督署長が**ボイラー検査証**に検査期日および検査結果について記載（**裏書**という）を行い、ボイラーの使用再開が認められます。

> **Point.** 休止したボイラーの使用再開検査
> 使用再開検査とは、ボイラー検査証の有効期間を超えて使用を休止したボイラーを再び使用しようとするときに受ける検査をいう

（3）ボイラーの使用の廃止

　事業者は、ボイラーの**使用を廃止**したときは、遅滞なく**ボイラー検査証**を所轄労働基準監督署長に**返還**しなければなりません。

重要

性能検査を受けるときの準備
性能検査を受ける者は、ボイラー（燃焼室を含む）と煙道の冷却および清掃など検査に必要な準備を行うことが原則とされている。

第4章 関係法令 ● 25日目

プラスワン

休止報告をしていれば、休止中に有効期間が切れても性能検査を受ける必要はなく、使用再開検査に合格して裏書を受ければ使用を再開できる。

使用休止の場合は廃止とは異なり、ボイラー検査証の返還はしません。

ひっかけ注意!

使用再開の手続きは
- 休止したボイラー
  ⇒使用再開検査
- 廃止したボイラー
  ⇒使用検査

使用を廃止した際にボイラー検査証を返還しているので、落成検査に合格してボイラー検査証の交付を受ける必要があります（再交付ではありません）。

プラスワン

変更検査に合格したときは所轄労働基準監督署長が変更部分や検査結果などについてボイラー検査証に裏書を行う。

用語

管寄せ
ボイラー水や蒸気を分配したり集めたりするために多数の管を取り付けた容器。主に水管ボイラーで用いられる。

（4）廃止したボイラーの再設置等

使用を**廃止**したボイラーを再び**設置**し、または**使用**しようとする者は、**登録製造時等検査機関**の使用検査を受けなければなりません（◉P.243）。そして、実際に設置または使用するときは**所轄労働基準監督署長**に設置届を提出し、落成検査を受けて合格する必要があります（◉P.244）。

> **Point** 廃止したボイラーの再設置等の手続き
> 使用検査を受ける ⇒ 設置届の提出 ⇒ 落成検査を受ける

5 ボイラーの変更 　　　　A

（1）変更届と変更検査

ボイラーについて、法令で定められた部分または設備を**変更しようとする事業者**は、変更工事開始日の**30日前**までに、所轄労働基準監督署長にボイラーの変更届を提出するとともに、変更工事が終了したときは、そのボイラーについて**所轄労働基準監督署長**の検査を受けなければなりません。これを変更検査といいます。法令に基づき、変更届と変更検査が必要とされる部分または設備は次の通りです。

①胴、炉筒、火室、鏡板、**管板**、**管寄せ**、**ステー**など
②附属設備（節炭器〔エコノマイザ〕、過熱器）
③燃焼装置
④据付基礎

一方、**煙管**、水管、空気予熱器、**安全弁**、**給水装置**などの変更については、**変更届・変更検査は不要**です。

（2）事業者の変更

設置されたボイラーに関し、**事業者に変更があったとき**は、変更後の事業者が、その**変更後10日以内**にボイラー検査証書替申請書にボイラー検査証を添えて**所轄労働基準監督署長**に提出し、その書替を受けなければなりません。

確 認 テ ス ト

できたら チェック ☑

Key Point			
設置届の前に行う検査等	☐	1	溶接によるボイラー（小型ボイラーを除く）については、溶接検査に合格した後でなければ構造検査を受けることができない。
設置届とその後の検査等	☐	2	ボイラーを設置した者は、所轄労働基準監督署長が検査の必要がないと認めたものを除き、①ボイラー、②ボイラー室、③ボイラーおよびその配管の配置状況、④ボイラーの据付基礎ならびに燃焼室および煙道の構造について、使用検査を受けなければならない。
	☐	3	所轄労働基準監督署長は、落成検査に合格したボイラーまたは当該検査の必要がないと認めたボイラーについて、ボイラー検査証を交付する。
	☐	4	ボイラーを設置している者が、変更検査を受けてこれに合格したときは、所轄労働基準監督署長からボイラー検査証の再交付を受ける。
	☐	5	ボイラー検査証の有効期間の更新を受けようとする者は、当該検査証に関するボイラー、ボイラー室、ボイラーおよびその配管の配置状況、ボイラーの据付基礎、燃焼室および煙道の構造について、性能検査を受けなければならない。
ボイラーの休止および廃止	☐	6	構造検査を受けた後、1年以上設置されなかったボイラーを設置しようとするときは、使用再開検査を受けなければならない。
	☐	7	使用を廃止したボイラーを再び設置する場合、必要とされる手続きの順序は、使用検査→設置届→落成検査となる。
ボイラーの変更	☐	8	ボイラーの節炭器、過熱器または給水ポンプを変更しようとするときは、所轄労働基準監督署長に変更届を提出する必要がある。
	☐	9	ボイラーの据付基礎に変更を加えたときは、ボイラーの変更検査を受けなければならない。

解答・解説

1.○　2.× 使用検査ではなく、落成検査である。それ以外の記述はすべて正しい。　3.○　4.× 再交付を受けるのは、ボイラー検査証を滅失または損傷した場合である。変更検査に合格したときは所轄労働基準監督署長がボイラー検査証に裏書を行う。　5.○ 更新するときは性能検査を受ける。検査事項は落成検査と同じ。　6.× この場合は、使用再開検査ではなく、使用検査を受けなければならない。使用再開検査は、使用を休止していたボイラーについて使用を再開するときに受ける検査である。　7.○ 使用を廃止したボイラーを再び設置し、または使用しようとする者は、使用検査を受けなければならない。また、ボイラーを設置した者は、落成検査を受ける必要がある。　8.× 給水ポンプなどの給水装置については変更届の提出は不要である（節炭器〔エコノマイザ〕と過熱器については必要）。　9.○

25日目

Lesson. 2 伝熱面積の算定

このレッスンでは、ボイラーの種類ごとに定められている伝熱面積の算定方法について学習します。各ボイラーにおいてどの部分が伝熱面積として算定されるのか、また算入されない部分はどこかということに注意しながら理解していきましょう。

この違いが伝熱面積の算定にも関係するのよ。

煙管と水管では燃焼ガスに触れる面が逆ですね。

1 伝熱面積とは C

ボイラーにおいて燃料を燃焼させることによって発生した熱は、胴やドラム、炉筒、煙管、水管などで、**放射伝熱**や**熱伝導**、**熱伝達**によって、高温の燃焼ガス側から低温の水側へと伝わり、さらに対流によってボイラー水の全体に伝わっていきます。したがって、ボイラーが蒸気や温水を発生させる能力は、**熱を伝える伝熱面**（◉P.13）**の大きさ**によって左右されることがわかります。

伝熱面積とは、熱を伝える**伝熱面のうち法令で定められたものの面積から算定されたもの**をいい、ボイラーの蒸気または温水の発生能力を示す尺度となります。このため、後で学習するボイラー取扱者に関係する小規模ボイラーの範囲、取扱作業主任者の選任基準のほか、簡易ボイラーと小型ボイラー等の区分（◉P.242）についても、伝熱面積を基準にして定められています。

放射伝熱その他の伝熱について
◉P.40

小規模ボイラーや取扱作業主任者は次のLesson3で学習します。

2　各種ボイラーの伝熱面積の算定方法　A

　伝熱面積の算定方法は、「ボイラー及び圧力容器安全規則」によって、ボイラーの種類ごとに定められています。各種ボイラーの伝熱面のうちで、どの部分が伝熱面積に算入されるのか（または算入されないか）、ボイラーの種類ごとに算定方法をまとめてみましょう。

(1) 丸ボイラーと鋳鉄製ボイラー

　丸ボイラー（立てボイラー〔多管式・横管式〕、炉筒ボイラー、煙管ボイラー、炉筒煙管ボイラー）および**鋳鉄製ボイラー**では、**火気や高温の燃焼ガス**（燃焼ガス等という）**に触れる本体の面**で、その**裏面が水または熱媒に触れる**ものの面積を、伝熱面積とします。たとえば、丸ボイラーの炉筒や煙管がこれに当たります。これらは**内側が燃焼ガス等に触れ**、裏面（外側）が水に触れるので、**内側**（内径側）の面積を伝熱面積として算定します。

■丸ボイラー（炉筒煙管ボイラー）

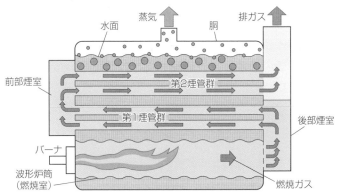

Point 煙管の伝熱面積の算定

煙管を用いたボイラーでは、**煙管の**伝熱面積**は、煙管の**内径側**で算定する**

(2) 水管ボイラー

　水管ボイラーは、**一般の水管ボイラー**と**貫流ボイラー**に

「ボイラー及び圧力容器安全規則」は、略称「ボ則」ともいいます。

丸ボイラーについて ▶P.16
鋳鉄製ボイラーについて ▶P.32

用語

熱媒
熱を伝える媒体となる蒸気や温水、温風などの流体。「熱媒体」ともいう。

プラスワン

炉筒煙管ボイラーの胴は、水に触れる面はあるが、燃焼ガス等に触れる面がないので伝熱面積に含まれない。

第4章　関係法令　●　25日目

分けて算定方法が定められています。

①一般の水管ボイラー

水管ボイラーについて▶P.22
貫流ボイラーについて▶P.28

用語
投影面積
その物体を光で照らした場合にできる影の面積。

一般の水管ボイラーでは、水管および管寄せ（▶P.246）の燃焼ガス等に触れる面の面積を合計して伝熱面積とします。これらは**外側が燃焼ガス等に触れ**、裏面（内側）が水に触れることから、**外側（外径側）の面積を伝熱面積として算定します。耐火れんがでおおわれた水管**については、管の外周の壁面に対する**投影面積**を伝熱面積とします。

なお水管ボイラーの**蒸気ドラム**と**水ドラム**は、約半周分が燃焼ガス等に触れ、裏面も水に触れていますが、水管でも管寄せでもないので、**伝熱面積には算入しません。**

過熱器、節炭器（エコノマイザ）なども**算入しません。**

過熱器、節炭器、空気予熱器などの附属設備について▶P.84

> **Point** 一般の水管ボイラーの伝熱面積の算定
> - 一般の水管ボイラーでは、水管と管寄せの燃焼ガス等に触れる面を合計して伝熱面積とし、ドラムの面積は算入しない
> - 過熱器、節炭器（エコノマイザ）、空気予熱器、気水分離器は伝熱面積に算入しない

②貫流ボイラー

貫流ボイラーの場合は、燃焼室の入口から過熱器の入口までの水管の**燃焼ガス等に触れる面**の面積を伝熱面積とします。このため、過熱管などは伝熱面積に**算入しません。**

重要
エコノマイザ管
エコノマイザ管も、伝熱面積に算入されない。エコノマイザは燃焼室に入る給水を加熱する設備なので、燃焼室の入口の手前に設けられるからである。

■ 貫流ボイラー

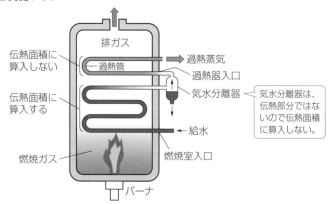

伝熱面積に算入しない → 過熱管
伝熱面積に算入する
排ガス
過熱蒸気
過熱器入口
気水分離器
気水分離器は、伝熱部分ではないので伝熱面積に算入しない。
給水
燃焼ガス
燃焼室入口
バーナ

過熱管、エコノマイザ管（節炭器管）などの伝熱管について▶P.56

> **Point** 貫流ボイラーの伝熱面積に算入しないもの
> 過熱管やエコノマイザ管（節炭器管）の面積は、伝熱面積に算入しない

（3）電気ボイラー

電気エネルギーで生じる熱によって蒸気や温水をつくる電気ボイラーについては**電力設備容量20kWを 1 ㎡とみな**して、その最大電力設備容量を換算した面積を伝熱面積として算定します。たとえば、最大電力設備容量が60kWの電気ボイラーの場合、20kWを 1 ㎡として換算すると、 3 ㎡（60÷20＝3）が伝熱面積として算定されることになります。

電気ボイラーなどの特殊ボイラーについて ▶P.14

確 認 テ ス ト

Key Point	できたら チェック ☑
各種ボイラーの伝熱面積の算定方法	□ 1 煙管ボイラーの煙管の伝熱面積は、煙管の外径側で算定する。
	□ 2 水管ボイラーのドラムの面積は、伝熱面積に算入しない。
	□ 3 水管ボイラーの耐火れんがでおおわれた水管の面積は、伝熱面積に算入しない。
	□ 4 貫流ボイラーの過熱管の面積は、伝熱面積に算入しない。
	□ 5 電気ボイラーの伝熱面積は、電力設備容量20kWを 1 ㎡とみなして、その最大電力設備容量を換算した面積で算定する。

解答・解説

1．× 煙管は、内側が燃焼ガス等に触れ、裏面（外側）が水に触れるので、内側（内径側）の面積を伝熱面積として算定する。外径側で伝熱面積を算定するのは水管である。なお、丸ボイラーでも横管式立てボイラーの横管は内部に水が通っているので、水管と同様に外径側の面積を伝熱面積として算定することに注意する。 2．○ 一般の水管ボイラーでは、水管および管寄せの燃焼ガス等に触れる面の面積を合計して伝熱面積とする。ドラム（蒸気ドラム、水ドラム）は水管でも管寄せでもないので算入しない。 3．× 耐火れんがにおおわれた水管は、管の外側の壁面に対する投影面積を伝熱面積とすることが定められている。伝熱面積に算入しないというのは誤り。 4．○ 貫流ボイラーの場合は、燃焼室入口から過熱器入口までの水管の燃焼ガス等に触れる面の面積を伝熱面積とする。したがって過熱管やエコノマイザ管の面積は算入されない。 5．○

ワンポイント アドバイス

ボイラーの種類ごとに、伝熱面積に算入しない部分を確実に覚えておくとよい。

26日目
Lesson.3 ボイラーの取扱者と取扱作業主任者

ボイラー取扱者の範囲（就業制限）、ボイラー取扱作業主任者の選任、職務について学習します。就業制限を理解する前提として、小規模ボイラーの範囲が非常に重要です。ボイラー取扱作業主任者の選任基準と職務の内容もよく出題されています。

1コマ劇場

---

1 ボイラー取扱いの就業制限　A

事業者は、ボイラー（小型ボイラーおよび簡易ボイラーを除く）の取扱い業務については、ボイラー技士（特級、1級または2級のボイラー技士免許を受けた者）でなければ原則として就業させてはなりません。ただし職業訓練生（職業訓練を受けている労働者）は例外です。

簡易ボイラー	小型ボイラー	ボイラー

一方、次ページの表に掲げるボイラーを**小規模ボイラー**といい、その取扱い業務についてはボイラー取扱技能講習の修了者を就業させることができるともされています。

簡易ボイラー	小型ボイラー		★
←――――――――小規模ボイラー――――――――→			

以上より、法令上、**原則としてボイラー技士でなければ取り扱うことができないボイラー**とは、上図の★の部分、

プラスワン

小型ボイラーの取扱いは、ボイラー技士やボイラー取扱技能講習修了者でなくてもよく、特別教育を受けた者も取り扱うことができるとされている。これに対し簡易ボイラーの取扱いの資格については特に規定されていない（資格不要）。

つまり**小規模ボイラーに該当しないボイラー**ということになります（職業訓練生は例外）。**小規模ボイラー**とは、下の表の 1）～ 4）のいずれかに当たるボイラーをいいます。

小型ボイラーと、小規模ボイラーを混同しないこと。

■ 小規模ボイラー

1）**胴の内径**が750mm以下で、かつその**長さ**が1,300mm以下の**蒸気ボイラー**
2）**伝熱面積**が3m²以下の**蒸気ボイラー**
3）**伝熱面積**が14m²以下の**温水ボイラー**
4）**伝熱面積**が30m²以下の**貫流ボイラー**（気水分離器を有するものは、その気水分離器の**内径**が400mm以下で、かつその**内容積**が0.4m³以下のものに限る）

試験では、次のような形式で出題されます。

例題　法令上、原則としてボイラー技士でなければ取り扱うことができないボイラーは、次のうちどれか。
①伝熱面積が3m²の蒸気ボイラー
②内径が500mmで、かつその内容積が0.5m³の気水分離器を有し、伝熱面積が40m²の貫流ボイラー
③最大電力設備容量が60kWの電気ボイラー

解答
①伝熱面積が3m²以下なので、この蒸気ボイラーは小規模ボイラーに該当します。
②伝熱面積だけでなく、気水分離器の内径と内容積も規定を上回っていることから、この貫流ボイラーは小規模ボイラーに該当しません。
③電気ボイラーの伝熱面積の算定方法（◐P.251）により、伝熱面積は3m²と算定されます。したがってこの電気ボイラーは、小規模ボイラーに該当します。
以上より、小規模ボイラーに該当しない②だけが、原則としてボイラー技士でなければ取り扱うことができないボイラーとなります（「原則として」というのは、例外として職業訓練生には取扱いが認められるからです）。

正解　②

上の表の1）～ 4）のいずれかに当たれば小規模ボイラーなので、蒸気ボイラーは1）または2）のどちらかに該当すれば小規模ボイラーであるといえます。

第4章
関係法令
●
26
日目

2 ボイラー取扱作業主任者の選任　A

　事業者は、ボイラーの安全を確保し、災害の発生を防止するため、**ボイラーの規模**に応じて**一定の資格**を有する者をボイラー取扱作業主任者に選任しなければなりません。「**ボイラー及び圧力容器安全規則**」では、ボイラーの**伝熱面積の合計**に基づいて、ボイラー取扱作業主任者の選任基準を次のように定めています。

■ボイラー取扱作業主任者の選任基準

伝熱面積の合計	選任できる有資格者
500㎡以上	特級ボイラー技士
25㎡以上500㎡未満	特級ボイラー技士 1級ボイラー技士
25㎡未満	特級ボイラー技士 1級ボイラー技士 2級ボイラー技士

　なお、次の点に注意する必要があります。

①**貫流ボイラーは伝熱面積を10分の1とする**

　たとえば伝熱面積100㎡の貫流ボイラーは、**10分の1**の10㎡として考えます（この場合、25㎡未満になるので**2級ボイラー技士**を取扱作業主任者に選任できる）。

②**廃熱ボイラーは伝熱面積を2分の1とする**

3 ボイラー取扱作業主任者の職務　B

　「ボイラー及び圧力容器安全規則」では次の①〜⑩の事項を**ボイラー取扱作業主任者の職務**として定めています。

①圧力、水位および燃焼状態を**監視する**こと

②**急激な負荷の変動を与えない**ように努めること

③**最高使用圧力を超えて圧力を上昇させない**こと

④**安全弁**の機能の保持に努めること

⑤1日に1回以上、水面測定装置の**機能を点検**すること

⑥適宜、**吹出し**を行い、ボイラー水の濃縮を防ぐこと

重要

伝熱面積の合計
2基以上のボイラーを取り扱う場合は、伝熱面積を合計して基準とする（小規模ボイラーの伝熱面積は算入しない）。ボイラーが1基の場合はその伝熱面積のみを基準とする。

プラスワン

小規模ボイラーのみを取り扱う場合は、ボイラー技士だけでなく、ボイラー取扱技能講習の修了者も取扱作業主任者として選任できる。

用語

廃熱ボイラー
火気以外の高温ガスを加熱に用いるボイラー。特殊ボイラーの一種。▶P.14
最高使用圧力
そのボイラーの構造上使用可能な最高のゲージ圧力のこと。ゲージ圧について
▶P.44

⑦**給水装置**の機能の保持に努めること

⑧**低水位燃焼遮断装置、火炎検出装置**その他の自動制御装置を点検し、および調整すること

⑨ボイラーについて**異状を認めたとき**は直ちに**必要な措置**を講じること

⑩排出される**ばい煙の測定濃度**およびボイラー取扱い中における**異常の有無**を記録すること

> 火炎検出器や燃料遮断弁などで構成される燃焼安全装置（自動制御装置）について
> ▶P.102

確認テスト

Key Point		できたら チェック ☑
ボイラー取扱いの就業制限	☐ 1	伝熱面積が4㎡の蒸気ボイラーで、胴の内径が800㎜、かつ、その長さが1,500㎜のものは、原則としてボイラー技士でなければ取り扱うことができない。
	☐ 2	内径が400㎜で、かつ、その内容積が0.2㎡の気水分離器を有し、伝熱面積が25㎡の貫流ボイラーは、原則としてボイラー技士でなければ取り扱うことができない。
ボイラー取扱作業主任者の選任	☐ 3	伝熱面積40㎡の炉筒煙管ボイラー1基を取り扱う作業については、ボイラー取扱作業主任者として2級ボイラー技士を選任できる。
	☐ 4	伝熱面積100㎡の貫流ボイラー1基を取り扱う作業については、ボイラー取扱作業主任者として2級ボイラー技士を選任できる。
ボイラー取扱作業主任者の職務	☐ 5	ボイラー取扱作業主任者の職務として、「圧力、水位および燃焼状態を監視すること」が法令上定められている。
	☐ 6	ボイラー取扱作業主任者の職務として、「1日に1回以上、安全弁の吹出し試験を行うこと」が法令上定められている。

解答・解説

1.○ この蒸気ボイラーは、伝熱面積だけでなく胴の内径と長さも規定を上回っているので、P.253の1)、2)のいずれからも小規模ボイラーに該当しない。したがって原則としてボイラー技士でなければ取り扱うことができない。 2.× この貫流ボイラーは、伝熱面積だけでなく気水分離器の内径と内容積もP.253の4)に該当するので、小規模ボイラーである。したがって、ボイラー取扱技能講習の修了者でも取り扱うことができる。 3.× 伝熱面積が25㎡以上500㎡未満に該当するので、ボイラー取扱作業主任者に選任できる有資格者は、特級ボイラー技士または1級ボイラー技士に限られる。 4.○ 貫流ボイラーは伝熱面積を10分の1として考えるので、設問の貫流ボイラーの場合10㎡となる。したがって25㎡未満に該当するので、2級ボイラー技士を取扱作業主任者に選任できる。 5.○ 6.× 1日に1回以上行うとされているのは「水面測定装置の機能を点検すること」であり、安全弁の吹出し試験ではない。安全弁は「機能の保持に努める」とされている。

26日目
Lesson.4 ボイラー室

このレッスンでは、「ボイラー及び圧力容器安全規則」に定められている、ボイラー室についての基準と、ボイラー室の管理等について学習します。原則とされる事項を中心に、定められた数値（何m以上の間隔が必要かなど）を確実に覚えましょう。

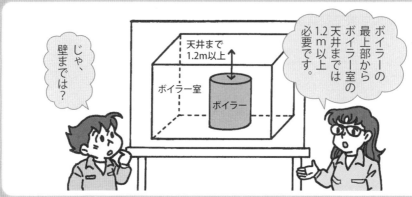

1コマ劇場

じゃ、壁までは？

天井まで1.2m以上

ボイラー室

ボイラー

ボイラーの最上部からボイラー室の天井までは1.2m以上必要です。

1 ボイラー室についての基準　A

「ボイラー及び圧力容器安全規則」では、ボイラー室についての基準をいくつか定めています（移動式ボイラーおよび屋外に設置する**屋外式ボイラー**には適用されません）。このうち重要なものをまとめておきましょう。

（1）ボイラー室の設置場所

ボイラーは、**専用の建物または建物の中の障壁で区画された場所**（これらをボイラー室という）に設置しなければなりません。ただし、伝熱面積が3㎡以下のボイラーについては、ボイラー室に設置する必要はありません。

> **Point** ボイラーの設置場所（ボイラー室）
>
> 伝熱面積が3㎡を超えるボイラーについては、専用の建物または建物の中の障壁で区画された場所に設置しなければならない

（2）ボイラー室の出入口

ボイラー室には、原則として**2つ以上の出入口**を設けな

移動式ボイラーについて ▶ P.244

重要

「ボイラー」の範囲
「ボイラー及び圧力容器安全規則」では簡易ボイラーおよび小型ボイラー以外のものを「ボイラー」と呼んでいる。またボイラー室の基準では、移動式ボイラーと屋外式ボイラーも適用が除外される。

ければなりません。ただし、ボイラーを取り扱う労働者が緊急の場合に避難するのに支障がないボイラー室については、この限りではありません。

(3) ボイラーの据付位置

①天井等との間隔

ボイラーの最上部から、天井、配管その他のボイラーの上部にある構造物までの距離は、原則として1.2m以上としなければなりません。ただし、安全弁その他の附属品の検査および取扱いに支障がないときは、この限りではありません。

Point 天井等との間隔

ボイラーの最上部から、天井、配管その他のボイラーの上部にある構造物までの距離は、原則として1.2m以上とする

---

②壁等との間隔

本体を被覆していないボイラーまたは立てボイラーについては、ボイラーの外壁から、壁、配管その他のボイラーの側部にある構造物（検査およびそうじに支障のない物を除く）までの距離を、原則として0.45m以上としなければなりません。ただし、胴の内径が500㎜以下で、かつその長さが1,000㎜以下のボイラーについては、0.3m以上とすることが認められます。

Point 立てボイラー等と壁等との間隔

立てボイラー等については、ボイラーの外壁から、壁、配管その他のボイラーの側部にある構造物（検査およびそうじに支障のない物を除く）までの距離を、原則として0.45m以上とする

---

(4) ボイラーと可燃物との距離

①可燃物に対する措置

ボイラー等（ボイラーのほか、附設された金属製の煙突や煙道を含む）の外側から0.15m以内にある可燃性の物については、原則として金属以外の不燃性の材料で被覆する

重要
「この限りではありません」
原則として定められた規定を、その例外の場合には適用しないという意味。

立てボイラーについて ▶P.16

プラスワン
ボイラー室を上から見た図

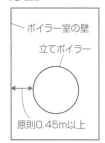
ボイラー室の壁
立てボイラー
原則0.45m以上

「ボイラー及び圧力容器安全規則」では「そうじ」とひらがなで表記されています。

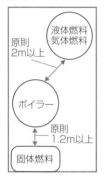

ひっかけ注意！
金属以外の不燃性の材料で被覆するのであり、金属製の材料で被覆するのではない。

プラスワン
ボイラー室を上から見た図

原則
2m以上

液体燃料
気体燃料

ボイラー

原則
1.2m以上

固体燃料

必要があります。ただし、**ボイラー等**が厚さ100㎜以上の金属以外の不燃性の材料で被覆されているときは、この限りではありません。

②燃料との間隔

　ボイラー室その他のボイラー設置場所に**液体燃料**または**気体燃料**を貯蔵するときは、原則として、**ボイラーの外側から2m以上離して**おかなければなりません（固体燃料の場合は1.2m以上でよい）。ただし、ボイラーと燃料または燃料タンクとの間に**障壁を設置**するなど**防火措置を講じた**ときは、この限りではありません。

> **Point** ボイラーと燃料との間隔
> ボイラー室等に、障壁設置等の防火措置を講じることなく燃料を貯蔵するときの、ボイラーと燃料との間隔
> ● 液体燃料・気体燃料の場合 ·········· 2m以上
> ● 固体燃料の場合 ······························1.2m以上

2 ボイラー室の管理等　　A

　「ボイラー及び圧力容器安全規則」では事業者に対して、ボイラー室の管理等として次の事項を義務付けています。

①ボイラー室その他のボイラー設置場所には、**関係者以外の者がみだりに立ち入ることを禁止**し、かつ、その旨を**見やすい箇所に掲示する**

②ボイラー室には、必要がある場合のほか、**引火しやすい物を持ち込ませない**

③ボイラー室には、**水面計のガラス管**、**ガスケット**その他の必要な予備品および修繕用工具類を備えておく

④**ボイラー検査証**、**ボイラー取扱作業主任者**の資格および氏名をボイラー室その他のボイラー設置場所の**見やすい箇所に掲示**する

⑤**移動式ボイラー**については、ボイラー検査証またはその写しをボイラー取扱作業主任者に**所持**させる

試験では、②と④についてよく出題されます。

用語
ガスケット
接合部にはさみ込んで使用する漏れ止め用の部品。

⑥燃焼室、煙道等のれんがに割れが生じ、またはボイラー
とれんが積みとの間にすき間が生じたときは、速やかに
補修する

確　認　テ　ス　ト

Key Point			できたら チェック ☑
ボイラー室に ついての基準	☐	1	伝熱面積が5㎡の蒸気ボイラーは、ボイラー室に設置しなければならない。
	☐	2	ボイラーの最上部から天井、配管その他のボイラーの上部にある構造物までの距離は、原則として1m以上としなければならない。
	☐	3	立てボイラーは、ボイラーの外壁から、壁、配管その他のボイラーの側部にある構造物（検査およびそうじに支障のない物を除く）までの距離を、原則として0.45m以上としなければならない。
	☐	4	ボイラーの外側から0.15m以内にある可燃性の物は、原則として金属製の材料で被覆しなければならない。
	☐	5	ボイラー室に障壁設置等の防火措置を講じることなく燃料の重油を貯蔵するときは、これをボイラーの外側から2m以上離しておかなければならない。
ボイラー室の 管理等	☐	6	ボイラー室には、必要がある場合のほか、引火しやすい物を持ち込ませてはならない。
	☐	7	ボイラー室には、ボイラー検査証およびボイラー設置者の氏名を掲示しなければならない。

解答・解説

1.○ 伝熱面積が3㎡を超えるボイラーは、ボイラー室に設置する必要がある。　**2.×** 1mではなく、1.2m以上である。　**3.○** 本体を被覆していないボイラーまたは立てボイラーについての基準である。ただし胴の内径が500㎜以下で、かつその長さが1,000㎜以下のボイラーについては0.3m以上とすることが認められる。　**4.×** 金属製の材料ではなく、金属以外の不燃性の材料で被覆しなければならない。　**5.○** ボイラー室に液体燃料または気体燃料を貯蔵するときは、ボイラーの外側から原則として2m以上離しておく必要がある。なお、固体燃料の場合は1.2m以上でよい。　**6.○**　**7.×** ボイラー検査証ならびにボイラー取扱作業主任者の資格および氏名を掲示しなければならない。ボイラー設置者の氏名というのは誤り。

ワンポイント アドバイス

ボイラー室の設置場所、ボイラーの据付位置、可燃物に対する措置のほか、ボイラー室内に掲示する事項がねらわれやすい。

259

Lesson.5 附属品および安全に関する管理

「ボイラー及び圧力容器安全規則」に定められている、附属品の管理、定期自主検査、ボイラーまたは煙道の内部に入るときの措置について学習します。いずれも試験では頻出の内容なので、1つずつじっくりと理解していきましょう。

1コマ劇場

（吹き出し：ボイラー内部の修繕よ。）

（吹き出し：何をしてるんですか？）

1 附属品の管理　　　Ａ

「ボイラー及び圧力容器安全規則」では、事業者に対して、附属品の管理としていくつかの事項を義務付けています。項目別にまとめておきましょう。

（1）安全弁

安全弁については、次の事項を義務付けています。

①最高使用圧力以下で**作動**するように調整すること

②過熱器用の安全弁は、胴（ボイラー本体）の安全弁よりも先に作動するように調整すること

これらの具体的な調整方法については、第2章ですでに学習しています（●P.135～136）。

（2）圧力計と水高計

圧力計（●P.58）と水高計（温水ボイラーの圧力を測る計器●P.82）については、次の事項を義務付けています。

①圧力計、水高計の**目もり**には、いずれもそのボイラーの最高使用圧力を示す位置に見やすい**表示**をすること

安全弁について、試験では安全装置の1つとして次のLesson 6で学習する内容と組み合わせてよく出題されます。

②圧力計と水高計は、使用中その**機能を害するような**振動を受けることがないようにするほか、**内部が凍結したり80℃以上の温度**になったりしないよう措置を講じること

Point. 圧力計と水高計の管理

- 圧力計または水高計の目もりには、当該ボイラーの最高使用圧力を示す位置に、見やすい表示をすること
- 圧力計または水高計は、使用中その機能を害するような振動を受けることがないようにし、かつ、その内部が凍結し、または80℃以上の温度にならない措置を講ずること

---

(3) 蒸気ボイラーのガラス水面計

蒸気ボイラーのガラス水面計については、水面計そのもの（またはこれに接近した位置）に、常用水位（通常その水位で使用することとされている水位）を現在水位と**比較できるように表示**することとしています。ガラス水面計の取付けについては、第1章で学習しています（◉P.60）。

Point. 蒸気ボイラーのガラス水面計

蒸気ボイラーの常用水位は、ガラス水面計またはこれに接近した位置に現在水位と比較することができるように表示すること

---

(4) 給水管、吹出し管など

燃焼ガスに触れる**給水管**（◉P.56）、**吹出し管**（◉P.80）、**水面測定装置の連絡管**（◉P.130）は、いずれも**耐熱材料で防護**しなければなりません。

Point. 給水管等の防護

燃焼ガスに触れる給水管、吹出管および水面測定装置の連絡管は、耐熱材料で防護すること

---

(5) 返り管と逃がし管

温水ボイラーの**返り管**（◉P.35）と**逃がし管**（◉P.82）については、**凍結しないよう、保温**するなど必要な措置を講じなければなりません。

⚒ **プラスワン**

試験では「ボイラー及び圧力容器安全規則」の条文がそのまま出題されることが多いので、*Point*はなるべく条文通りの文言にしています。

第4章

関係法令 ●

27 日目

💡 **ひっかけ注意！**

給水管等は耐熱材料で防護する。不燃性の材料で保温するというのは誤り。

吹出し管は、条文では「吹出管」とされています。

Point.. 温水ボイラーの返り管と逃がし管

温水ボイラーの返り管（および逃がし管）については、凍結しないように保温その他の措置を講ずること

2 定期自主検査　　　A

「ボイラー及び圧力容器安全規則」では、事業者に対して、ボイラーの使用開始後、1か月以内ごとに1回、定期的に検査を行うよう義務付けており、これを定期自主検査といいます（ただし**1か月を超える期間使用しないボイラー**については、その使用しない期間中は**不要**）。

点検項目は「ボイラー本体」「燃焼装置」「自動制御装置」「附属装置および附属品」の4つに大きく分かれます。

■ 定期自主検査における点検項目と点検事項

<table>
<tr><th colspan="2">点検項目</th><th>点検事項</th></tr>
<tr><td colspan="2">ボイラー本体</td><td>損傷の有無</td></tr>
<tr><td rowspan="6">燃焼装置</td><td>ストーカ、火格子</td><td rowspan="2">損傷の有無</td></tr>
<tr><td>油加熱器、燃料送給装置</td></tr>
<tr><td>ストレーナ</td><td>詰まりまたは損傷の有無</td></tr>
<tr><td>バーナ</td><td rowspan="2">汚れまたは損傷の有無</td></tr>
<tr><td>バーナタイル、炉壁</td></tr>
<tr><td>煙道</td><td>漏れその他の損傷の有無および通風圧の異常の有無</td></tr>
<tr><td rowspan="6">自動制御装置</td><td>起動および停止の装置</td><td rowspan="5">機能の異常の有無</td></tr>
<tr><td>火炎検出装置</td></tr>
<tr><td>燃料遮断装置</td></tr>
<tr><td>水位調節装置</td></tr>
<tr><td>圧力調節装置</td></tr>
<tr><td>電気配線</td><td>端子の異常の有無</td></tr>
<tr><td rowspan="4">附属装置・附属品</td><td>給水装置</td><td>損傷の有無および作動の状態</td></tr>
<tr><td>蒸気管および附属する弁</td><td>損傷の有無および保温の状態</td></tr>
<tr><td>空気予熱器</td><td>損傷の有無</td></tr>
<tr><td>水処理装置</td><td>機能の異常の有無</td></tr>
</table>

用語

ストーカ
火格子（●P.214）を階段のように並べた燃焼装置。

ストレーナ（油ストレーナ）と油加熱器について
●P.200

定期自主検査は、左ページの表のように、点検項目ごとに点検事項が定められています。これについて、試験では次のような形式で出題される場合があります。

✕ プラスワン

1か月を超える期間使用しなかったボイラーは、その使用を再び開始するときに定期自主検査と同様の検査を行う。

例題　ボイラー（小型ボイラーを除く）の定期自主検査における点検項目と点検事項との組合せとして、法令上、誤っているものは次のうちどれか。

〔点検項目〕　　　　　〔点検事項〕
①燃料送給装置…………損傷の有無
②火炎検出装置…………汚れまたは損傷の有無
③給水装置………………損傷の有無および作動の状態
④水処理装置……………機能の異常の有無

解答
①③④はいずれも正しい。
②火炎検出装置の点検事項は、「機能の異常の有無」なのでこれが誤りです。「汚れまたは損傷の有無」を点検するのは、バーナ、バーナタイルおよび炉壁です。

正解　②

左ページの表は、よく出題されています。太字の項目は確実に覚えるようにしましょう。

事業者は、定期自主検査を行ったときは、その結果を**記録**して、**3年間保存**しなければなりません。

👉 *Point* 定期自主検査
- 定期自主検査は、1か月を超える期間使用しない場合を除き、1か月以内ごとに1回、定期に行わなければならない
- 定期自主検査を行ったときは、その結果を記録して、3年間保存しなければならない

---

3 ボイラーまたは煙道に入るときの措置 A

「ボイラー及び圧力容器安全規則」では、事業者に対して、労働者がそうじや**修繕**等のためにボイラー（燃焼室含む）または煙道の**内部に入る**ときは、次の事項を行うよう義務付けています。

①ボイラーまたは煙道を冷却する

②ボイラーまたは煙道の**内部の換気を行う**

③ボイラーまたは煙道の内部で使用する**移動電線**（床や壁に固定せず、電気器具に取り付けたまま一緒に移動する電線）は、キャブタイヤケーブルまたはこれと同等以上の絶縁効力および強度を有するものを使用させ、かつ、**移動電灯**（持ち運び用の照明器具）は、壁面などに衝突しても電灯が割れないよう、ガードを有するものを使用させる

④使用中のほかの**ボイラー**との**管連絡を確実に遮断する**

■ガード付き移動電灯

ハンドル

コード

Point ボイラー等の内部に入るときの措置

そうじ、修繕等のために**ボイラーまたは煙道に入るとき**は、

⇒ **内部で使用する**移動電線は、**キャブタイヤケーブル**またはこれと同等以上の絶縁効力および強度を有するものを使用させること

⇒ 使用中の他のボイラーとの**管連絡**を確実に**遮断**すること

確 認 テ ス ト

Key Point		できたら チェック ☑
附属品の管理	☐ 1	圧力計の目もりは、ボイラーの常用圧力を示す位置に見やすい表示をすること。
	☐ 2	圧力計は、使用中その機能を害するような振動を受けることがないようにし、かつ、その内部が凍結し、または80℃以上の温度にならない措置を講ずること。
	☐ 3	蒸気ボイラーの常用水位は、ガラス水面計またはこれに接近した位置に、現在水位と比較することができるように表示すること。

Key Point			できたら チェック ☑
附属品の管理	☐	4	燃焼ガスに触れる給水管、吹出管および水面測定装置の連絡管については、不燃性材料により保温等の措置を講ずること。
	☐	5	温水ボイラーの返り管および逃がし管については、凍結しないように保温その他の措置を講じなければならない。
定期自主検査	☐	6	定期自主検査は、1か月を超える期間使用しない場合を除き、1か月以内ごとに1回、定期に、行わなければならない。
	☐	7	定期自主検査は、大きく分けて、「ボイラー本体」、「燃焼装置」、「給水装置」「附属装置および附属品」の4項目について行わなければならない。
	☐	8	「自動制御装置」の電気配線については、端子の異常の有無について点検しなければならない。
	☐	9	「燃焼装置」の煙道については、機能の異常の有無について点検しなければならない。
	☐	10	定期自主検査を行ったときは、その結果を記録し、2年間保存しなければならない。
ボイラーまたは煙道に入るときの措置	☐	11	そうじ、修繕等のためボイラーまたは煙道の内部に入るときは、ボイラーまたは煙道を冷却するほか、ボイラーまたは煙道内部の換気を行うこととされている。
	☐	12	そうじ、修繕等のためボイラーまたは煙道の内部に入るときは、使用中のほかのボイラーとの管連絡を遮断してはならない。
	☐	13	ボイラーの内部で使用する移動電灯は、ガードを有するものを使用させなければならない。
	☐	14	ボイラーの内部で使用する移動電線には、ビニルコードまたはこれと同等以上の絶縁効力および強度を有するものを使用させる。

解答・解説

1.× 常用圧力ではなく、最高使用圧力を示す位置に表示する。2.○ 温水ボイラーの水高計も同様である。3.○ 4.× 燃焼ガスに触れる給水管等については、耐熱材料で防護することとされている。不燃性の材料で保温するというのは誤り。5.○ 6.○ 7.× 「給水装置」ではなく、「ボイラー本体」、「燃焼装置」、「自動制御装置」「附属装置および附属品」の4項目である。給水装置は「附属装置および附属品」に含まれる。8.○ 9.× 煙道は、漏れその他の損傷の有無および通風圧の異常の有無について点検することとされている。機能の異常の有無というのは誤り。10.× 定期自主検査の記録は3年間保存しなければならない。2年間というのは誤り。11.○ 労働者がそうじや修繕等のためにボイラーまたは煙道の内部に入るときに、事業者に義務付けられる措置である。12.× 使用中のほかのボイラーから蒸気や水が逆流してくることを防ぐため、管連絡は確実に遮断することとされている。13.○ 壁面などに電灯がぶつかっても割れないようにするためガード付きのものを使用する。14.× ビニルコードではなく、キャブタイヤケーブルまたはこれと同等以上の絶縁効力および強度を有するものでなければならない。

27 日目

Lesson. 6 安全弁、附属品・附属装置

このレッスンでは、ボイラー構造規格に定められている安全弁、附属品・附属装置に関する規格について学習します。特にボイラー本体の安全弁、過熱器用安全弁、温水ボイラーの安全弁に関する規格がよく出題されています。

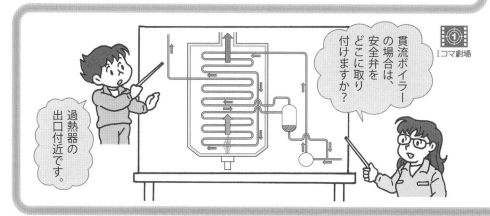

過熱器の出口付近です。

貫流ボイラーの場合は、安全弁をどこに取り付けますか？

1コマ劇場

 重要

ボイラー構造規格における「ボイラー」

ボイラー構造規格の構成は次の通り。

第1編
「鋼製ボイラー」
- 第1章 材料
- 第2章 構造
- 第3章 工作および水圧試験
- 第4章 附属品

第2編
「鋳鉄製ボイラー」

このレッスンでは、第1編第4章の内容について学習するので、「ボイラー」とはすべて鋼製ボイラー（小型ボイラーを除く）を指す。

---

1 安全弁に関する規格 A

ボイラー構造規格（◎P.243）では、**安全弁**（◎P.64）について次のような規格を定めています。

（1）ボイラー本体の安全弁

ボイラー本体の**安全弁**は、ボイラー本体の**容易に検査できる位置に直接取り付け**（次の(2)に例外あり）、かつ**弁軸を鉛直**にしなければなりません。**蒸気ボイラー**には、内部の圧力を**最高使用圧力以下**に保持できる安全弁を**2個以上**備える必要があります。ただし、**伝熱面積が50㎡以下**の蒸気ボイラーは安全弁を**1個**とすることができます。

> **Point** ボイラー本体の安全弁
> - ボイラー本体の安全弁は、ボイラー本体の容易に検査できる位置に直接取り付け、かつ弁軸を鉛直にしなければならない
> - 伝熱面積が50㎡を超える蒸気ボイラーは、安全弁を2個以上備えなければならない

(2) 過熱器の安全弁

過熱器の出口付近には、過熱器の温度を**設計温度以下**に保持することができる安全弁（**過熱器用安全弁**）を備えなければなりません（**過熱器用安全弁**を胴〔ボイラー本体〕の安全弁よりも先に**作動**するように調整することについてはすでに学習しています〔◐P.260〕）。

貫流ボイラーについては、(1)の規格にかかわらず、当該ボイラーの**最大蒸発量以上**の吹出し量の安全弁を**過熱器の出口付近**に取り付けることができます。

> ☞ *Point...* 過熱器の安全弁
> ● 過熱器の**出口付近**には、過熱器の**温度**を設計温度以下に保持することができる安全弁を備えなければならない
> ● 過熱器用安全弁は、胴（ボイラー本体）の安全弁よりも**先に作動する**ように調整しなければならない

(3) 温水ボイラーの逃がし弁または安全弁

水の温度が120℃以下の温水ボイラーには、圧力が最高使用圧力に達すると直ちに作用し、かつ内部の圧力を最高使用圧力以下に保持できる逃がし弁（◐P.82）を、原則として備えなければなりません。一方、水の温度が120℃を超える温水ボイラーには、内部の圧力を最高使用圧力以下に保持できる安全弁を備えなければなりません。

> ☞ *Point...* 温水ボイラーの安全弁
> 水の温度が120℃を超える温水ボイラーには、安全弁を備えなければならない

2 附属品・附属装置に関する規格 B

ボイラーの附属品・附属装置のうち、**圧力計**、**水高計**、**水面測定装置**、**吹出し装置**、**爆発戸**に関する規格についてまとめておきましょう。

🔧 プラスワン

過熱器には安全弁のほかに、ドレン抜きを備えなければならない。ドレンについて◐P.66

貫流ボイラーは、管系だけで構成され、ドラムがありません。貫流ボイラーとその過熱器について◐P.28

🔧 プラスワン

水の温度120℃以下の温水ボイラーのうち、容易に検査できる位置に内部の圧力を最高使用圧力以下に保持することができる「逃がし管」を備えたものは、例外として「逃がし弁」を備えなくてよい。

（1）圧力計

　蒸気ボイラーの**蒸気部**、**水柱管**または**蒸気側連絡管**には次の①～⑤によって圧力計を取り付ける必要があります。

①蒸気が圧力計に直接入らないようにすること

②コックや弁の開閉状況を容易に知ることができること

③圧力計への連絡管は容易に閉そくしない構造とすること

④**目盛盤の最大指度**を、**最高使用圧力**の1.5倍以上3倍以下の圧力を示す指度とすること

⑤目盛盤の径は目盛りを確実に確認できるものであること

（2）水高計

　温水ボイラーには、**ボイラー本体**または**温水の出口付近**に水高計（●P.260）を取り付ける必要があります。ただし水高計に代えて圧力計を取り付けることもできます。

（3）水面測定装置

①ガラス水面計

　蒸気ボイラー（**貫流ボイラーを除く**）には、原則として**2個以上のガラス水面計**を取り付けなければなりません（●P.60）。ただし例外として、胴の内径が750mm以下の蒸気ボイラー、または遠隔指示水面測定装置を2個取り付けた蒸気ボイラーについては、2個以上のガラス水面計のうちの1個をガラス水面計でない水面測定装置とすることができます。また、ガラス水面計は、水面計の**可視範囲の最下部**が蒸気ボイラーの**安全低水面と同じ高さ**になるように取り付けなければなりません。

②水柱管とボイラーを結ぶ連絡管

　水柱管とボイラーを結ぶ**連絡管**は、容易に閉そくしない構造とし、**水側連絡管**および**水柱管**は、容易に内部のそうじができる構造としなければなりません。また水側連絡管については、管の途中に中高または中低のない構造とするとともに、水側連絡管を水柱管またはボイラーに取り付ける口は、水面計で見ることができる**最低水位より上**であってはならないとされています。

ボイラー構造規格では「目もり」を「目盛り」と表記しています。

プラスワン

貫流ボイラーについて適用を除外している規格は要注意。

用語

遠隔指示水面測定装置

遠隔監視室においても水位の監視ができる水面測定装置。

水柱管とボイラーを結ぶ連絡管について●P.130

用語

中高または中低
周囲より高く（または低く）なっている状態。

■ 水側連絡管を取り付ける口と最低水位

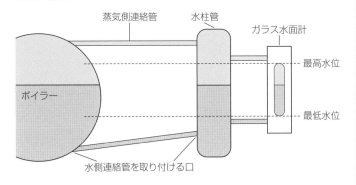

水側連絡管は水柱管に向かって上がり勾配にすることについて ▶P.131

> ☞ *Point* 水側連絡管
> ● 水側連絡管は、管の途中に中高または中低のない構造とする
> ● 水側連絡管を水柱管またはボイラーに取り付ける口は、水面計で見ることができる最低水位より上であってはならない

一方、蒸気側連絡管については、管の途中にドレンのたまる部分がない構造とするとともに、蒸気側連絡管を水柱管およびボイラーに取り付ける口は、水面計で見ることができる最高水位より下であってはならないとしています。

ドレン（復水）について ▶P.66

（4）吹出し装置

蒸気ボイラー（**貫流ボイラーを除く**）にはスケール等の**沈殿物を排出**することができる吹出し管（**吹出し弁または吹出しコックを取り付けたもの**）を備えなければなりません。また最高使用圧力が 1 MPa 以上の蒸気ボイラー（移動式ボイラーを除く）の吹出し管には、吹出し弁を 2 個以上または吹出し弁と吹出しコックをそれぞれ 1 個以上直列に取り付けなければならないとされています（▶P.81）。

ひっかけ注意！
貫流ボイラーは適用を除外されているので、吹出し管を設ける必要がない。

（5）爆発戸

爆発戸とは、炉内爆発が起こったときに内部ガス圧力を逃がすための扉をいいます。ボイラーに設けられた爆発戸の位置が、ボイラー技士の作業場所から 2 m 以内にあるときは、そのボイラーに**爆発ガスを安全な方向へ分散させる装置**を設けなければなりません。

第4章 関係法令 ● 27 日目

Key Point			できたら チェック ☑
安全弁に関する規格	☐	1	ボイラー本体の安全弁は、ボイラー本体の容易に検査できる位置に直接取り付け、かつ、弁軸を鉛直にしなければならない。
	☐	2	伝熱面積が50㎡を超える蒸気ボイラーには、安全弁を2個以上備えなければならない。
	☐	3	過熱器には、過熱器の入口付近に、過熱器の圧力を設計圧力以下に保持することができる安全弁を備えなければならない。
	☐	4	過熱器用安全弁は、胴の安全弁より後に作動するように調整しなければならない。
	☐	5	貫流ボイラーに備える安全弁ついては、当該ボイラーの最大蒸発量以上の吹出し量のものを過熱器の出口付近に取り付けることができる。
	☐	6	水の温度が120℃を超える温水ボイラーには、内部の圧力を最高使用圧力以下に保持できる安全弁を備えなければならない。
附属品、附属装置に関する規格	☐	7	圧力計の目盛盤の最大指度は、常用圧力の1.5倍以上3倍以下の圧力を示す指度としなければならない。
	☐	8	水柱管とボイラーを結ぶ水側連絡管は、管の途中に中高または中低のない構造とし、かつ、これを水柱管またはボイラーに取り付ける口は、水面計で見ることができる最低水位より上であってはならない。
	☐	9	蒸気ボイラーには、沈殿物を排出することができる吹出し管であって吹出し弁または吹出しコックを取り付けたものを備えなければならないが、貫流ボイラーにはこれを設けなくてもよい。
	☐	10	ボイラーに設けられた爆発戸の位置が、ボイラー技士の作業場所から5m以内にあるときは、そのボイラーに爆発ガスを安全な方向へ分散させる装置を設けなければならない。

解答・解説

1.○ なお、貫流ボイラーについては例外が認められている。 2.○ 伝熱面積が50㎡以下の蒸気ボイラーは安全弁を1個とすることができる。 3.× 過熱器には、過熱器の出口付近に、過熱器の温度を設計温度以下に保持できる安全弁を備えることとされている。設問は「入口付近」「圧力を設計圧力以下に」としている点が誤り。 4.× 過熱器用安全弁は、胴（ボイラー本体）の安全弁より先に作動するように調整する。ボイラー本体が先に吹き出すと、過熱器に流れる蒸気が止まってしまい、過熱器の管が焼損する危険性があるからである（◐P.136）。 5.○ 1の例外である。 6.○ 温水ボイラーは、水の温度が120℃以下のものには逃がし弁、120℃を超えるものには安全弁を備えることとされている。 7.× 常用圧力ではなく、最高使用圧力の1.5倍以上3倍以下の圧力を示す指度とする。 8.○ 水側連絡管を取り付ける口は、最低水位より上であってはならないとされている。9.○ 貫流ボイラーは適用除外。10.× 5m以内ではなく、2m以内である。

Lesson. 7 給水装置等、鋳鉄製ボイラー、自動制御装置

このレッスンでは、ボイラー構造規格が定めている給水装置等、鋳鉄製ボイラー、自動制御装置に関する規格について学習します。試験では、鋳鉄製ボイラーへの給水が圧力を有する水源から供給される場合についてよく出題されています。

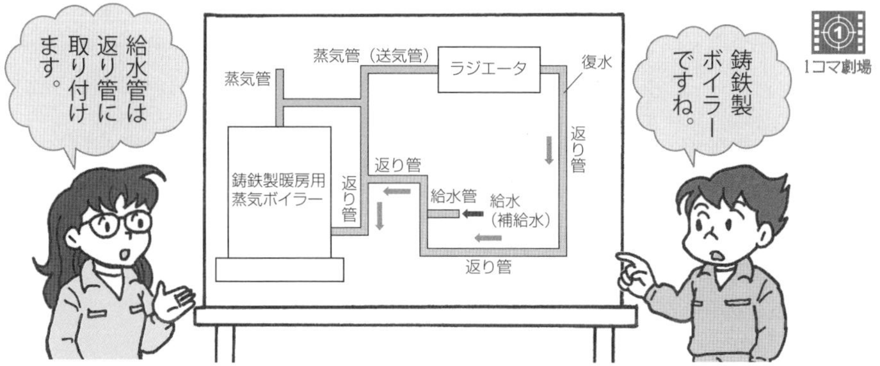

1 給水装置等に関する規格 A

ボイラー構造規格の第１編に定められている**給水系統**についての規格のうち、主なものをまとめておきましょう。

(1) 給水装置

蒸気ボイラーには、**最大蒸発量以上**を給水することができる**給水装置**を備えなければなりません。この場合、近接した**２基以上の蒸気ボイラーを結合して使用**するときは、その結合して使用する蒸気ボイラーを**１基の蒸気ボイラーとみなして**、その最大蒸発量以上を給水できる給水装置を備えることとされています。

(2) 給水弁と逆止め弁

給水装置の給水管には、蒸気ボイラーに近接した位置に**給水弁**および**逆止め弁**（**給水逆止め弁**）を取り付けなければなりません。ただし、**貫流ボイラー**および最高使用圧力が0.1MPa未満の蒸気ボイラーについては、**給水弁のみ**とすることができます。

用語
最大蒸発量
蒸気ボイラーにおいて最大負荷の状態で発生する蒸発量。

試験では「2以上の蒸気ボイラー」などと表現されています。

給水弁と給水逆止め弁について ▶P.77

給水系統装置について ▶P.74

■給水系統の概念図

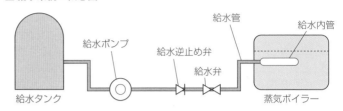

給水管
給水内管
給水ポンプ
給水逆止め弁
給水弁
給水タンク
蒸気ボイラー

Point.. 給水弁と逆止め弁

給水装置の給水管には、蒸気ボイラーに近接した位置に給水弁および逆止め弁を取り付けなければならないが、貫流ボイラーは給水弁のみを取り付け、逆止め弁を省略できる

ひっかけ注意！
給水内管をボイラーの胴やドラムに溶接して取り付けるというのは誤り（取外しができなくなる）。

（3）給水内管

　給水内管（▶P.78）は、取外しができる構造のものでなければなりません。

2 鋳鉄製ボイラーに関する規格　　A

　ボイラー構造規格では、その第2編で鋳鉄製ボイラーに関する規格（小型ボイラーを除く）を定めています。重要なものをまとめておきましょう。

（1）鋳鉄製ボイラーの制限

　次の①〜③のボイラーは鋳鉄製としてはなりません。

①使用圧力が0.1MPaを超える蒸気ボイラー

②使用圧力が0.5MPa*を超える温水ボイラー

③温水温度が120℃を超える温水ボイラー

鋳鉄製ボイラーの使用圧力の制限について ▶P.34

プラスワン
本文(1)の②*について、特別な条件を満たすものは1MPaまでとされている。

（2）安全装置

①鋳鉄製蒸気ボイラーは、内部の圧力を最高使用圧力以下に保持できる安全弁その他の安全装置を備えなければならない

②鋳鉄製温水ボイラーは、圧力が最高使用圧力に達すると直ちに作用し、かつ、内部の圧力を最高使用圧力以下に保持できる逃がし弁を備えなければならない

（3）圧力計・水高計・温度計

① 鋳鉄製蒸気ボイラーは、蒸気部、水柱管または水柱管に
至る蒸気側連絡管に圧力計を取り付けなければならない

② 鋳鉄製温水ボイラーは、ボイラー本体または温水の出口
付近に水高計（またはこれに代わる**圧力計**）を取り付け
るとともに、ボイラーの出口付近における温水の温度を
表示する温度計を取り付けなければならない

（4）圧力を有する水源からの給水

給水が**水道その他**圧力を有する水源から供給される場合
には、その給水管は返り管に取り付けなければならないと
されています。

Point..圧力を有する水源からの給水

鋳鉄製ボイラーにおいて、給水が水道その他圧力を有する水源
から供給される場合には、給水管を返り管に取り付けなければ
ならない

🔧 **プラスワン**

鋳鉄製ボイラーでは温水ボイラーのみが温度計を取り付けることとされている。鋼製ボイラーの場合は、蒸気ボイラーにも温水ボイラーにも温度計を取り付ける必要がある。

鋳鉄製ボイラーの給水管を返り管に取り付けることについて ▶P.36

3 自動制御装置に関する規格　B

（1）鋼製ボイラーの自動給水調整装置等

自動給水調整装置を**蒸気ボイラー**ごとに設けなければな
りません。また自動給水調整装置を有する蒸気ボイラー（**貫
流ボイラーを除く**）にはそのボイラーごとに、起動時に水
位が安全低水面以下である場合および運転時に水位が安全
低水面以下になった場合に自動的に燃料の供給を遮断する
装置（**低水位燃料遮断装置**）を設けなければなりません。
貫流ボイラーについては、起動時にボイラー水が不足して
いる場合および運転時にボイラー水が不足した場合に**自動
的に燃料の供給を遮断する装置**（またはこれに代わる安全
装置）を設けなければなりません。

（2）鋳鉄製温水ボイラーの温水温度自動制御装置

鋳鉄製温水ボイラーのうち圧力が**0.3MPa**を超えるもの

🧪 **重要**

小型ボイラーの規格
小型ボイラーについては「小型ボイラー及び小型圧力容器構造規格」というものが「ボイラー構造規格」とは別に定められている。このためこのレッスンと前のレッスン6の内容は確認テストを含めてすべて小型ボイラーを除いたものとなっている。

には、温水温度自動制御装置を設け、温水温度が120℃を超えないようにしなければなりません（●P.267）。

確認テスト

Key Point			できたら チェック ☑
給水装置等に関する規格	☐	1	蒸気ボイラーには、最大蒸発量以上を給水することができる給水装置を備えなければならない。
	☐	2	近接した2以上の蒸気ボイラーを結合して使用するときは、結合して使用する蒸気ボイラーを1の蒸気ボイラーとみなして、要件を満たす給水装置を備えなければならない。
	☐	3	貫流ボイラーの給水装置の給水管には、給水弁を取り付けなければならないが、逆止め弁は省略することができる。
	☐	4	給水内管は、胴またはドラムに溶接によって取り付け、容易に外れない構造としなければならない。
鋳鉄製ボイラーに関する規格	☐	5	鋳鉄製温水ボイラーには、温度計を取り付けなければならない。
	☐	6	鋳鉄製ボイラーにおいては、給水が水道その他圧力を有する水源から供給される場合には、その給水管をボイラー本体に取り付けなければならない。
自動制御装置に関する規格	☐	7	自動給水調整装置は、蒸気ボイラーごとに設けなければならない。
	☐	8	貫流ボイラーには、起動時にボイラー水が不足している場合および運転時にボイラー水が不足した場合に、自動的に燃料の供給を遮断する装置またはこれに代わる安全装置を設けなければならない。
	☐	9	鋳鉄製温水ボイラーで圧力が0.1MPaを超えるものには、温水温度が120℃を超えないように温水温度自動制御装置を設けなければならない。

解答・解説

1.○ 2.○ 「2以上」は「2基以上」、「1の」は「1基の」という意味。また「要件を満たす」というのは最大蒸発量以上を給水できることを意味する。 3.○ 貫流ボイラーおよび最高使用圧力0.1MPa未満の蒸気ボイラーについては、給水弁のみとすることができる。 4.× 給水内管は取外しができる構造のものでなければならない。胴またはドラムに溶接によって取り付けるというのは誤り。 5.○ 鋳鉄製温水ボイラーにはボイラーの出口付近における温水の温度を表示する温度計を取り付けなければならない。 6.× この場合の給水管は、ボイラー本体ではなく、返り管に取り付けることとされている。 7.○ 8.○ 9.× 0.1MPaではなく、0.3MPaを超える鋳鉄製温水ボイラーに設けなければならない。

過去問にチャレンジ 1

問題 ボイラー（小型ボイラーを除く。）の検査および検査証について、法令上、誤っているものは次のうちどれか。

(1) ボイラー（移動式ボイラーを除く。）を設置した者は、所轄労働基準監督署長が検査の必要がないと認めたボイラーを除き、落成検査を受けなければならない。

(2) ボイラー検査証の有効期間の更新を受けようとする者は、性能検査を受けなければならない。

(3) ボイラーを輸入した者は、原則として使用検査を受けなければならない。

(4) ボイラーの給水装置に変更を加えた者は、変更検査を受けなければならない。

(5) 使用を廃止したボイラーを再び設置しようとする者は、使用検査を受けなければならない。

解答・解説 ▶ Lesson 1

(1)(2)(3)(5)は、正しい記述です。

法令で定められたボイラーの部分または設備を変更しようとする事業者は、変更工事開始日の30日前までに、所轄労働基準監督署長にボイラーの変更届を提出するとともに、変更工事が終了したときは、そのボイラーについて所轄労働基準監督署長の検査を受けなければなりません。これを変更検査といいます。

法令により変更届と変更検査が必要とされる部分または設備は次の通りです。

> ①胴、炉筒、火室、鏡板、管板、管寄せ、ステーなど
> ②附属設備（節炭器〔エコノマイザ〕、過熱器）
> ③燃焼装置
> ④据付基礎

これに対し、煙管、水管、空気予熱器、安全弁、給水装置などの変更については、変更届も変更検査も不要です。

したがって、(4)は「ボイラーの給水装置に変更を加えた者は、変更検査を受ける必要がない。」または「ボイラーの燃焼装置に変更を加えた者は、変更検査を受けなければならない。」が正しい記述となります（「燃焼装置」のところには、上記①〜④のいずれが入っても正しい記述となります）。

正解 (4)

問題　ボイラーの伝熱面積の算定方法に関するAからDまでの記述で、法令上、正しいもののみをすべて挙げた組合せは、次のうちどれか。

A　水管ボイラーの耐火れんがでおおわれた水管の面積は、伝熱面積に算入しない。

B　貫流ボイラーの過熱管は、伝熱面積に算入しない。

C　立てボイラー（横管式）の横管の伝熱面積は、横管の外径側で算定する。

D　炉筒煙管ボイラーの煙管の伝熱面積は、煙管の内径側で算定する。

(1)　A，B

(2)　A，B，C

(3)　A，D

(4)　B，C，D

(5)　C，D

解答・解説　　　　　　　　　　　　　　　　　　　　　　▶Lesson 2

B、C、Dの3つが正しい記述です。

ボイラーの伝熱面積とは、熱を伝える伝熱面のうち法令で定められたものの面積から算定されたものをいい、ボイラーの蒸気または温水の発生能力を示す尺度となります。伝熱面積の算定方法は、「ボイラー及び圧力容器安全規則」によって、ボイラーの種類ごとに定められています。

一般の水管ボイラーでは、水管および管寄せの燃焼ガス等に触れる面の面積を合計して伝熱面積とし、耐火れんがでおおわれた水管については、管の外周の壁面に対する投影面積（その物体を光で照らした場合にできる影の面積）を伝熱面積とするよう定められています。

したがって、Aは、「水管ボイラーの耐火れんがでおおわれた水管の面積は、管の外周の壁面に対する投影面積を伝熱面積とする。」が正しい記述となります。

なお、Cの立てボイラー（横管式）については、その横管の内部に水が通っているため、水管と同様に、外径側の面積を伝熱面積として算定します。

正解（4）

問題 次のボイラーを取り扱う場合、法令上、算定される伝熱面積が最も大きいものはどれか。ただし、他にボイラーはないものとする。

(1) 伝熱面積が15㎡の鋳鉄製温水ボイラー

(2) 伝熱面積が20㎡の炉筒煙管ボイラー

(3) 最大電力設備容量が450kWの電気ボイラー

(4) 伝熱面積が240㎡の貫流ボイラー

(5) 伝熱面積が50㎡の廃熱ボイラー

解答・解説 ▶ Lesson 2, 3

ボイラー技士でなければ取り扱うことのできないボイラーであるかどうかを判断する場合や、ボイラー取扱作業主任者に選任できる有資格者かどうかを判断する場合などには、法令上、取り扱うボイラーの伝熱面積の大きさが判断基準とされます。

「ボイラー及び圧力容器安全規則」の規定に基づいて、各肢の伝熱面積を検討してみましょう。

(1) 鋳鉄製ボイラーは、その伝熱面積がそのまま基準となります。

∴伝熱面積15㎡の鋳鉄製温水ボイラー … **15㎡**

(2) 炉筒煙管ボイラーなどの丸ボイラーも、その伝熱面積がそのまま基準となります。 ∴伝熱面積20㎡の炉筒煙管ボイラー … **20㎡**

(3) 電気ボイラーは、電力設備容量20kWを1㎡とみなして、その最大電力設備容量を換算した面積を伝熱面積として算定します。

∴最大電力設備容量450kWの電気ボイラー（450kW÷20kW）… **22.5㎡**

(4) 貫流ボイラーは、伝熱面積を10分の1とします。

∴伝熱面積が240㎡の貫流ボイラー（240㎡÷10）… **24㎡**

(5) 廃熱ボイラー*は、伝熱面積を2分の1とします。

  ＊火気以外の高温ガスを加熱に用いるボイラー（特殊ボイラーの一種）

∴伝熱面積が50㎡の廃熱ボイラー（50㎡÷2）… **25㎡**

以上より、(1)～(5)のうち算定される伝熱面積が最も大きいものは(5)です。

正解 (5)

過去問にチャレンジ 4

問題 ボイラー（小型ボイラーを除く。）の定期自主検査について、法令に定められていないものは次のうちどれか。

(1) 定期自主検査は、1か月をこえる期間使用しない場合を除き、1か月以内ごとに1回、定期に、行わなければならない。

(2) 定期自主検査は、大きく分けて、「ボイラー本体」、「通風装置」、「自動制御装置」および「附属装置および附属品」の4項目について行わなければならない。

(3) 「自動制御装置」の電気配線については、端子の異常の有無について点検しなければならない

(4) 「附属装置および附属品」の給水装置については、損傷の有無および作動の状態について点検しなければならない。

(5) 定期自主検査を行ったときは、その結果を記録し、これを3年間保存しなければならない。

解答・解説 ◗ Lesson 5

(1)(3)(4)(5)は、正しい記述です。

「ボイラー及び圧力容器安全規則」では、事業者に対して、ボイラーの使用開始後、1か月以内ごとに1回、定期的に検査を行うよう義務付けています。この検査を定期自主検査といいます。その点検項目は「ボイラー本体」「燃焼装置」「自動制御装置」「附属装置および附属品」の4つに大きく分けられています。

(2)は、「通風装置」が点検項目としては定められておらず、誤りです。(3)の「自動制御装置」、(4)の「附属装置および附属品」の点検事項は右の通りです。

正解 (2)

点検項目		点検事項
自動制御装置	起動および停止の装置	機能の異常の有無
	火炎検出装置	
	燃料遮断装置	
	水位調節装置	
	圧力調節装置	
	電気配線	端子の異常の有無
附属装置・附属品	給水装置	損傷の有無および作動の状態
	蒸気管および附属する弁	損傷の有無および保温の状態
	空気予熱器	損傷の有無
	水処理装置	機能の異常の有無

278

予想 模擬試験

解答／解説

巻末の別冊子「予想模擬試験」を解き終えたら、この「解答／解説」編で採点と解説の確認を行いましょう。

正解・不正解にかかわらず、しっかりと解説を確認しましょう。

なお、テキストの参照レッスンを記載してありますので、特に解けなかった問題は、テキストに戻って復習を行うことも大切です。

※模試の問題、解答カードは、巻末の別冊子に収録されていますので、取り外してご利用ください。

予想模擬試験〈第1回〉解答一覧

ボイラーの構造に関する知識		燃料および燃焼に関する知識	
問1	(5)	問21	(1)
問2	(3)	問22	(5)
問3	(3)	問23	(5)
問4	(4)	問24	(1)
問5	(3)	問25	(3)
問6	(5)	問26	(4)
問7	(4)	問27	(1)
問8	(5)	問28	(4)
問9	(2)	問29	(4)
問10	(4)	問30	(3)
ボイラーの取扱いに関する知識		関係法令	
問11	(3)	問31	(1)
問12	(4)	問32	(4)
問13	(1)	問33	(4)
問14	(2)	問34	(2)
問15	(5)	問35	(1)
問16	(3)	問36	(4)
問17	(1)	問37	(1)
問18	(5)	問38	(4)
問19	(3)	問39	(4)
問20	(4)	問40	(5)

ボイラーの構造に関する知識				燃料および燃焼に関する知識			
1回目	/10	2回目	/10	1回目	/10	2回目	/10
ボイラーの取扱いに関する知識				関係法令			
1回目	/10	2回目	/10	1回目	/10	2回目	/10
合計点	1回目		/40	合計点	2回目		/40

＊問題を解くために参考となるレッスンを「▶」の後に記してあります。

■ボイラーの構造に関する知識

問1　解答 (5)　　　　　　　　　　　　　　　　　　　　　　▶第1章 Lesson 1

高温ガス（燃焼室を出た燃焼ガス）の通路に配置される伝熱面は、高温ガスとの接触によって熱を受けることから、接触伝熱面（または対流伝熱面）と呼ばれます。一方、放射伝熱面とは、火炎などから強い放射熱を受ける燃焼室に直面している伝熱面をいいます。

問2　解答 (3)　　　　　　　　　　　　　　　　　　　　　　▶第1章 Lesson 9

管ステーとは、煙管を取り付ける煙管ボイラーや炉筒煙管ボイラーの胴の鏡板（管板と呼ばれる）を補強するために用いる肉厚の鋼管をいいます。水管ボイラーのドラムの鏡板を補強するものではありません。なお、(1)について、引張応力の強さは周方向のほうが長手方向の2倍なので、周方向の引張応力が作用する長手継手の強さは長手方向の引張応力が作用する周継手の強さの2倍以上必要です。つまり、周継手に作用する引張応力のほうが弱いため、周継手は外れにくいという意味で「周継手は長手継手より2倍強い」ともいえます。

問3　解答 (3)　　　　　　　　　　　　　　　　　　　　　　▶第1章 Lesson 3

水管ボイラーは、同じ容量の丸ボイラーと比べて、伝熱面積当たりの保有水量が少ないのが一般的です。このため、たき始めてから（起動から）必要な圧力の蒸気を発生するまでの時間が短くてすみます。伝熱面積当たりの保有水量が大きいため起動から所要蒸気発生までの時間が長くかかるというのは、丸ボイラーの特徴です。

問4　解答 (4)　　　　　　　　　　　　　　　　　　　　　　▶第1章 Lesson 5

ポンプ循環方式の蒸気ボイラーにおいて、安全低水面以下150mm以内の高さにするとされているのは、返り管を立ち上げる高さのことです。給水管の取付位置ではありません。なお、重力式（重力循環式）の蒸気ボイラーの場合は、返り管を立ち上げる高さを安全低水面の高さに一致させる必要があります。

問5　解答 (3)　　　　　　　　　　　　　　　　　　　　　　▶第1章 Lesson 7

飽和蒸気の比エンタルピは、蒸発熱（飽和水が沸騰を開始してから全部の水が飽和蒸気になるまでに加えられる潜熱。気化熱ともいう）に飽和水の比エンタルピ（水が飽和水になるまで加えられた顕熱）を加えた値になります。蒸発熱（気化熱）を水1kg当たりの熱量（比エンタルピ）で表すと約2,257kJ/kg、飽和水の比エンタルピは約419kJ/kgなので、これを合計して飽和蒸気の比エンタルピは約2,676kJ/kgになります。

問6　解答 (5)　　　　　　　　　　　　　　　　　　　　　　▶第1章 Lesson 11

揚程式安全弁における蒸気の吹出し面積は、弁座流路面積（蒸気圧力の力で弁体が弁座から離れてできるすき間の面積。「カーテン面積」ともいう）で決められます。なお、のど部面積で吹出し面積が決まるのは、全量式安全弁です。

問7　解答　(4)

給水逆止め弁には、一方向の流れのみを許し、逆方向の流れ（逆流）は遮断する弁を用いなければなりません。具体的には、流体が逆流してくることによって弁体が弁座に押し付けられて弁を閉じるスイング式またはリフト式の弁を用います。ゲート弁は、双方向の流れを遮断する弁なので誤りです。また、グローブ弁は、給水弁に用いる玉形弁の別称です。

問8　解答　(5)
第1章 Lesson 15

空気予熱器とは、排ガスの余熱を利用して燃焼用空気の予熱を行う設備をいいます。これを設置することには(1)～(4)の利点がありますが、(5)の「ボイラーへの給水温度が上昇する」というのは、エコノマイザを設置した場合の利点であり、空気予熱器とは関係ありません。

問9　解答　(2)
第1章 Lesson 10

面積式流量計とは、垂直に置かれたテーパ管の中を流体が下から上に流れたとき、テーパ管とフロートとの間にできるすき間の面積（環状面積）が流量に比例することを利用した流量計です。(2)の記述は面積式流量計ではなく、差圧式流量計の説明です。

問10　解答　(4)
第1章 Lesson 18

ドラム水位の制御方式のうち、2要素式とは、ドラム水位および蒸気流量（配管内を流れる蒸気の量）を検出し、その変化に応じて給水量を調節する方式をいいます。(4)は「給水流量」としている点で誤っています。なお、3要素式の場合は、ドラム水位、蒸気流量、給水流量を検出して給水量を調節します。

■ボイラーの取扱いに関する知識

問11　解答　(3)
第2章 Lesson 1

点火棒（点火用火種）は、バーナの先端のやや前方下部に差し入れます。バーナのやや前方上部に置くというのは誤りです。また、点火棒を差し入れた後、燃料弁を開いてバーナに点火します。点火棒を差し入れる前に燃料弁を開いてしまうと、点火の瞬間に爆発的な燃焼を起こす危険があるからです。ですので、(3)の記述は「燃料弁を開いた後、点火棒に点火し、」としている点でも誤りです。

問12　解答　(4)
第2章 Lesson 6

水柱管の水側連絡管は、水柱管に向かって上がり勾配となるように配管しなければなりません。なぜなら、水側連絡管の中の水は流れているわけではなく、左右に移動するだけなので、途中にスラッジ（沈殿物）がたまりやすいからです。水柱管に向かって下がり勾配となる配管にするのは誤りです。

問13　解答　(1)
第2章 Lesson 3, 4

気水分離器は、蒸気と水滴を分離して乾き度の高い飽和蒸気を得るための装置なので、これが閉そくしても、ボイラー水位が安全低水面以下に異常低下する原因にはなりません。これに対して、(2)～(5)はいずれもボイラー水位の異常低下（低水位事故）の原因となります。(4)のプライミング（水気立ち）とホーミング（泡立ち）は、キャリオーバの現象です。

問14 解答 (2) ▶ 第2章 Lesson5

　ボイラー使用中に突然、異常事態が発生してボイラーを緊急停止しなければならないときの操作順序は、A燃料の供給を停止する→D炉内および煙道の換気を行う→B主蒸気弁を閉じる→C給水を行う必要のあるときは給水を行い、必要な水位を維持する、となります。

問15 解答 (5) ▶ 第2章 Lesson9

　バイメタル（熱膨張率が著しく異なる２つの金属板を貼り合わせたもの）は、燃焼安全装置の燃料油用遮断弁（電磁弁）には使用されていない部品なので、燃料油用遮断弁の遮断機構の故障とはそもそも関係ありません。これに対し、(1)～(4)はいずれも燃料油用遮断弁（電磁弁）の遮断機構の故障原因となります。

問16 解答 (3) ▶ 第2章 Lesson4

　キャリオーバとは、ボイラーから出てくる蒸気の中にボイラー水が水滴や泡の状態で混じって運び出される現象をいいます。その発生原因には、(1)(2)(4)(5)の事項のほか、ボイラー水位が高水位になることが挙げられます（ボイラー水位が高水位になると、水面と蒸気取出し口との距離が近くなるためキャリオーバを招きやすい）。「低水位である」というのは誤りです。

問17 解答 (1) ▶ 第2章 Lesson10

　ボイラーの酸洗浄とは、薬液として塩酸などの酸を使用して、ボイラー内の伝熱面に固着した不純物（スケールという）を溶解除去することをいいます。したがって、酸洗浄の使用薬品にアンモニアが多く用いられるというのは誤りです。なお、アンモニアは酸消費量上昇抑制剤（ボイラー水の処理のために使用する清缶剤の一種）として用いられています。

問18 解答 (5) ▶ 第2章 Lesson12

　スケールの熱伝導率は、炭素鋼と比べても著しく低いので、スケールが固着すると伝熱管の過熱を招いてボイラーの熱効率を低下させます。スケールの熱伝導率が炭素鋼の熱伝導率より著しく大きいというのは誤りです。

問19 解答 (3) ▶ 第2章 Lesson8

　ディフューザポンプを起動するときは、吸込み弁を全開、吐出し弁を全閉にした状態で行い、ポンプの回転と水圧が正常になってから、吐出し弁を徐々に開いて全開にします。吸込み弁と吐出し弁の両方を全開にした状態で起動するというのは誤りです。

問20 解答 (4) ▶ 第2章 Lesson13

　強酸性陽イオン交換樹脂のイオン交換能力が低下してきたときは、一般に、食塩水を樹脂に流すことによってイオン交換能力を回復させます（これを再生という）。食塩水は塩化ナトリウム（NaCl）の水溶液なので、これに含まれるナトリウムイオン（Na^+）をイオン交換樹脂に吸着させることによって樹脂のイオン交換能力を回復するわけです。したがって塩酸（HCl）で再生を行うというのは誤りです。

■燃料および燃焼に関する知識

問21　解答　(1)　　　　　　　　　　　　　　　　　　　　　　▶第3章 Lesson 1

　燃料の工業分析は、A固体燃料を気乾試料として水分、灰分およびB揮発分を測定し、その残りをC固定炭素として質量〔%〕で表します。

問22　解答　(5)　　　　　　　　　　　　　　　　　　　　　　▶第3章 Lesson 9

　気体燃料の燃焼で生じるガス火炎は、重油などの燃焼で生じる油火炎と比べて、火炉などの放射伝熱面での伝熱量（放射伝熱量）が少ないという特徴があります。一方、燃焼ガスに含まれる水蒸気分が多いことから、接触伝熱面での伝熱量（接触伝熱量）は多くなります。(5)では多いほうと少ないほうが逆になっています。

問23　解答　(5)　　　　　　　　　　　　　　　　　　　　　　▶第3章 Lesson 2

　A重油（密度0.86〔g/cm³〕）の低発熱量は42.73〔MJ/kg〕、C重油（密度0.93〔g/cm³〕）の低発熱量は40.92〔MJ/kg〕です。このように、密度の小さい重油のほうが密度の大きい重油よりも単位質量当たりの発熱量が大きくなります。(5)は、密度の大きい重油のほうが発熱量が大きいとしているので誤りです。

問24　解答　(1)　　　　　　　　　　　　　　　　　　　　　　▶第3章 Lesson 5

　石炭とは原始の植物が変化したものであり、地中に埋まった植物は長い年数にわたって地熱や圧力を受けるうちに水素と酸素の量が減少して、ほとんど炭素だけになっていきます。これを石炭化作用といい、石炭化の進行度合いを石炭化度（または炭化度）といいます。固定炭素は固体の炭素成分なので、石炭化度が進んだものほど割合が多くなります。

問25　解答　(3)　　　　　　　　　　　　　　　　　　　　　　▶第3章 Lesson 2, 6

　B重油やC重油などの粘度の高い重油は、噴霧に適した粘度にするため加熱してから使用しますが、A重油や軽油は一般に加熱を必要としません。また、重油の加熱温度が高すぎるときの弊害として、①いきづき燃焼（振動燃焼）になる、②ベーパロックを起こす、③炭化物生成の原因となる、ことが挙げられます。一方、重油の加熱温度が低すぎるときの弊害としては、すすの発生が挙げられます。したがって、AとCが正しく、BとDは誤りです。

問26　解答　(4)　　　　　　　　　　　　　　　　　　　　　　▶第3章 Lesson 7

　貯蔵タンク（ストレージタンク）は屋外または屋内のどちらに設置した場合でも、附属品として油面計、温度計を取り付けなければなりませんが、自動油面調節装置（油面計により液面を確認して、残油量が減少している場合に貯蔵タンクからサービスタンクへと燃料油を自動的に補充する装置）を取り付けることとはされていません。なお、サービスタンクには油面計、温度計、自動油面調節装置、油加熱器（燃料油〔重油〕を加熱して、噴霧に最適な粘度を得るための装置）などを取り付けます。

問27　解答　(1)　　　　　　　　　　　　　　　　　　　　　　▶第3章 Lesson 8

　ガンタイプバーナは、AファンとB圧力噴霧式バーナとを組み合わせたバーナで、燃焼量の調節範囲がC狭く、オンオフ動作で自動制御を行っている小容量のボイラーに多く使用されています。

問28　解答　(4)　　　　　　　　　　　　▶第3章 Lesson 11

(4)はダストではなく、すすの説明です。燃料を燃焼した際に発生する固体微粒子をばいじんといい、すすとダストがこれに当たります。すすとは、燃料が不完全燃焼した際に、燃料中の炭化水素に含まれていた炭素が分離して遊離炭素として残存したものです。一方、ダストとは灰分を主体とする塵（ちり）のことです。

問29　解答　(4)　　　　　　　　　　　　▶第3章 Lesson 12

空気比（実際空気量が理論空気量の何倍になっているかを示す値）の値が大きくなるにつれて、理論空気量に加えて供給される過剰空気の量が多くなることから、燃焼ガスの量（ひいては排ガスの量）が増加します。このため、排ガス熱（排ガスが保有している熱量）による損失を小さくするためには、なるべく空気比を小さくしながら完全燃焼を行わせることによって、燃焼ガスの量（排ガスの量）を減らす必要があります。(4)は、空気比を大きくして完全燃焼させるとしているので誤りです。

問30　解答　(3)　　　　　　　　　　　　▶第3章 Lesson 14

ガスは高温になると膨張して体積が増大するため、ファンも大型のものとなり、大きな動力が必要となります。しかし、押込ファンは常温の空気を取り扱うので、高温のガスを取り扱う誘引通風や平衡通風と比べて、必要とされる動力が小さくてすみます。(3)の記述は、押込通風が平衡通風より大きな動力を要するとしている点で誤りです。なお「気密が不十分であると、燃焼ガスが外部へ漏れ、ボイラー効率が低下する」という後半の記述は適切です。

■関係法令

問31　解答　(1)　　　　　　　　　　　　▶第4章 Lesson 2

水管ボイラーのうち、耐火レンガでおおわれた水管の面積については、管の外側の壁面に対する投影面積を伝熱面積とするよう定められています。耐火レンガでおおわれた水管の面積を伝熱面積に算入しないというのは誤りです。

問32　解答　(4)　　　　　　　　　　　　▶第4章 Lesson 5

燃焼ガスに触れる給水管、吹出し管、水面測定装置の連絡管については、いずれも耐熱材料で防護するよう定められており、不燃性の材料で保温等の措置を講じるというのは誤りです。なお、温水ボイラーの返り管および逃がし管については、凍結しないよう保温するなど必要な措置を講じることとされています。

問33　解答　(4)　　　　　　　　　　　　▶第4章 Lesson 1

(1)(2)(3)(5)の変更については法令上、変更届・変更検査を必要とすることが定められていますが、煙管、水管、空気予熱器、安全弁、給水装置などの変更については、変更届・変更検査は不要です。なお設問文の「ただし、計画届の免除認定を受けていない場合とする」というのは、ボイラーの設置や変更などをする場合、その計画届（設置届、変更届など）を工事開始日の30日前までに労働基準監督署長に提出するのが原則ですが、一定の条件を満たす事業者についてはこれを免除する認定制度（「計画届の免除認定制度」という）を労働安全衛生法が定めているためです。

問34 解答 (2)　　　　　　　　　　　　　　　　　　　　　　▶第4章 Lesson 1

　所轄労働基準監督署長は、Ａ落成検査に合格したボイラー（または当該検査の必要がないと認めたボイラー）について、ボイラー検査証を交付します。また、ボイラー検査証の有効期間は、Ｂ性能検査に合格したボイラーについて更新されます。

問35 解答 (1)　　　　　　　　　　　　　　　　　　　　　　▶第4章 Lesson 4

　移動式ボイラー、屋外式ボイラー、小型ボイラーを除き、伝熱面積がＡ3㎡を超えるボイラーについては、Ｂ専用の建物または建物の中の障壁で区画された場所（ボイラー室）に設置しなければなりません。

問36 解答 (4)　　　　　　　　　　　　　　　　　　　　　　▶第4章 Lesson 7

　鋳鉄製ボイラー（小型ボイラーを除く）において、給水が水道その他Ａ圧力を有する水源から供給される場合には、給水管をＢ返り管に取り付けなければなりません。

問37 解答 (1)　　　　　　　　　　　　　　　　　　　　　　▶第4章 Lesson 3

　2級ボイラー技士をボイラー取扱作業主任者として選任できるボイラーは、伝熱面積の合計が25㎡未満のボイラーなので、(2)～(5)はこれに該当しませんが、貫流ボイラーは伝熱面積を10分の1として考えるので、(1)の伝熱面積100㎡の貫流ボイラーは10㎡ということになります。したがって25㎡未満に該当するため、2級ボイラー技士を取扱作業主任者に選任することができます。

問38 解答 (4)　　　　　　　　　　　　　　　　　　　　　　▶第4章 Lesson 6

　水の温度がＡ120℃を超える鋼製温水ボイラー（小型ボイラーを除く）には、内部の圧力を最高使用圧力以下に保持することができるＢ安全弁を備えなければならないとされています。なお、設問文で「鋼製温水ボイラー」としているのは、鋳鉄製温水ボイラーについては異なる規格が定められているからです（▶P.272）。

問39 解答 (4)　　　　　　　　　　　　　　　　　　　　　　▶第4章 Lesson 5

　定期自主検査において、点検項目「燃焼装置」の煙道については、漏れその他の損傷の有無および通風圧の異常の有無が点検事項とされています。機能の異常の有無について点検するというのは誤りです。

問40 解答 (5)　　　　　　　　　　　　　　　　　　　　　　▶第4章 Lesson 5

　そうじ、修繕等のためボイラー（燃焼室を含む）または煙道の内部に入るときには、蒸気や水が逆流してくることを防止するため、使用中の他のボイラーとの管連絡を確実にしゃ断する（他のボイラーと接続している配管との連絡を断つ）こととされています。「管連絡をしゃ断しないこと」というのは誤りです。

予想模擬試験〈第2回〉解答一覧

第2回

ボイラーの構造に関する知識		燃料および燃焼に関する知識	
問1	(4)	問21	(4)
問2	(5)	問22	(4)
問3	(4)	問23	(2)
問4	(2)	問24	(2)
問5	(3)	問25	(1)
問6	(4)	問26	(4)
問7	(2)	問27	(5)
問8	(3)	問28	(1)
問9	(2)	問29	(2)
問10	(3)	問30	(5)
ボイラーの取扱いに関する知識		関係法令	
問11	(4)	問31	(1)
問12	(2)	問32	(4)
問13	(2)	問33	(5)
問14	(2)	問34	(3)
問15	(5)	問35	(4)
問16	(3)	問36	(3)
問17	(4)	問37	(2)
問18	(3)	問38	(1)
問19	(3)	問39	(4)
問20	(2)	問40	(5)

ボイラーの構造に関する知識				燃料および燃焼に関する知識			
1回目	/10	2回目	/10	1回目	/10	2回目	/10
ボイラーの取扱いに関する知識				関係法令			
1回目	/10	2回目	/10	1回目	/10	2回目	/10
合計点	1回目		/40	合計点	2回目		/40

予想模擬試験〈第2回〉解答・解説

＊問題を解くために参考となるレッスンを「○」の後に記してあります。

■ボイラーの構造に関する知識

問1 解答 (4)　　　　　　　　　　　　　　　　　　　　　　○ 第1章 Lesson 8

ボイラー効率は、次の式によって求められます。

$$ボイラー効率〔\%〕= \frac{発生蒸気の吸収熱量（出熱）}{全供給熱量（入熱）} \times 100$$

つまり、発生蒸気の吸収熱量（出熱）を全供給熱量（入熱）で除したものです。実際蒸発量を全供給熱量で除したものではありません。

問2 解答 (5)　　　　　　　　　　　　　　　　　　　　　　○ 第1章 Lesson 9

鏡板には、全半球形鏡板、半だ円体形鏡板、皿形鏡板および平鏡板の4種類がありますが、一般に球形に近いほど強度が増すため、同材質、同径、同厚の場合、全半球形鏡板が最も強度が強く、半だ円体形鏡板＞皿形鏡板＞平鏡板の順に弱くなっていきます。したがって、皿形鏡板のほうが半だ円体形鏡板に比べて強度が強いというのは誤りです。

問3 解答 (4)　　　　　　　　　　　　　　　　　　　　　　○ 第1章 Lesson 6

標準大気圧（1気圧＝1,013hPa）のもとで、質量1kgの水の温度を1K（1℃）だけ高めるために必要な熱量は約A4.2kJであるから、水のB比熱は約A4.2kJ/(kg·K)となります。なお、比熱の値は単位が〔kJ/(kg·K)〕でも〔kJ/(kg·℃)〕でも同じです。

問4 解答 (2)　　　　　　　　　　　　　　　　　　　　　　○ 第1章 Lesson 2

炉筒煙管ボイラーは、大きい胴に多量の水を入れているので、伝熱面積当たりの保有水量が大きく、たき始めてから（起動）必要な圧力の蒸気を発生するまでの時間が長くなります。したがって、水管ボイラーに比べて「伝熱面積当たりの保有水量が小さい」「起動から所要蒸気発生までの時間が短い」というのはいずれも誤りです。

問5 解答 (3)　　　　　　　　　　　　　　　　　　　　　　○ 第1章 Lesson 4

貫流ボイラーでは、細い管内で給水のほとんどが蒸発するため、給水中に含まれる不純物が管内にたい積しやすくなります。また、ドラムがないので、ドラムからボイラー水の吹出しを行って不純物を排出させることもできません。このため十分な処理を行った給水の使用が必要となります。「十分な処理を行った給水を使用しなくてよい」というのは誤りです。

問6 解答 (4)　　　　　　　　　　　　　　　　　　　　　　○ 第1章 Lesson 16

Bは、「操作量」と「制御量」が逆になっているので、誤りです。また、Cの比例動作とは、偏差（目標値と制御量の差）に比例して操作量を増減する動作をいい、この動作では目標値と制御量の間に多少の差（オフセット）が生じます。オフセットが現れた場合にオフセットをなくすように動作するのは比例動作ではなく、積分動作です。したがって、BとCが誤りであり、AとDは正しい記述です。

問7　解答　(2)　　　　　　　　　　　　　　　　　　　　▶第1章 Lesson 14

　吹出し弁は、吹出し水の閉止や吹出し量の調節を行います。吹出し水にはスラッジが含まれているため、これが途中で詰まって弁が故障しないよう、吹出し弁には、流体の流れが弁内を直進する仕切弁や、流体の曲がりがほとんどないＹ形弁を使用します。玉形弁やアングル弁は弁内で流体がＳ字形または直角に曲がり、スラッジが詰まりやすいので、吹出し弁には用いられません。

問8　解答　(3)　　　　　　　　　　　　　　　　　　　　▶第1章 Lesson 15

　乾き度の高い飽和蒸気を得るには、ボイラーで発生した蒸気から水滴を分離する必要があります。これは気水分離器または沸水防止管の役割（▶P.70）であって、エコノマイザを設置しても乾き度の高い飽和蒸気は得られません。

問9　解答　(2)　　　　　　　　　　　　　　　　　　　　▶第1章 Lesson 12

　蒸気逆止め弁は、逆流してくる蒸気の流れを止めるための弁であり、2基以上のボイラーが蒸気出口で同一管系に連絡している場合、主蒸気弁の後に蒸気逆止め弁を設けることによってほかのボイラーからの蒸気の逆流を防ぎます。(2)の記述は蒸気逆止め弁ではなく、減圧装置として用いる減圧弁（▶P.72）の説明になっています。

問10　解答　(3)　　　　　　　　　　　　　　　　　　　　▶第1章 Lesson 17

　感温体（温水温度を検知する部分）は、流体が流れているところに直接取り付けると、その流れによって損傷することがあるので、保護管と呼ばれる管の中に入れて取り付ける場合がありますが、ボイラー本体に直接取り付けることもできます。したがって、必ず保護管を用いて取り付けなければならないというのは誤りです。

■ボイラーの取扱いに関する知識

問11　解答　(4)　　　　　　　　　　　　　　　　　　　　▶第2章 Lesson 2

　油だきボイラーでは、炎の色や炉内の状況によって空気量を知ることができますが、「炎は短い輝白色で、炉内が明るい」というのは空気量が過剰の場合です。空気量が少ない場合には炎は暗赤色で、不完全燃焼のためすすが発生し、炉内の見通しがきかない状況になります。

問12　解答　(2)　　　　　　　　　　　　　　　　　　　　▶第2章 Lesson 10

　運転停止の際は、炉内の燃料をなくすため燃料の供給を停止して（石炭だきの場合は炉内の石炭を完全に燃え切らせる）、炉内に残った未燃ガスを排出した後、押込ファンを停止します。したがって「ファンを止めた後、燃料の供給を停止し、」としている点で(2)は誤りです。

問13　解答　(2)　　　　　　　　　　　　　　　　　　　　▶第2章 Lesson 1

　たき始める前に、水面計とボイラー間の連絡管の弁・コックは「開」とし、水面計を用いてボイラー水位が常用水位にあることを確認する必要があります。水面計とボイラー間の連絡管の弁・コックが「閉」になっていると、ボイラー水が減っていても水面計は元の水位を示したままなので、異常に気付くことができません。

問14 解答 (2)　第2章 Lesson6

　蒸気ボイラー（貫流ボイラーを除く）には、原則として2個以上のガラス水面計を見やすい位置に取り付けることとされており、2組の水面計の水位に差異がある場合には、そのいずれかまたは両方に異常があるはずなので、機能試験を行う必要があります。2組の水面計の水位に差異がないのであれば機能試験を行う必要はありません。

問15 解答 (5)　第2章 Lesson4

　キャリオーバによってボイラー水が過熱器に入ると、蒸気温度は低下します。また、過熱器に混入した水滴（ボイラー水）が蒸発すると、水滴中の不純物が伝熱面に固着し、これにより伝熱が阻害されて過熱器の管が過熱し破損することがあります。「ボイラー水が過熱器に入り、蒸気温度が上昇して、過熱器の破損を起こす」というのは誤りです。

問16 解答 (3)　第2章 Lesson7

　Aの安全弁の手動試験において、試験用レバーは、最高使用圧力の75％以上の蒸気圧力が働くと手動で弁体を持ち上げられるように設計されているので、「常用圧力の75％以下」で手動試験を行うというのは誤りです。Cは「安全弁が2個設けられている場合には、1個の安全弁を最高使用圧力以下で先に作動するように調整し、他の1個を最高使用圧力の3％増以下で作動するよう調整できる」が正しい記述です。安全弁が1個だけ設けられている場合には、その吹出圧力をボイラーの最高使用圧力以下に調整します。また、Dは「エコノマイザの逃がし弁（安全弁）は、ボイラー本体の安全弁より高い圧力に調整する」が正しい記述です。
　したがって、A、C、Dは誤りであり、Bのみが適切な記述です。

問17 解答 (4)　第2章 Lesson3

　空気より先に燃料を供給した場合は、空気が足りないため着火に時間がかかり、バーナへの着火の遅れにつながります（点火の際に着火が遅れると、着火までに供給された燃料が大量に炉内に溜まり、これに一度に着火したとき逆火〔バックファイヤ〕が発生する）。これに対し、(4)のように燃料より先に空気を供給するのであれば、着火の遅れにはつながりません。

問18 解答 (3)　第2章 Lesson12

　アルカリ腐食とは、アルカリ度が上昇した高温のボイラー水中で濃縮した高濃度アルカリ（水酸化ナトリウム）が鋼材と反応し、鋼材を溶解させる現象をいいます。原因となる物質は水酸化ナトリウムなので、「水酸化カルシウムと鋼材が反応して生じる」というのは誤りです。

問19 解答 (3)　第2章 Lesson11

　満水保存法は、休止期間が3か月程度以内の比較的短期間（凍結のおそれがある場合を除く）の場合に採用される保存法です。(3)の記述は満水保存法ではなく、乾燥保存法の説明になっています。

問20 解答 (2)　第2章 Lesson14

　軟化剤（ボイラー水中の硬度成分を不溶性の化合物〔スラッジ〕に変えるための薬剤）としての役割を果たす清缶剤には、炭酸ナトリウム、りん酸ナトリウムなどが用いられています。炭酸カルシウムを軟化剤として用いることはありません。

■燃料および燃焼に関する知識

問21 解答 (4) ▶ 第3章 Lesson 1
液体燃料を加熱するとA蒸気（可燃性蒸気）が発生し、これに小火炎（点火源）を近付けると瞬間的に光を放って燃え始めます。この光を放って燃える最低の温度をB引火点といいます。

問22 解答 (4) ▶ 第3章 Lesson 8
回転式バーナは、中空の回転軸に取り付けられたカップの内面で油膜を形成して、カップの回転で生じる遠心力によって重油を微粒化するバーナです。(4)の記述は「空気用ノズルからの空気を高速回転させ油を微粒化する」としている部分が誤りです。

問23 解答 (2) ▶ 第3章 Lesson 3
ベーパロック（燃料油を加熱する温度が高すぎたり、燃料油の性状に異常がある場合、管内で燃料油が気化して供給がスムーズに行われなくなる現象）は、重油を燃料に使用した場合に起こる障害の1つですが、重油に含まれる水分が多いことを原因とするものではありません。

問24 解答 (2) ▶ 第3章 Lesson 4
都市ガスその他の気体燃料は、石炭や液体燃料と比べて成分中の炭素に対する水素の比率が高いのでCO_2の排出量が少なく、特に都市ガスは、液体燃料に比べて窒素酸化物NO_xの排出量が少なく、硫黄酸化物SO_xは排出しないという特徴があります。(2)の記述は、都市ガスについて、CO_2の排出量が多いとしている点、NO_xを排出しないとしている点において誤っています。

問25 解答 (1) ▶ 第3章 Lesson 9
逆火（フラッシュバック）とは、火炎がバーナ内部に逆流してくる現象をいい、火炎が逆流するのはバーナ内に可燃性混合気が存在する場合です。拡散燃焼方式では、燃料ガスと空気を別々にバーナから燃焼室に供給するので、バーナ内に可燃性混合気は存在しません。このため逆火（フラッシュバック）の危険はありません。逆火の危険性が大きいのは、燃料ガスと空気をあらかじめ混合してからバーナに供給する予混合燃焼方式です。

問26 解答 (4) ▶ 第3章 Lesson 6
Aの過剰空気とは、理論空気量（燃焼に必要な最小の空気量）の不足分を補う空気のことです。重油は、油滴が非常に小さく（全体の表面積が大きくなる）、空気中の酸素と接触しやすいため、少ない過剰空気で完全燃焼させることができます。したがって、「より大きな量の過剰空気が必要となる」としているAは誤りであり、B、C、Dはすべて正しい記述です。

問27 解答 (5) ▶ 第3章 Lesson 10
流動層燃焼方式では、石炭灰の溶融を避けるため、蒸発管を配置して熱を吸収し、層内温度を700〜900℃（低温燃焼）に抑えています。なお、窒素酸化物NO_xは一般に1,500℃以上になると発生が多くなるので、低温燃焼の流動層燃焼方式ではNO_xの発生が少なくなります。

問28 解答 (1)　　　　　　　　　　　　　　　　　　　　　　▶ 第3章 Lesson11

　窒素酸化物NOₓは窒素が酸素と反応することによって生じるので、燃焼域（燃焼が起こっている領域）の酸素濃度を低くすることによってNOₓの発生を抑制します。酸素濃度を高くするというのは誤りです。

問29 解答 (2)　　　　　　　　　　　　　　　　　　　　　　▶ 第3章 Lesson13

　微粉炭バーナ燃焼においては、一次空気と微粉炭とをあらかじめ混合（予混合）して、空気と微粉炭の混合気としてバーナに送入するのが一般的です。二次空気と微粉炭を予混合するというのは誤りです。二次空気は、バーナの周囲から噴出されて、一次空気と微粉炭の混合気とともに燃焼室内に拡散されます。

問30 解答 (5)　　　　　　　　　　　　　　　　　　　　　　▶ 第3章 Lesson15

　ラジアル形ファン（中央の回転軸から放射状に6〜12枚のプレートを取り付けたもの）は、大形で重量が重くなるため価格は高くなりますが、十分な強度をもたせることができる構造であり、耐摩耗性・耐腐食性の材料を使用すれば摩耗や腐食に強くなるので、誘引ファンとして用いられます。(5)の記述は「小形、軽量」「摩耗、腐食に弱い」としている点で誤りです。

■関係法令

問31 解答 (1)　　　　　　　　　　　　　　　　　　　　　　▶ 第4章 Lesson1

　ボイラー検査証の有効期間の更新を受けようとする者は、当該検査証に係るボイラー並びにボイラー室、ボイラーおよびそのＡ配管の配置状況、ボイラーのＢ据付基礎並びに燃焼室および煙道の構造についてＣ性能検査を受ける必要があります（性能検査の検査事項は、落成検査と同じです）。

問32 解答 (4)　　　　　　　　　　　　　　　　　　　　　　▶ 第4章 Lesson4

　ボイラー室には、ボイラー検査証並びにボイラー取扱作業主任者の資格および氏名を見やすい箇所に掲示しなければなりません。ボイラー設置者の氏名を掲示するというのは誤りです。

問33 解答 (5)　　　　　　　　　　　　　　　　　　　　　　▶ 第4章 Lesson2

　伝熱面積の算定方法は、ボイラーの種類ごとに次のように定められています。
①丸ボイラーと鋳鉄製ボイラー
　燃焼ガス等に触れる本体の面で、その裏面が水または熱媒に触れるものの面積を伝熱面積とします。たとえば、丸ボイラーの炉筒や煙管がこれに当たります。
②一般の水管ボイラー
　水管および管寄せの燃焼ガス等に触れる面の面積を合計して伝熱面積とします。
③貫流ボイラー
　燃焼室の入口から過熱器の入口までの水管の燃焼ガス等に触れる面の面積を、伝熱面積とします。節炭器（エコノマイザ）は燃焼室に入る給水を加熱する設備であり、燃焼室の入口より手前に設けられるので、(5)の節炭器管（エコノマイザ管）は伝熱面積に算入されません。

問34 解答 (3)　　　　　　　　　　　　　　　　　　　　　　　　◆ 第4章 Lesson1

使用再開検査とは、ボイラー検査証の有効期間を超えて使用を休止したボイラーを再び使用しようとするときに受ける検査をいいます。(1)(4)(5)は使用検査、(2)は性能検査を受けます。

問35 解答 (4)　　　　　　　　　　　　　　　　　　　　　　　　◆ 第4章 Lesson5

温水ボイラーのA返り管およびB逃がし管については、凍結しないように保温その他の措置を講じなければならないとされています。

問36 解答 (3)　　　　　　　　　　　　　　　　　　　　　　　　◆ 第4章 Lesson3

法令上、原則としてボイラー技士でなければ取り扱うことができないボイラーというのは、小規模ボイラーに該当しないボイラーのことであり、(3)だけがこれに当たります。
(1)伝熱面積が14㎡以下なので、この温水ボイラーは小規模ボイラーです。
(2)胴の内径が750mm以下で、かつ、その長さが1,300mm以下なので、この蒸気ボイラーは小規模ボイラーです。
(3)気水分離器の内径が400mmを超え、かつその内容積が0.4㎡を超え、さらに伝熱面積も30㎡を超えているので、この貫流ボイラーは小規模ボイラーに該当しません。
(4)伝熱面積が3㎡以下なので、この蒸気ボイラーは小規模ボイラーです。
(5)電気ボイラーの伝熱面積の算定方法により、伝熱面積3㎡（60÷20＝3）と算定されるので、この電気ボイラーは小規模ボイラーに該当します。

問37 解答 (2)　　　　　　　　　　　　　　　　　　　　　　　　◆ 第4章 Lesson5

火炎検出装置の点検事項は「機能の異常の有無」とされており、「汚れまたは損傷の有無」というのは誤りです。

問38 解答 (1)　　　　　　　　　　　　　　　　　　　　　　　　◆ 第4章 Lesson6

水柱管とボイラーを結ぶ連絡管のうち、A水側連絡管は、管の途中に中高または中低のない構造とし、かつ、これを水柱管またはボイラーに取り付ける口は、水面計で見ることができるB最低水位よりC上であってはならないとされています。

問39 解答 (4)　　　　　　　　　　　　　　　　　　　　　　　　◆ 第4章 Lesson6

過熱器には、その出口付近に過熱器の温度を設計温度以下に保持することができる安全弁（過熱器用安全弁）を備えなければなりません。(4)は「過熱器の入口付近に」としている点と「圧力を設計圧力以下に」としている点で誤りです。

問40 解答 (5)　　　　　　　　　　　　　　　　　　　　　　　　◆ 第4章 Lesson7

給水内管は、取外しができる構造のものでなければなりません。胴やドラムに溶接によって取り付けて取り外せない構造にするというのは誤りです。

第2回

さくいん

英字

LNG ……………………………………… 187
LPG ……………………………………… 188
NOₓ …………………………………189, 219
pH …………………………………………… 155
pH指示薬 ………………………………… 155
SOₓ …………………………………189, 218
U字管式通風計 ……………………………62
Y形弁 ………………………………………81

あ

圧力 ……………………………………………43
圧力計 ……………………………58, 260, 268
圧力噴霧式バーナ ……………………… 204
油加熱器 ………………………………… 200
油ストレーナ ……………………184, 200
油だきボイラー ………………………… 112
油だきボイラーの燃焼の維持 ……… 116
アルカリ腐食 …………………………… 159
アングル弁 …………………………………69
安全低水面 ……………………………36, 60
安全弁 ………………64, 134, 260, 266
案内羽根 ……………………………………75

い

硫黄酸化物 ………………………189, 218
硫黄分 ………………………185, 189, 196
イオン交換法 …………………………… 161
いきづき燃焼 …………………………… 183
一次空気 ………………………………… 227
移動式ボイラー ………………………… 244
引火点 …………………………………… 176
インゼクタ ……………………………………76

う

ウェットボトム形鋳鉄製ボイラー ………34
ウォータハンマ ………………………… 124
後向き形ファン ………………………… 235
渦巻ポンプ …………………………………75
運転の終了 ……………………………… 127

え

液化石油ガス …………………………… 188
液化天然ガス …………………………… 187
エコノマイザ ……………………………29, 85
エコノマイザ管 …………………… 85, 250
煙管ボイラー ………………………………17
遠心ポンプ …………………………………74
エンタルピ …………………………………45

お

押込通風 ………………………………… 231
オンオフ式温度調節器 ……………………97
オンオフ式蒸気圧力調節器 ………………95
オンオフ動作 …………………90, 95, 96
温水ボイラー …………………………12, 82
温度 ……………………………………………38
温度計 ……………………………… 82, 273

か

加圧燃焼方式 …………………………13, 19
カーボン ………………………………… 125
回転式バーナ …………………………… 206
灰分 …………………175, 184, 189, 192
外面清掃 ………………………………… 150
返り管 …………………………35, 36, 261
火炎検出器 ……………………………… 103

鏡板……………………………………54
拡散燃焼方式………………………… 210
ガスだきボイラー………………… 113
ガスバーナ………………………… 211
ガセットステー……………………56
過熱器………………………………29, 85
過熱蒸気…………………………29, 46
過熱度………………………………46
可燃性蒸気………………………… 176
可燃物……………………………175, 222
ガラス水面計……………60, 261, 268
渦流ポンプ…………………………75
火炉………………………………13, 226
乾き蒸気……………………………46
乾き度………………………………46
感温体………………………………97
間欠吹出し………………………… 138
間欠吹出し装置……………………80
乾燥保存法………………………… 153
ガンタイプバーナ………………… 206
貫流点……………………………… 162
貫流ボイラー………28, 250, 254, 273

き

気水分離器………………………29, 70
気体燃料…………………………… 208
気体燃料の特徴…………………… 188
揮発分……………………………175, 192
逆止め弁…………………………… 271
逆火………………………………… 121
キャブタイヤケーブル…………… 264
キャリオーバ……………………… 123
給水管…………………………36, 56, 261
給水逆止め弁……………………77, 271
給水系統装置………………………74
給水装置…………………………… 271

給水内管…………………………78, 272
給水弁……………………………77, 271
給水ポンプ…………………………74
凝固点……………………………… 180
緊急停止…………………………… 128

く

空気抜き弁………………………… 111
空気比……………………………… 223
空気予熱器…………………………86
空気量……………………………89, 116
空燃比………………………………89
管板…………………………………55
管ステー……………………………55
管寄せ……………………………… 246
クリンカ…………………………… 195
グルービング……………………… 159

け

ゲージ圧……………………………44
ケルビン……………………………38
減圧装置……………………………72
減圧弁………………………………72
検出液……………………………… 113
験水コック…………………………60
元素分析…………………………… 174
懸濁物……………………………… 157
顕熱…………………………………45

こ

高温腐食…………………………… 185
工業分析…………………………… 175
鋼製ボイラー………………………14
構造検査…………………………… 243
硬度………………………………… 156
固定炭素…………………………175, 193

ころ広げ ……………………………55

さ

差圧式流量計 ………………………61
サービスタンク …………………… 199
サーマルNOₓ ……………………… 219
最高使用圧力 …………………135, 136
再生 ………………………………… 163
最大蒸発量 ………………………… 271
逆火 ………………………………… 210
酸化反応 …………………………… 175
酸消費量 …………………………… 156
酸洗浄 ……………………………… 147
酸素供給体 …………………175, 222
残留硬度 …………………………… 162
残留炭素 …………………………… 185

し

シーケンス制御 ……………………92
仕切弁 ………………………………69, 81
自然通風力 ………………………… 230
実際空気量 ………………………… 223
自動給水調整装置 ………………… 273
自動制御装置 ………………………30
湿り蒸気 ……………………………46
主安全制御器 ……………………… 103
周継手 ………………………………52
重油 …………………………179, 194
重油燃焼 …………………………… 194
重油バーナ ………………………… 202
主蒸気管 ……………………………68
主蒸気弁 ……………………………69
手動操作による点火 ……………… 112
蒸気圧力制限器 ……………………94
蒸気管 ………………………………56
蒸気逆止め弁 ………………………70

蒸気トラップ ………………………71
蒸気ドラム …………………………22
蒸気噴霧式バーナ ………………… 203
蒸気ボイラー ………………………12
蒸気流量 ……………………………99
使用検査 …………………………… 243
使用再開検査 ……………………… 245
蒸発熱 ………………………………45
常用水位 …………………………… 110
人工通風 …………………………… 231
伸縮継手 ……………………………68

す

水位検出器 …………………100, 130, 142
水位制御 ……………………………99
水管ボイラー …………14, 22, 50, 250
水高計 ………………………82, 260, 268
水素イオン指数 …………………… 155
水柱管 ………………………130, 268
水柱管の止め弁 …………………… 130
水柱管の連絡管 …………………… 130
水面計 ………………………60, 130
水面測定装置 ………………60, 130, 268
水冷壁 ………………………………24
スートブロー ………………117, 150
スートブロワ ……………………… 117
スケール …………147, 149, 157, 166
すす …………………………117, 218
ステー ………………………………55
ストレージタンク ………………… 199
スラッジ …80, 131, 149, 157, 166, 184

せ

清缶剤 ……………………………… 165
制御量 ………………………………88
製造許可 …………………………… 243

性能検査 ……………………………… 244
成分分析 ……………………………… 174
石炭 …………………………………… 191
積分動作 ………………………………91
セクション ……………………………32
接触伝熱面 ……………………………13
絶対圧力 ………………………………44
絶対温度 ………………………………38
設置届 ………………………………… 244
設定圧力 …………………………64, 135
全蒸発残留物 ………………………… 156
潜熱 ……………………………………45
全量式安全弁 …………………………65

そ

送気系統装置 …………………………68
操作量 …………………………………89

た

ターンダウン比 ……………………… 203
大気圧 …………………………………43
大気汚染物質 ………………………… 218
タイマ …………………………………92
ダイヤフラム …………………………97
対流 ……………………………………40
たき始めの注意事項 ………………… 115
ダスト …………………………195, 218
脱気 ………………………………… 165
脱酸素剤 …………………………… 167
立てボイラー …………………………16
玉形弁 …………………………………69
多翼形ファン ………………………… 234
炭化物 …………………………125, 185
単純軟化法 …………………………161, 162
ダンパ …………………………96, 112

ち

窒素酸化物 …………………189, 219
窒素分 ……………………………… 189
着火温度 …………………………175, 222
鋳鉄製温水ボイラー ………………272, 273
鋳鉄製蒸気ボイラー ………………272, 273
鋳鉄製ボイラー …… 14, 32, 249, 272
中和防錆処理 ……………………… 148
超臨界圧力 …………………………30, 46
貯蔵タンク ………………………… 199

つ

通風 ………………………………… 230
通風機 ……………………………… 234
通風計 …………………………………62
通風抵抗 …………………………85, 233
継手 ……………………………………52

て

低温腐食 …………………85, 185, 196
定期自主検査 ……………………… 262
低発熱量 ………………………………49
ディフューザポンプ ………………75, 139
点火源 …………………………175, 222
点火前の点検 ……………………… 110
電気ボイラー ……………………… 251
電磁継電器 ……………………………92
電磁コイル ………………………… 143
電磁弁 ……………………………… 143
電磁リレー ……………………………92
伝熱 ……………………………………40
伝熱管 …………………………………56
伝熱面積 …………………………17, 248
天然ガス …………………………… 187

と

胴………………………………………16
投影面積………………………………250
動作すき間…………………90, 95, 96
動粘度…………………………………180
登録製造時等検査機関………………243
都市ガス………………………………187
ドラム…………………………………22
ドレン…………………………66, 71, 117
ドレン抜き……………………………66
ドレン弁………………………………128

な

内面清掃………………………………149
内面腐食………………………………158
長手継手………………………………52

に

逃がし管…………………………82, 261
逃がし弁…………………………82, 136
二次空気………………………………227

ね

熱貫流…………………………………41
熱源……………………………175, 222
熱損失…………………………183, 224
熱伝達…………………………………41
熱伝導…………………………………40
熱膨張管………………………………102
熱量……………………………………39
燃焼……………………………175, 222
燃焼安全装置…………………………102
燃焼効率………………………………20
燃焼室……………………………13, 226
燃焼室熱負荷…………………………229
燃焼速度………………………………222

粘度

粘度……………………………………180
燃料油タンク…………………………198
燃料の分析……………………………174
燃料比…………………………………193
燃料油用遮断弁………………………143
燃料量…………………………………89

の

ノズルチップ…………………………204

は

ハートフォード式連結法……………36
バーナ…………………………………112
バーナタイル…………………………226
バーナチップ……………125, 184, 204
ハイ・ロー・オフ動作………………90
排ガス熱………………………………224
配管……………………………………56
ばいじん…………………………185, 218
爆発戸…………………………………269
発火点…………………………………175
バックファイヤ………………………121
発熱量…………………………………177
ばね安全弁………………………64, 134

ひ

比エンタルピ…………………………45
火格子燃焼………………………214, 228
比体積…………………………………46
ピッチング……………………………159
引張応力………………………………53
比熱………………………………39, 181
微粉炭バーナ燃焼………………215, 228
微分動作………………………………91
比例式蒸気圧力調節器………………95
比例動作………………………………91

ふ

ファン……………………………112, 234
フィードバック制御…………………90
吹出し圧力……………………64, 135
吹出し管…………………………80, 261
吹出しコック…………………………81
吹出し装置………………………80, 269
吹出し弁…………………………81, 138
吹止まり圧力……………………135
復水………………………………35, 66
副生ガス…………………………188
不純物………………………………156
腐食…………………………………158
附属品の管理……………………260
沸水防止管…………………………70
沸点…………………………………44
不同膨張……………………………34
フューエルNO$_x$……………………219
プライミング………………………123
フラッシュバック…………………210
ブルドン管圧力計……………………58
ブレーク接点………………………92
プレパージ…………………………111
ブロー装置…………………………80

へ

平衡通風……………………………232
ベーパロック………………………184
ベローズ…………………………95, 97
変更検査……………………………246

ほ

ボイラー及び圧力容器安全規則………249
ボイラー技士………………………252
ボイラー系統内処理………………164
ボイラー検査証の交付……………244
ボイラー構造規格…………………243
ボイラー効率……………………18, 48
ボイラー室…………………………256
ボイラー室の管理等………………258
ボイラー水…………………………23
ボイラー水位……………………110, 119
ボイラー制御………………………88
ボイラー取扱作業主任者…………254
ボイラーの自動制御………………88
ボイラーの使用の休止……………245
ボイラーの使用の廃止……………245
ボイラーの据付位置………………257
ボイラーの清掃……………………146
ボイラーの変更届…………………246
ボイラーの保存……………………152
ボイラーの容量……………………49
放射伝熱……………………………40
放射伝熱面…………………………13
棒ステー……………………………56
膨張タンク…………………………82
飽和温度……………………………44
飽和蒸気……………………………45
飽和水………………………………45
ホーミング…………………………123
補給水処理…………………………161
ポストパージ………………………127

ま

丸ボイラー……………14, 16, 50, 249
満水保存法…………………………153

む

霧化媒体……………………………202

め

面積式流量計………………………62

も

戻り燃焼方式 ……………………………20

ゆ

誘引通風 …………………………… 232

よ

溶解性蒸発残留物 ………………125, 157
容積式流量計 ……………………………62
溶接検査 ………………………………… 243
溶存気体 ……………………………156, 165
揚程式安全弁 ……………………………65
予混合燃焼方式 ……………………… 209
予熱 ………………………………………29

ら

落成検査 ……………………………244, 246
ラジアル形ファン ……………………… 235

り

リミットスイッチ ………………………92
流動層燃焼 …………………………… 215
流動点 ………………………………… 180
流量計 ……………………………………61
理論空気量 …………………………… 223
臨界圧力 …………………………………30
臨界温度 …………………………………30

れ

連続吹出し装置 …………………………80

ろ

ろ過器 ………………………………184, 200
炉筒煙管ボイラー ……………………17, 19
炉筒ボイラー …………………………… 17
炉内圧力 …………………………………89

炉内爆発 ……………………………… 111

MEMO

MEMO

MEMO

●法改正・正誤等の情報につきましては、下記「ユーキャンの本」ウェブサイト内
「追補（法改正・正誤）」をご覧ください。
https://www.u-can.co.jp/book/information

●本書の内容についてお気づきの点は
・「ユーキャンの本」ウェブサイト内「よくあるご質問」をご参照ください。
https://www.u-can.co.jp/book/faq
・郵送・FAXでのお問い合わせをご希望の方は、書名・発行年月日・お客様のお名前・ご住所・
FAX番号をお書き添えの上、下記までご連絡ください。
【郵送】〒169-8682 東京都新宿北郵便局 郵便私書箱第2005号
　　　　ユーキャン学び出版 2級ボイラー技士資格書籍編集部
【FAX】03-3350-7883
◎より詳しい解説や解答方法についてのお問い合わせ、他社の書籍の記載内容等に関しては回答
いたしかねます。

●お電話でのお問い合わせ・質問指導は行っておりません。

ユーキャンの 2級ボイラー技士 合格テキスト&問題集 第2版

2017年 5 月26日　初　版　第 1 刷発行	編　者　ユーキャン 2 級ボイラー技士
2023年10月20日　第 2 版　第 1 刷発行	試験研究会

発行者　品川泰一

発行所　株式会社 ユーキャン 学び出版
　　　　〒151-0053
　　　　東京都渋谷区代々木1-11-1
　　　　Tel 03-3378-1400

編　集　株式会社 東京コア

発売元　株式会社 自由国民社
　　　　〒171-0033
　　　　東京都豊島区高田3-10-11
　　　　Tel 03-6233-0781（営業部）

印刷・製本　カワセ印刷株式会社

ユーキャンの２級ボイラー技士　合格テキスト＆問題集 第２版

予想 模擬試験

第１回 ··· P. 2
第２回 ··· P.18
解答カード ··· P.35

■予想模擬試験の活用方法

　この試験は、本試験前の学習理解度の確認用に活用してください。本試験での合格基準（各科目40％以上の正解率で４科目合計の正解率が60％以上）を目標に取り組みましょう。

■解答の記入の仕方

　①解答の記入には、本試験と同様に<u>ＨＢの鉛筆</u>を使用してください。なお、本試験では電卓、定規などは使用できません。

　②解答用紙は、本試験と同様の実物大のマークシート方式です。解答欄の正解と思う番号数字の右の四角を塗りつぶしてください。その際、鉛筆が枠からはみ出さないよう気をつけてください。

　③消しゴムはよく消えるものを使用し、本試験で解答が無効にならないよう注意してください。

■試験時間

　180分（本試験の試験時間と同じです）

本冊子は取り外せます ➡

予想模擬試験〈第1回〉

■ボイラーの構造に関する知識

問1　ボイラーの燃焼室、伝熱面および燃焼装置について、誤っているものは次のうちどれか。

(1)　燃焼室は、燃料を燃焼し熱を発生する部分で、火炉ともいわれる。

(2)　燃焼装置は、燃料の種類によって異なり、液体燃料、気体燃料および微粉炭にはバーナが、一般固体燃料には火格子などが用いられる。

(3)　燃焼室は、供給された燃料を速やかに着火、燃焼させ、発生する可燃性ガスと空気との混合接触を良好にして完全燃焼を行わせる部分である。

(4)　加圧燃焼方式の燃焼室は、気密構造になっている。

(5)　高温ガス通路に配置され、主として高温ガスとの接触によって受けた熱を水や蒸気に伝える伝熱面は、放射伝熱面といわれる。

問2　ボイラー各部の構造および強さについて、誤っているものは次のうちどれか。

(1)　胴と鏡板の厚さが同じ場合、圧力によって生じる応力に対して、周継手は長手継手より2倍強い。

(2)　平鏡板の大径のものや高い圧力を受けるものは、内部の圧力によって生じる曲げ応力に対して、強度を確保するためステーによって補強する。

(3)　管ステーは、肉厚の鋼管により水管ボイラーのドラムの鏡板を補強するために用いられる。

(4)　皿形鏡板に生じる応力は、すみの丸みの部分が最も大きくなる。この応力は、すみの丸みの半径が大きいほど小さくなる。

(5)　管板には、煙管のころ広げに要する厚さを確保するため、一般に平管板が用いられる。

問3　丸ボイラーと比較した水管ボイラーの特徴として、誤っているものは次のうちどれか。

(1)　構造上、低圧小容量用から高圧大容量用に適する。

(2)　伝熱面積を大きくとれるので、一般に熱効率を高くできる。

(3)　伝熱面積当たりの保有水量が大きいので、起動から所要蒸気発生までの時間が長い。

(4)　使用蒸気量の変動による圧力変動および水位変動が大きい。

(5)　給水およびボイラー水の処理に注意を要し、高圧ボイラーでは厳密な水管理を行う必要がある。

問4　鋳鉄製ボイラーについて、誤っているものは次のうちどれか。

(1)　暖房用蒸気ボイラーでは、原則として復水を循環使用する。

(2)　重力式（重力循環式）蒸気暖房返り管の取付けには、ハートフォード式連結法がよく用いられる。

(3)　ウェットボトム形は、ボイラー底部にも水を循環させる構造となっている。

(4)　ポンプ循環方式の蒸気ボイラーの場合、給水管の取付位置は、安全低水面以下150㎜以内の高さにする。

(5)　鋼製ボイラーに比べ、腐食に強いが強度は弱い。

問5　熱および蒸気について、誤っているものは次のうちどれか。

(1)　水の飽和温度は、標準大気圧のとき100℃で、圧力が高くなるほど高くなる。

(2)　水の温度は、沸騰を開始してから全部の水が蒸気になるまで一定である。

(3)　飽和蒸気の比エンタルピは、飽和水1kgの気化熱である。

(4)　飽和蒸気の比体積は、圧力が高くなるほど小さくなる。

(5)　飽和水の蒸発熱は、圧力が高くなるほど小さくなり、臨界圧力に達すると0になる。

問6　ボイラーのばね安全弁について、誤っているものは次のうちどれか。

(1)　安全弁は、蒸気圧力が設定圧力に達すると自動的に弁が開いて蒸気を吹き出し、蒸気圧力の上昇を防ぐものである。

(2)　安全弁の吹出し圧力は、調整ボルトを締めたり緩めたりして調整する。

(3)　弁体が弁座から上がる距離を揚程（リフト）という。

(4)　安全弁には、揚程式と全量式がある。

(5)　揚程式安全弁は、のど部面積で吹出し面積が決まる。

問7　ボイラーの給水系統装置について、誤っているものは次のうちどれか。

(1)　渦巻ポンプは、羽根車の周辺に案内羽根のない遠心ポンプで、一般に低圧のボイラーに用いられる。

(2)　渦流ポンプは、円周流ポンプとも呼ばれているもので、小容量の蒸気ボイラーなどに用いられる。

(3)　ディフューザポンプは、羽根車の周辺に案内羽根のある遠心ポンプで、高圧のボイラーには多段ディフューザポンプが用いられる。

(4)　給水逆止め弁には、ゲート弁またはグローブ弁が用いられる。

(5)　給水弁と給水逆止め弁をボイラーに取り付ける場合は、ボイラーに近い側に給水弁を取り付ける。

問8　ボイラーに空気予熱器を設置した場合の利点として、誤っているものは次のうちどれか。

(1)　ボイラー効率が上昇する。

(2)　燃焼状態が良好になる。

(3)　炉内伝熱管の熱吸収量が多くなる。

(4)　水分の多い低品位燃料の燃焼効率が上昇する。

(5)　ボイラーへの給水温度が上昇する。

問9 ボイラーに使用する計測器について、誤っているものは次のうちどれか。

(1) ブルドン管圧力計は、ブルドン管に蒸気が直接入らないように、水を入れたサイホン管などを用いて胴または蒸気ドラムに取り付ける。

(2) 面積式流量計は、流体が流れている管の中に絞りを挿入すると、入口と出口との間に流量の2乗に比例する圧力差が生じることを利用している。

(3) 容積式流量計は、だ円形のケーシングの中でだ円形歯車を2個組み合わせ、これを流体の流れによって回転させると、流量が歯車の回転数に比例することを利用している。

(4) 二色水面計は、光線の屈折率の差を利用したもので、蒸気部は赤色に、水部は緑色（青色）に見える。

(5) U字管式通風計は、計測する場所の空気またはガスの圧力と大気圧との差圧を水柱で示す。

問10 ボイラーのドラム水位制御について、誤っているものは次のうちどれか。

(1) 水位制御は、負荷の変動に応じて給水量を調節するものである。

(2) 水位の制御方式には、単要素式、2要素式および3要素式がある。

(3) 単要素式は、水位だけを検出し、その変化に応じて給水量を調節する方式である。

(4) 2要素式は、水位と給水流量を検出し、その変化に応じて給水量を調節する方式である。

(5) 電極式水位検出器は、蒸気の凝縮によって検出筒内部の水の純度が高くなると、正常に作動しなくなる。

■ボイラーの取扱いに関する知識

問11　油だきボイラーの手動操作による点火について、誤っているものは次のうちどれか。

(1)　ファンを運転し、ダンパをプレパージの位置に設定して換気した後、ダンパを点火位置に設定し、炉内通風圧を調節する。

(2)　点火前に、回転式バーナではバーナモータを起動し、蒸気噴霧式バーナでは噴霧用蒸気を噴射させる。

(3)　バーナの燃料弁を開いた後、点火棒に点火し、それをバーナの先端のやや前方上部に置き、バーナに点火する。

(4)　燃料の種類および燃焼室熱負荷の大小に応じて、燃料弁を開いてから2〜5秒間の点火制限時間内に着火させる。

(5)　バーナが上下に2基配置されている場合は、下方のバーナから点火する。

問12　ボイラーの水面測定装置の取扱いについて、誤っているものは次のうちどれか。

(1)　運転開始時の水面計の機能試験は、点火前に残圧がない場合は、たき始めて蒸気圧力が上がり始めたときに行う。

(2)　水面計のコックを開くときは、ハンドルを管軸に対し直角方向にする。

(3)　水柱管の連絡管の途中にある止め弁は、開閉を誤認しないように全開してハンドルを取り外しておく。

(4)　水柱管の水側連絡管は、水柱管に向かって下がり勾配となる配管にする。

(5)　水側連絡管のスラッジを排出するため、水柱管下部の吹出し管により毎日1回吹出しを行う。

問13 ボイラー水位が安全低水面以下に異常低下する原因となる事項として、誤っているものは次のうちどれか。

(1) 気水分離器が閉そくしている。
(2) 不純物により水面計が閉そくしている。
(3) 吹出し装置の閉止が不完全である。
(4) プライミングやホーミングが急激に発生した。
(5) 給水内管の穴が閉そくしている。

問14 ボイラーの使用中に突然、異常事態が発生して、ボイラーを緊急停止しなければならないときの操作順序として、適切なものは次の(1)～(5)のうちどれか。ただし、AからDは次の操作をいうものとする。

　A　燃料の供給を停止する。
　B　主蒸気弁を閉じる。
　C　給水を行う必要のあるときは給水を行い、必要な水位を維持する。
　D　炉内および煙道の換気を行う。

(1) A→B→C→D
(2) A→D→B→C
(3) B→A→D→C
(4) D→A→C→B
(5) D→C→B→A

問15 ボイラーの燃焼安全装置の燃料油用遮断弁（電磁弁）の遮断機構の故障の原因となる事項として、誤っているものは次のうちどれか。

(1) 弁座が変形している。
(2) 電磁コイルが焼損している。
(3) 電磁コイルの絶縁が低下している。
(4) ばねの張力が低下している。
(5) バイメタルが損傷している。

問16 ボイラーにキャリオーバが発生する原因となる事項として、誤っている
　　 ものは次のうちどれか。
(1) 蒸気負荷が過大である。
(2) 主蒸気弁を急に開く。
(3) 低水位である。
(4) ボイラー水が過度に濃縮されている。
(5) ボイラー水に油脂分が多く含まれている。

問17 ボイラーの酸洗浄について、誤っているものは次のうちどれか。
(1) 酸洗浄の使用薬品には、アンモニアが多く用いられる。
(2) 酸洗浄は、酸によるボイラーの腐食を防止するため抑制剤（インヒビタ）
　　 を添加して行う。
(3) 薬液で洗浄した後は、水洗してから中和防錆処理を行う。
(4) シリカ分の多い硬質スケールを酸洗浄するときは、所要の薬液で前処理を
　　 行い、スケールを膨潤させる。
(5) 酸洗浄作業中は、水素が発生するのでボイラー周辺を火気厳禁とする。

問18 ボイラー水中の不純物について、誤っているものは次のうちどれか。
(1) 溶存しているO_2は、鋼材の腐食の原因となる。
(2) 溶存しているCO_2は、鋼材の腐食の原因となる。
(3) スラッジは、溶解性蒸発残留物が濃縮され、ドラム底部などに沈積した軟
　　 質沈殿物である。
(4) 懸濁物には、りん酸カルシウムなどの不溶物質、エマルジョン化した鉱物
　　 油などがある。
(5) スケールの熱伝導率は、炭素鋼の熱伝導率より著しく大きい。

問19 ボイラーに給水するディフューザポンプの取扱いについて、誤っている ものは次のうちどれか。

(1) メカニカルシール式の軸については、水漏れがないことを確認する。

(2) 運転前に、ポンプ内およびポンプ前後の配管内の空気を十分に抜く。

(3) 起動は、吸込み弁および吐出し弁を全開にした状態で行う。

(4) 運転中は、ポンプの吐出し圧力、流量および負荷電流が適正であることを 確認する。

(5) 運転を停止するときは、吐出し弁を徐々に閉め、全閉にしてからポンプ駆 動用電動機を止める。

問20 単純軟化法によるボイラー補給水の軟化装置について、誤っているもの は次のうちどれか。

(1) 軟化装置は、給水を強酸性陽イオン交換樹脂を充てんしたNa塔に通過させ て、給水中の硬度成分を取り除くものである。

(2) 軟化装置は、給水中のカルシウムおよびマグネシウムを除去することがで きる。

(3) 軟化装置による処理水の残留硬度は、貫流点を超えると著しく増加してく る。

(4) 軟化装置の強酸性陽イオン交換樹脂の交換能力が低下した場合は、一般に 塩酸で再生を行う。

(5) 軟化装置の強酸性陽イオン交換樹脂は、1年に1回程度鉄分による汚染な どを調査し、樹脂の洗浄および補充を行う。

■燃料および燃焼に関する知識

問21 次の文中の　　　内に入れるAからCまでの語句の組合せとして、正しいものは(1)〜(5)のうちどれか。

「燃料の工業分析は、　A　を気乾試料として水分、灰分および　B　を測定し、残りを　C　として質量〔%〕で表す。」

	A	B	C
(1)	固体燃料	揮発分	固定炭素
(2)	固体燃料	炭素分	硫黄分
(3)	液体燃料	揮発分	硫黄分
(4)	液体燃料	窒素分	揮発分
(5)	液体燃料	炭化水素	炭素分

問22 ボイラーにおける気体燃料の燃焼の特徴として、誤っているものは次のうちどれか。

(1) 燃焼させるうえで、液体燃料のような微粒化や蒸発のプロセスが不要である。

(2) 空気との混合状態を比較的自由に設定でき、火炎の広がり、長さなどの火炎の調節が容易である。

(3) 安定な燃焼が得られ、点火、消火が容易で自動化しやすい。

(4) 重油のような燃料加熱、霧化媒体の高圧空気または蒸気が不要である。

(5) ガス火炎は、油火炎に比べて、火炉での放射伝熱量が多く、接触伝熱面での伝熱量が少ない。

問23　重油の性質について、誤っているものは次のうちどれか。

(1)　重油の密度は、温度が上昇すると減少する。

(2)　密度の小さい重油は、密度の大きい重油より一般に引火点が低い。

(3)　重油の比熱は、温度および密度によって変わる。

(4)　重油の粘度は、温度が上昇すると低くなる。

(5)　密度の大きい重油は、密度の小さい重油より単位質量当たりの発熱量が大きい。

問24　石炭について、誤っているものは次のうちどれか。

(1)　石炭に含まれる固定炭素は、石炭化度の進んだものほど少ない。

(2)　石炭に含まれる揮発分は、石炭化度の進んだものほど少ない。

(3)　石炭に含まれる灰分が多くなると、燃焼に悪影響を及ぼす。

(4)　石炭の燃料比は、石炭化度の進んだものほど大きい。

(5)　石炭の単位質量当たりの発熱量は、一般に石炭化度の進んだものほど大きい。

問25　油だきボイラーにおける**重油の加熱**に関するAからDまでの記述のうち、適切なもののみをすべて挙げた組合せは、次のうちどれか。

A　軽油やA重油は、一般に加熱を必要としない。

B　加熱温度が高すぎると、すすが発生する。

C　加熱温度が高すぎると、バーナ管内で油が気化し、ベーパロックを起こす。

D　加熱温度が低すぎると、振動燃焼となる。

(1)　A

(2)　A，B，D

(3)　A，C

(4)　A，C，D

(5)　B，D

問26　ボイラーの燃料油タンクについて、誤っているものは次のうちどれか。

(1)　燃料油タンクは、用途により貯蔵タンクとサービスタンクに分類される。

(2)　サービスタンクの貯油量は、一般に最大燃焼量の２時間分以上である。

(3)　屋外貯蔵タンクの油送入管は油タンクの上部に、油取出し管はタンクの底部から20〜30cm上方に取り付ける。

(4)　屋外貯蔵タンクには、自動油面調節装置を取り付ける。

(5)　サービスタンクには、自動油面調節装置のほか、油加熱器、温度計などを取り付ける。

問27　次の文中の　　　　　内に入れるＡからＣまでの語句の組合せとして、正しいものは(1)〜(5)のうちどれか。

　「ガンタイプバーナは、　Ａ　と　Ｂ　式バーナとを組み合わせたもので、燃焼量の調節範囲が　Ｃ　、オンオフ動作によって自動制御を行っているものが多い。」

	Ａ	Ｂ	Ｃ
(1)	ファン	圧力噴霧	狭く
(2)	ファン	圧力噴霧	広く
(3)	ノズルチップ	蒸気噴霧	狭く
(4)	ノズルチップ	蒸気噴霧	広く
(5)	アトマイザ	圧力噴霧	広く

問28　ボイラーの燃料の燃焼により発生する大気汚染物質について、誤っているものは次のうちどれか。

(1)　排ガス中のNO_xは、大部分がNOである。

(2)　燃焼により発生するNO_xには、サーマルNO_xとフューエルNO_xがある。

(3)　フューエルNO_xは、燃料中の窒素化合物から酸化によって生じる。

(4)　ダストは、燃料の燃焼により分解した炭素が遊離炭素として残存したものである。

(5)　SO_xの人体への影響は、呼吸器系の障害などである。

問29　ボイラーにおける燃料の燃焼について、誤っているものは次のうちどれか。

(1)　理論空気量をA_0、実際空気量をA、空気比をmとすると、$A = mA_0$という関係が成り立つ。

(2)　実際空気量は、一般の燃焼では理論空気量より大きい。

(3)　燃焼温度は、燃料の種類、燃焼用空気の温度、燃焼効率、空気比などの条件によって変わる。

(4)　排ガス熱による熱損失を小さくするには、空気比を大きくして完全燃焼させる。

(5)　一定量の燃料を完全燃焼させるときに、着火性が良く燃焼速度が速いと狭い燃焼室で足りる。

問30　ボイラーの通風について、誤っているものは次のうちどれか。

(1)　炉および煙道を通して起こる空気および燃焼ガスの流れを、通風という。

(2)　煙突によって生じる自然通風力は、煙突の高さが高いほど大きくなる。

(3)　押込通風は、平衡通風より大きな動力を要し、気密が不十分であると、燃焼ガスが外部へ漏れ、ボイラー効率が低下する。

(4)　誘引通風は、比較的高温で体積の大きな燃焼ガスを取り扱うので、大型のファンを必要とする。

(5)　平衡通風は、燃焼調整が容易で、通風抵抗の大きなボイラーでも強い通風力が得られる。

問31　ボイラーの伝熱面積の算定方法として、法令上、誤っているものは次のうちどれか。

(1)　水管ボイラーの耐火レンガで覆われた水管の面積は、伝熱面積に算入しない。

(2)　水管ボイラーのドラムの面積は、伝熱面積に算入しない。

(3)　煙管ボイラーの煙管の伝熱面積は、煙管の内径側で算定する。

(4)　貫流ボイラーの過熱管の面積は、伝熱面積に算入しない。

(5)　電気ボイラーの伝熱面積は、電力設備容量20kWを 1 ㎡とみなして、その最大電力設備容量を換算した面積で算定する。

問32　ボイラー（小型ボイラーを除く。）の附属品の管理のため行わなければならない事項として、法令上、誤っているものは次のうちどれか。

(1)　圧力計の目もりには、ボイラーの最高使用圧力を示す位置に、見やすい表示をすること。

(2)　蒸気ボイラーの常用水位は、ガラス水面計またはこれに接近した位置に、現在水位と比較することができるように表示すること。

(3)　圧力計は、使用中その機能を害するような振動を受けることがないようにし、かつ、その内部が凍結し、または80℃以上の温度にならない措置を講ずること。

(4)　燃焼ガスに触れる給水管、吹出し管および水面測定装置の連絡管は、不燃性材料により保温等の措置を講ずること。

(5)　温水ボイラーの返り管は、凍結しないように保温その他の措置を講ずること。

問33 ボイラー（小型ボイラーを除く。）の次の部分および設備を変更しようとするとき、法令上、ボイラー変更届を所轄労働基準監督署長に提出する必要のないものはどれか。ただし、計画届の免除認定を受けていない場合とする。

(1) 据付基礎
(2) 過熱器
(3) 燃焼装置
(4) 空気予熱器
(5) 管ステー

問34 ボイラー（小型ボイラーを除く。）に関する次の文中の□□□内に入れるAおよびBの語句の組合せとして、法令上、正しいものは(1)～(5)のうちどれか。

「所轄労働基準監督署長は、□A□に合格したボイラーまたは当該検査の必要がないと認めたボイラーについて、ボイラー検査証を交付する。ボイラー検査証の有効期間は、□B□に合格したボイラーについて更新される。」

	A	B		A	B
(1)	落成検査	使用検査	(2)	落成検査	性能検査
(3)	構造検査	使用検査	(4)	構造検査	性能検査
(5)	使用検査	性能検査			

問35 次の文中の□□□内に入れるAの数字およびBの語句の組合せとして、法令上、正しいものは(1)～(5)のうちどれか。

「移動式ボイラー、屋外式ボイラー、小型ボイラーを除き、伝熱面積が□A□㎡を超えるボイラーについては、□B□または建物の中の障壁で区画された場所に設置しなければならない。」

	A	B		A	B
(1)	3	専用の建物	(2)	3	耐火構造物
(3)	25	密閉された室	(4)	30	耐火構造物
(5)	30	密閉された室			

問36　次の文中の □□□ 内に入れるＡおよびＢの語句の組合せとして、法令上、正しいものは(1)～(5)のうちどれか。

「鋳鉄製ボイラー（小型ボイラーを除く。）において給水が水道その他 □ Ａ □ を有する水源から供給される場合には、給水管を □ Ｂ □ に取り付けなければならない。」

	Ａ	Ｂ		Ａ	Ｂ
(1)	高濃度塩素	返り管	(2)	浄化装置	膨張管
(3)	浄化装置	ボイラー本体	(4)	圧力	返り管
(5)	圧力	ボイラー本体			

問37　ボイラーの取扱いの作業について、法令上、ボイラー取扱作業主任者として２級ボイラー技士を選任できるボイラーは、次のうちどれか。ただし、他にボイラーはないものとする。

(1)　伝熱面積が100㎡の貫流ボイラー

(2)　伝熱面積が30㎡の鋳鉄製蒸気ボイラー

(3)　伝熱面積が40㎡の炉筒煙管ボイラー

(4)　伝熱面積が30㎡の煙管ボイラー

(5)　伝熱面積が100㎡の鋳鉄製温水ボイラー

問38　次の文中の □□□ 内に入れるＡの数字およびＢの語句の組合せとして、法令上、正しいものは(1)～(5)のうちどれか。

「水の温度が □ Ａ □ ℃を超える鋼製温水ボイラー（小型ボイラーを除く。）には、内部の圧力を最高使用圧力以下に保持することができる □ Ｂ □ を備えなければならない。」

	Ａ	Ｂ		Ａ	Ｂ
(1)	100	安全弁	(2)	100	返り管
(3)	120	逃がし弁	(4)	120	安全弁
(5)	130	逃がし管			

問39 ボイラー（小型ボイラーを除く。）の定期自主検査について、法令上、誤っているものは次のうちどれか。

(1) 定期自主検査は、1か月を超える期間使用しない場合を除き、1か月以内ごとに1回、定期に、行わなければならない。

(2) 定期自主検査は、大きく分けて、「ボイラー本体」、「燃焼装置」、「自動制御装置」、「附属装置および附属品」の4項目について行わなければならない。

(3) 「自動制御装置」の電気配線については、端子の異常の有無について点検しなければならない。

(4) 「燃焼装置」の煙道については、機能の異常の有無について点検しなければならない。

(5) 定期自主検査を行ったときは、その結果を記録し、3年間保存しなければならない。

問40 ボイラー（小型ボイラーを除く。）について、そうじ、修繕等のためボイラー（燃焼室を含む。）の内部に入るとき行わなければならない措置として、法令上、誤っているものは次のうちどれか。

(1) ボイラーを冷却すること。

(2) ボイラー内部の換気を行うこと。

(3) ボイラーの内部で使用する移動電灯は、ガードを有するものを使用させること。

(4) ボイラーの内部で使用する移動電線は、キャブタイヤケーブルまたはこれと同等以上の絶縁効力および強度を有するものを使用させること。

(5) 使用中の他のボイラーとの管連絡をしゃ断しないこと。

予想模擬試験〈第2回〉

■ボイラーの構造に関する知識

問1　ボイラーの容量および効率について、誤っているものは次のうちどれか。

(1)　蒸気ボイラーの容量（能力）は、最大連続負荷の状態で、1時間に発生する蒸発量で示される。

(2)　蒸気の発生に要する熱量は、蒸気圧力、蒸気温度および給水温度によって異なる。

(3)　換算蒸発量は、実際に給水から所要蒸気を発生させるために要した熱量を、2,257kJ/kgで除したものである。

(4)　ボイラー効率は、実際蒸発量を全供給熱量で除したものである。

(5)　ボイラー効率を算定するとき、燃料の発熱量は、一般に低発熱量を用いる。

問2　ボイラーの鏡板について、誤っているものは次のうちどれか。

(1)　鏡板は、胴またはドラムの両端を覆っている部分をいい、煙管ボイラーのように管を取り付ける鏡板は、特に管板という。

(2)　鏡板は、その形状によって、平鏡板、皿形鏡板、半だ円体形鏡板および全半球形鏡板に分けられる。

(3)　平鏡板は、内部の圧力によって曲げ応力が生じるので、大径のものや圧力の高いものはステーによって補強する。

(4)　皿形鏡板は、球面殻、環状殻および円筒殻から成っている。

(5)　皿形鏡板は、同材質、同径および同厚の場合、半だ円体形鏡板に比べて強度が強い。

問3 次の文中の◻◻◻◻内に入れるＡの数字およびＢの語句の組合せとして、正しいものは(1)〜(5)のうちどれか。

「標準大気圧の下で、質量1kgの水の温度を1K（1℃）だけ高めるために必要な熱量は約 A kJであるから、水の B は約 A kJ/（kg·K）である。」

	A	B		A	B		A	B
(1)	2,300	比熱	(2)	420	顕熱	(3)	420	比熱
(4)	4.2	比熱	(5)	4.2	顕熱

問4 炉筒煙管ボイラーについて、誤っているものは次のうちどれか。
(1) 内だき式ボイラーで、一般に径の大きい波形炉筒と煙管群を組み合わせてできている。
(2) 水管ボイラーに比べ、伝熱面積当たりの保有水量が小さいので、起動から所要蒸気発生までの時間が短い。
(3) 水管ボイラーに比べ、蒸気使用量の変動による圧力変動が小さい。
(4) 戻り燃焼方式を採用し、燃焼効率を高めたものがある。
(5) すべての組立てを製造工場で行い、完成状態で運搬できるパッケージ形式にしたものが多い。

問5 貫流ボイラーについて、誤っているものは次のうちどれか。
(1) 管系だけで構成され、蒸気ドラムおよび水ドラムを要しない。
(2) 給水ポンプによって管系の一端から押し込まれた水が、エコノマイザ、蒸発部、過熱部を順次貫流して、他端から蒸気が取り出される。
(3) 細い管内で給水のほとんどが蒸発するので、十分な処理を行った給水を使用しなくてよい。
(4) 管を自由に配置できるので、全体をコンパクトな構造にすることができる。
(5) 負荷変動によって大きい圧力変動を生じやすいので、応答の速い給水量および燃料量の自動制御装置を必要とする。

問6　ボイラーの自動制御に関するAからDまでの記述のうち、誤っているもののみをすべて挙げた組合せは、次のうちどれか。

　A　ボイラーの蒸気圧力または温水温度を一定にするように、燃料供給量および燃焼用空気量を自動的に調節する制御を自動燃焼制御（ACC）という。

　B　ボイラーの状態量として設定範囲内に収めることが目標となっている量を操作量といい、そのために調節する量を制御量という。

　C　比例動作による制御は、オフセットが現れた場合にオフセットがなくなるように動作する制御である。

　D　微分動作による制御は、偏差が変化する速度に比例して操作量を増減するように動作する制御である。

(1)　A，B

(2)　A，B，D

(3)　A，C，D

(4)　B，C

(5)　C，D

問7　ボイラーの吹出し装置について、誤っているものは次のうちどれか。

(1)　吹出し管は、ボイラー水の濃度を下げたり、沈殿物を排出するため、胴またはドラムに設けられる。

(2)　吹出し弁には、スラッジなどによる故障を避けるため、玉形弁またはアングル弁が用いられる。

(3)　小容量の低圧ボイラーには、吹出し弁の代わりに吹出しコックが用いられることが多い。

(4)　大型ボイラーおよび高圧ボイラーでは、2個の吹出し弁を直列に設け、ボイラーに近いほうを急開弁、遠いほうを漸開弁とする。

(5)　連続吹出し装置は、ボイラー水の不純物濃度を一定に保つように調節弁によって吹出し量を加減し、少量ずつ連続的に吹き出す装置である。

問8 ボイラーのエコノマイザについて、誤っているものは次のうちどれか。
(1) エコノマイザ管には、平滑管やひれ付き管が用いられる。
(2) エコノマイザを設置すると、ボイラーへの給水温度が上昇する。
(3) エコノマイザを設置すると、乾き度の高い飽和蒸気を得ることができる。
(4) エコノマイザを設置すると、通風抵抗が多少増加する。
(5) エコノマイザは、燃料性状によっては、低温腐食を起こすことがある。

問9 ボイラーの送気系統装置について、誤っているものは次のうちどれか。
(1) 送気の開始または停止を行うため、ボイラーの蒸気取出し口または過熱器の蒸気出口に主蒸気弁を取り付ける。
(2) 蒸気逆止め弁は、1次側の蒸気圧力および蒸気流量にかかわらず、2次側の蒸気圧力を一定に保つときに設ける。
(3) 沸水防止管は、気水分離器の一種で、低圧ボイラーの蒸気取出し口の下の胴内に設ける。
(4) バケット式蒸気トラップは、蒸気とドレンの密度差によって作動し、蒸気使用設備内にたまったドレンを自動的に排出する装置である。
(5) 長い主蒸気管の配置に当たっては、温度の変化による伸縮に対応するため、湾曲形、ベローズ形、すべり形などの伸縮継手を設ける。

問10 温水ボイラーの温度制御に用いるオンオフ式温度調節器（電気式）について、誤っているものは次のうちどれか。
(1) 温度調節器は、調節器本体、感温体およびこれらを連結する導管で構成される。
(2) 感温体内の液体は、温度の上昇・下降によって膨張・伸縮し、ベローズまたはダイヤフラムを伸縮させ、マイクロスイッチを開閉させる。
(3) 感温体は、必ず保護管を用いて取り付けなければならない。
(4) 保護管内にシリコングリスなどを挿入して感度を良くする。
(5) 温度調節器は、一般に調節温度の設定および動作すき間の設定を行う。

■ボイラーの取扱いに関する知識

問11　油だきボイラーの燃焼の維持および調節について、誤っているものは次のうちどれか。

(1)　加圧燃焼では、断熱材やケーシングの損傷、燃焼ガスの漏出などを防止する。

(2)　蒸気圧力を一定に保つように負荷の変動に応じて、燃焼量を増減する。

(3)　燃焼量を増すときは、空気量を先に増してから燃料供給量を増す。

(4)　空気量が少ない場合には、炎は短い輝白色で、炉内が明るい。

(5)　空気量が適量である場合には、炎がオレンジ色で、炉内の見通しがきく。

問12　ボイラーの運転を停止し、ボイラー水を全部排出する場合の措置として、誤っているものは次のうちどれか。

(1)　運転停止の際は、ボイラーの水位を常用水位に保つように給水を続け、蒸気の送り出しを徐々に減少する。

(2)　運転停止の際は、ファンを止めた後、燃料の供給を停止し、石炭だきの場合は炉内の石炭を完全に燃え切らせる。

(3)　運転停止後は、ボイラーの蒸気圧力がないことを確かめた後、給水弁および蒸気弁を閉じる。

(4)　運転停止後は、ボイラーの蒸気圧力がないことを確かめた後、ボイラー内部が真空にならないように、空気抜き弁を開いて空気を送り込む。

(5)　ボイラー水の排出は、運転停止後、ボイラー水の温度が90℃以下になってから、吹出し弁を開いて行う。

問13　ボイラーをたき始めるときの、各種の弁およびコックとその開閉の組合せとして、誤っているものは次のうちどれか。

(1)　主蒸気弁 ･･･ 閉
(2)　水面計とボイラー間の連絡管の弁・コック ･･･････ 閉
(3)　胴の空気抜き弁 ･･･････････････････････････････････ 開
(4)　吹出し弁・吹出しコック ･････････････････････････ 閉
(5)　圧力計のコック ･･･････････････････････････････････ 開

問14　ボイラーのガラス水面計の機能試験を行う時期として、誤っているものは次のうちどれか。

(1)　点火前に残圧がない場合は、たき始めて蒸気圧力が上がり始めたとき。
(2)　2組の水面計の水位に差異がないとき。
(3)　ガラス管の取替えなどの補修を行ったとき。
(4)　水位の動きが鈍く、正しい水位かどうか疑いがあるとき。
(5)　プライミングやホーミングが生じたとき。

問15　ボイラーにおけるキャリオーバの害として、誤っているものは次のうちどれか。

(1)　蒸気の純度を低下させる。
(2)　ボイラー水全体が著しく揺動し、水面計の水位が確認しにくくなる。
(3)　自動制御関係の検出端の開口部および連絡配管の閉そくまたは機能の障害を起こす。
(4)　水位制御装置が、ボイラー水位が上がったものと認識し、ボイラー水位を下げて低水位事故を起こす。
(5)　ボイラー水が過熱器に入り、蒸気温度が上昇して、過熱器の破損を起こす。

問16　ボイラーのばね安全弁と逃がし弁の調整・試験に関するAからDまでの
　　　記述のうち、適切なもののみをすべて挙げた組合せは、次のうちどれか。

　A　安全弁の手動試験は、常用圧力の75％以下の圧力で行う。

　B　安全弁の調整ボルトを定められた位置に設定した後に、ボイラーの圧力
　　　をゆっくりと上昇させて安全弁を作動させ、吹出し圧力および吹止まり圧
　　　力を確認する。

　C　安全弁が1個設けられている場合は、最高使用圧力の3％増以下で作動
　　　するように調整する。

　D　エコノマイザの逃がし弁（安全弁）は、ボイラー本体の安全弁より低い
　　　圧力に調整する。

⑴　A，C

⑵　A，B，D

⑶　B

⑷　B，C，D

⑸　C，D

問17　油だきボイラーの点火時に逆火が発生する原因となる事項として、誤っ
　　　ているものは次のうちどれか。

⑴　炉内の通風力が不足している。

⑵　点火の際に着火遅れが生じる。

⑶　点火用バーナの燃料の圧力が低下している。

⑷　燃料より先に空気を供給する。

⑸　複数のバーナを有するボイラーで、燃焼中のバーナの火炎を利用して、次
　　　のバーナに点火する。

問18　ボイラーの内面腐食について、誤っているものは次のうちどれか。

(1)　給水中に含まれる溶存気体のO_2やCO_2は、鋼材の腐食の原因となる。

(2)　腐食は、一般に電気化学的作用により生じる。

(3)　アルカリ腐食は、高温のボイラー水中で濃縮した水酸化カルシウムと鋼材が反応して生じる。

(4)　局部腐食には、ピッチング、グルービングなどがある。

(5)　ボイラー水の酸消費量を調整することによって、腐食を抑制する。

問19　ボイラーの休止中の保存法について、誤っているものは次のうちどれか。

(1)　ボイラーの燃焼側および煙道は、すすや灰を完全に除去して、防錆油、防錆剤などを塗布する。

(2)　乾燥保存法では、ボイラー水を全部排出して内外面を清掃した後、少量の燃料を燃焼させ完全に乾燥させる。

(3)　満水保存法は、休止期間が3か月以上の比較的長期間休止する場合に採用される。

(4)　満水保存法は、凍結のおそれがある場合には採用できない。

(5)　満水保存法では、保存剤を所定の濃度になるようにボイラーに連続注入するかまたは間欠的に注入する。

問20　ボイラーの清缶剤について、誤っているものは次のうちどれか。

(1)　軟化剤は、ボイラー水中の硬度成分を不溶性の化合物（スラッジ）に変えるための薬剤である。

(2)　軟化剤には、炭酸カルシウム、りん酸ナトリウムなどがある。

(3)　スラッジ調整剤は、ボイラー内で軟化により生じた泥状沈殿物の結晶の成長を防止するための薬剤である。

(4)　脱酸素剤には、タンニン、亜硫酸ナトリウム、ヒドラジンなどがある。

(5)　低圧ボイラーでは酸消費量付与剤として、水酸化ナトリウムや炭酸ナトリウムが用いられる。

■燃料および燃焼に関する知識

問21　次の文中の_____内に入れるAおよびBの語句の組合せとして、正しいものは(1)～(5)のうちどれか。

「液体燃料を加熱すると____A____が発生し、これに小火炎を近づけると瞬間的に光を放って燃え始める。この光を放って燃える最低の温度を____B____という。」

	A	B
(1)	酸素	引火点
(2)	水素	着火温度
(3)	蒸気	着火温度
(4)	蒸気	引火点
(5)	酸素	着火温度

問22　ボイラーの重油バーナについて、誤っているものは次のうちどれか。

(1)　圧力噴霧式バーナは、油に高圧力を加え、これをノズルチップから炉内に噴出させて微粒化するものである。

(2)　戻り油式圧力噴霧バーナは、単純な圧力噴霧式バーナに比べバーナ負荷調整範囲が広い。

(3)　高圧蒸気噴霧式バーナは、比較的高圧の蒸気を霧化媒体として油を微粒化するもので、バーナ負荷調整範囲が広い。

(4)　回転式バーナは、カップの内面で油膜を形成し、空気用ノズルからの空気を高速回転させ油を微粒化するものである。

(5)　ガンタイプバーナは、ファンと圧力噴霧式バーナを組み合わせたもので、燃焼量の調節範囲が狭い。

問23　重油に含まれる成分などによる障害について、誤っているものは次のうちどれか。

(1)　残留炭素分が多いほど、ばいじん量は増加する。

(2)　水分が多いと、バーナ管内でベーパロックを起こす。

(3)　スラッジは、ポンプ、流量計、バーナチップなどを摩耗させる。

(4)　灰分は、ボイラーの伝熱面に付着し伝熱を阻害する。

(5)　硫黄分は、ボイラーの低温伝熱面に低温腐食を起こす。

問24　ボイラー用気体燃料について、誤っているものは次のうちどれか。

(1)　気体燃料は、石炭や液体燃料に比べて成分中の炭素に対する水素の比率が高い。

(2)　都市ガスは、液体燃料に比べてCO_2の排出量は多いが、NO_xやSO_xは排出しない。

(3)　LPGは、都市ガスに比べて発熱量が大きい。

(4)　液体燃料ボイラーのパイロットバーナの燃料は、LPGを使用することが多い。

(5)　特定のエリアや工場で使用される気体燃料として、製鉄所や石油工場の副生ガスがある。

問25　ボイラーにおける気体燃料の燃焼方式について、誤っているものは次のうちどれか。

(1)　拡散燃焼方式は、安定な火炎をつくりやすいが、逆火の危険性が大きい。

(2)　拡散燃焼方式は、火炎の広がり、長さなどの火炎の調節が容易である。

(3)　拡散燃焼方式は、ほとんどのボイラー用ガスバーナに採用されている。

(4)　予混合燃焼方式は、ボイラー用パイロットバーナに採用されることがある。

(5)　予混合燃焼方式は、気体燃料に特有な燃焼方式である。

問26 ボイラーにおける石炭燃焼と比較した重油燃焼の特徴に関するAからD
までの記述で、正しいもののみをすべて挙げた組合せは、次のうちどれか。

A　完全燃焼させるときに、より大きな量の過剰空気が必要となる。

B　クリンカの発生が少ない。

C　急着火および急停止の操作が容易である。

D　燃焼温度が高いため、ボイラーの局部過熱や炉壁の損傷を起こしやすい。

(1)　A，B

(2)　A，C

(3)　A，C，D

(4)　B，C，D

(5)　B，D

問27 ボイラーにおける石炭燃料の流動層燃焼方式の特徴として、誤っている
ものは次のうちどれか。

(1)　低質な燃料でも使用できる。

(2)　層内に石灰石を送入することにより、炉内脱硫ができる。

(3)　ばいじんの排出量が多い。

(4)　微粉炭バーナ燃焼方式に比べて石炭粒径が大きく、粉砕動力が軽減される。

(5)　層内温度は、1,500℃前後である。

問28 ボイラーの燃料の燃焼により発生するNOₓの抑制措置として、誤ってい
るものは次のうちどれか。

(1)　燃焼域での酸素濃度を高くする。

(2)　燃焼温度を低くし、特に局所的高温域が生じないようにする。

(3)　高温燃焼域における燃焼ガスの滞留時間を短くする。

(4)　窒素化合物の少ない燃料を使用する。

(5)　排ガス再循環法によって燃焼させる。

問29 ボイラーの燃焼における一次空気および二次空気について、誤っているものは次のうちどれか。

(1) 油・ガスだき燃焼における一次空気は、噴射された燃料の周辺に供給され、初期燃焼を安定させる。

(2) 微粉炭バーナにおける二次空気は、微粉炭と予混合してバーナに送入される。

(3) 火格子燃焼における一次空気は、一般の上向き通風では火格子から燃料層を通して送入される。

(4) 火格子燃焼における二次空気は、燃料層の上の可燃ガスの火炎中に送入される。

(5) 火格子燃焼における一次空気と二次空気の割合は、一次空気が大部分を占める。

問30 ボイラーの人工通風に用いられるファンについて、誤っているものは次のうちどれか。

(1) 多翼形ファンは、羽根車の外周近くに、浅く幅長で前向きの羽根を多数設けたものである。

(2) 多翼形ファンは、小形で軽量であるが、効率が低いため、大きな動力を必要とする。

(3) 後向き形ファンは、羽根車の主板および側板の間に8〜24枚の後向きの羽根を設けたものである。

(4) 後向き形ファンは、高温、高圧および大容量のボイラーに適する。

(5) ラジアル形ファンは、小形、軽量で強度が強いが、摩耗、腐食に弱い。

■関係法令

問31 ボイラー（小型ボイラーを除く。）に関する次の文中の□□□内に入れるＡからＣの語句の組合せとして、正しいものは(1)～(5)のうちどれか。

「ボイラー検査証の有効期間の更新を受けようとする者は、当該検査証に係るボイラー並びにボイラー室、ボイラーおよびその□Ａ□の配置状況、ボイラーの□Ｂ□並びに燃焼室および煙道の構造について□Ｃ□検査を受けなければならない。」

	A	B	C
(1)	配管	据付基礎	性能
(2)	配管	通風装置	使用
(3)	自動制御装置	通風装置	性能
(4)	自動制御装置	煙突	使用
(5)	附属品	据付基礎	性能

問32 ボイラー（移動式ボイラー、屋外式ボイラーおよび小型ボイラーを除く。）を設置するボイラー室について、法令上、誤っているものは次のうちどれか。

(1) 伝熱面積が 5 ㎡の蒸気ボイラーは、ボイラー室に設置しなければならない。

(2) ボイラーの最上部から天井、配管その他のボイラーの上部にある構造物までの距離は、原則として1.2m以上としなければならない。

(3) ボイラー室には、必要がある場合のほか、引火しやすい物を持ち込ませてはならない。

(4) ボイラー室には、ボイラー検査証およびボイラー設置者の氏名を掲示しなければならない。

(5) ボイラー室に、障壁設置等の防火措置を講じることなく固体燃料を貯蔵するときは、これをボイラーの外側から1.2m以上離しておかなければならない。

問33 法令上、ボイラーの伝熱面積に算入しない部分は、次のうちどれか。

(1) 炉筒

(2) 煙管

(3) 水管

(4) 管寄せ

(5) 節炭器管

問34 法令上、ボイラー（小型ボイラーを除く。）の使用再開検査を受けなければならない場合は、次のうちどれか。

(1) ボイラーを輸入したとき

(2) ボイラー検査証の有効期間を更新しようとするとき

(3) ボイラー検査証の有効期間を超えて使用を休止したボイラーを再び使用しようとするとき

(4) 使用を廃止したボイラーを再び設置しようとするとき

(5) 構造検査を受けた後、1年以上設置されなかったボイラーを設置しようとするとき

問35 ボイラー（小型ボイラーを除く。）の附属品の管理について、次の文中の_____内に入れるAおよびBの語句の組合せとして、正しいものは(1)〜(5)のうちどれか。

「温水ボイラーの　A　および　B　については、凍結しないように保温その他の措置を講じなければならない。」

	A	B
(1)	吹出し管	給水管
(2)	返り管	吹出し管
(3)	給水管	返り管
(4)	返り管	逃がし管
(5)	逃がし管	給水管

問36　法令上、原則としてボイラー技士でなければ取り扱うことができないボイラーは、次のうちどれか。

(1)　伝熱面積が14㎡の温水ボイラー
(2)　胴の内径が750㎜で、その長さが1,300㎜の蒸気ボイラー
(3)　内径が500㎜で、かつ、その内容積が0.5㎥の気水分離器を有し、伝熱面積が40㎡の貫流ボイラー
(4)　伝熱面積が3㎡の蒸気ボイラー
(5)　最大電力設備容量が60kWの電気ボイラー

問37　ボイラー（小型ボイラーを除く。）の定期自主検査における項目と点検事項との組合せとして、法令上、誤っているものは次のうちどれか。

　　　　　項目　　　　　　　　　点検事項
(1)　燃料送給装置 ⋯⋯⋯⋯⋯⋯ 損傷の有無
(2)　火炎検出装置 ⋯⋯⋯⋯⋯⋯ 汚れまたは損傷の有無
(3)　燃料しゃ断装置 ⋯⋯⋯⋯⋯ 機能の異常の有無
(4)　給水装置 ⋯⋯⋯⋯⋯⋯⋯⋯ 損傷の有無および作動の状態
(5)　水処理装置 ⋯⋯⋯⋯⋯⋯⋯ 機能の異常の有無

問38　鋼製ボイラー（小型ボイラーを除く。）の水面測定装置について、次の文中の　　　　　内に入れるＡからＣまでの語句の組合せとして、正しいものは(1)～(5)のうちどれか。

　「　Ａ　側連絡管は、管の途中に中高または中低のない構造とし、かつ、これを水柱管またはボイラーに取り付ける口は、水面計で見ることができる　Ｂ　水位より　Ｃ　であってはならない。」

	A	B	C		A	B	C
(1)	水	最低	上	(2)	水	最低	下
(3)	水	最高	下	(4)	蒸気	最高	上
(5)	蒸気	最低	下				

問39 鋼製ボイラー（貫流ボイラーおよび小型ボイラーを除く。）の安全弁について、法令上、誤っているものは次のうちどれか。

(1) ボイラー本体の安全弁は、ボイラー本体の容易に検査できる位置に直接取り付け、かつ、弁軸を鉛直にしなければならない。

(2) 伝熱面積が50㎡を超える蒸気ボイラーには、安全弁を2個備えなければならない。

(3) 水の温度が120℃を超える温水ボイラーには、安全弁を備えなければならない。

(4) 過熱器には、過熱器の入口付近に過熱器の圧力を設計圧力以下に保持することができる安全弁を備えなければならない。

(5) 過熱器用安全弁は、胴の安全弁より先に作動するように調整しなければならない。

問40 鋼製ボイラー（小型ボイラーを除く。）の給水装置等について、法令上、誤っているものは次のうちどれか。

(1) 蒸気ボイラーには、最大蒸発量以上を給水することができる給水装置を備えなければならない。

(2) 近接した2以上の蒸気ボイラーを結合して使用する場合には、結合して使用する蒸気ボイラーを1の蒸気ボイラーとみなして、要件を満たす給水装置を備えなければならない。

(3) 自動給水調整装置は、蒸気ボイラーごとに設けなければならない。

(4) 貫流ボイラーの給水装置の給水管には、給水弁のみを取り付け、逆止め弁を省略することができる。

(5) 給水内管は、胴またはドラムに溶接によって取り付け、取り外しができない構造としなければならない。

予想模擬試験〈第1回〉

2級ボイラー技士 解答カード

氏名

試験の種類

受験番号

| 解答用紙区分 | □ （試験監督員が指示した場合にマークする） |
| 実技試験区分 | □ （学科試験に引き続いてセンターで受験する） |

問題	解答欄
問1	1 2 3 4 5
問2	1 2 3 4 5
問3	1 2 3 4 5
問4	1 2 3 4 5
問5	1 2 3 4 5
問6	1 2 3 4 5
問7	1 2 3 4 5
問8	1 2 3 4 5
問9	1 2 3 4 5
問10	1 2 3 4 5
問11	1 2 3 4 5
問12	1 2 3 4 5
問13	1 2 3 4 5
問14	1 2 3 4 5
問15	1 2 3 4 5
問16	1 2 3 4 5
問17	1 2 3 4 5
問18	1 2 3 4 5
問19	1 2 3 4 5
問20	1 2 3 4 5

問題	解答欄
問21	1 2 3 4 5
問22	1 2 3 4 5
問23	1 2 3 4 5
問24	1 2 3 4 5
問25	1 2 3 4 5
問26	1 2 3 4 5
問27	1 2 3 4 5
問28	1 2 3 4 5
問29	1 2 3 4 5
問30	1 2 3 4 5
問31	1 2 3 4 5
問32	1 2 3 4 5
問33	1 2 3 4 5
問34	1 2 3 4 5
問35	1 2 3 4 5
問36	1 2 3 4 5
問37	1 2 3 4 5
問38	1 2 3 4 5
問39	1 2 3 4 5
問40	1 2 3 4 5

注意

1. 記入はHBまたはBの鉛筆を使用して下さい。
2. 解答マークは、[ ]からはみ出さないように塗りつぶしてください。
3. 解答は一問につき一つだけです。二つ以上マークすると得点になりません。
4. 訂正するときは、消しゴムで、きれいに消してから書き直し、消しくずを残さないで下さい。

（よい例） ■

（悪い例） はみ出し、うすい、短い、細い

予想模擬試験〈第2回〉

2級ボイラー技士　解答カード

氏名

試験の種類

問題	問1	問2	問3	問4	問5	問6	問7	問8	問9	問10	問11	問12	問13	問14	問15	問16	問17	問18	問19	問20
解答欄	1 2 3 4 5	1 2 3 4 5	1 2 3 4 5	1 2 3 4 5	1 2 3 4 5	1 2 3 4 5	1 2 3 4 5	1 2 3 4 5	1 2 3 4 5	1 2 3 4 5	1 2 3 4 5	1 2 3 4 5	1 2 3 4 5	1 2 3 4 5	1 2 3 4 5	1 2 3 4 5	1 2 3 4 5	1 2 3 4 5	1 2 3 4 5	1 2 3 4 5

問題	問21	問22	問23	問24	問25	問26	問27	問28	問29	問30	問31	問32	問33	問34	問35	問36	問37	問38	問39	問40
解答欄	1 2 3 4 5	1 2 3 4 5	1 2 3 4 5	1 2 3 4 5	1 2 3 4 5	1 2 3 4 5	1 2 3 4 5	1 2 3 4 5	1 2 3 4 5	1 2 3 4 5	1 2 3 4 5	1 2 3 4 5	1 2 3 4 5	1 2 3 4 5	1 2 3 4 5	1 2 3 4 5	1 2 3 4 5	1 2 3 4 5	1 2 3 4 5	1 2 3 4 5

注意

1. 記入はHBまたはBの鉛筆を使用して下さい。
2. 解答マークは、[ ]からはみ出さないように塗りつぶしてして下さい。
3. 解答は一問につきーつだけです。二つ以上マークすると得点になりません。
4. 訂正するときは、消しゴムで、きれいに消してから書き直し、消しくずを残さないで下さい。

（よい例）■

（悪い例）はみ出し／うすい／短い／細い

受験番号	千	百	十	一
	0	0	0	0
	1	1	1	1
	2	2	2	2
	3	3	3	3
	4	4	4	4
	5	5	5	5
	6	6	6	6
	7	7	7	7
	8	8	8	8
	9	9	9	9

実技試験区分 □（学科試験に引続いてセンターで受験する）

解答用紙区分 □（試験監督員が指示した場合にマークする）